本书获云南省哲学社会科学学术著作出版专项经费资助

云南大学 中国边疆研究丛书

林文勋 主编

明清时期洱海周边生态环境变化与社会协调关系研究

吴晓亮
董雁琼
伟丁　著

人民出版社

总　序

林文勋

　　我国幅员辽阔，民族众多，是一个统一的多民族国家。而中国的边疆地区则是我国统一多民族国家的重要组成部分，历来在国家的经济发展、社会进步和政治稳定中占有十分重要的地位。古往今来，历朝历代莫不重视边疆问题的研究与边疆治理。近代以来，随着世界局势的变化和边疆问题的凸显，边疆问题的研究更加受到重视，并形成了几次大的研究热潮。在这一过程中，一些学者提出了"边政学"、"边疆学"等概念，极大地推动了边疆问题研究的开展。目前，尽管人们对"边疆学"、"边政学"等概念还持有不同的看法，但边疆问题研究的重要性已没有人怀疑。构建一门具有中国特色的边疆学学科，在更高的层面和更大的范围开展中国边疆问题的研究越来越成为更多的人们的认识。

　　云南大学地处祖国西南边疆，是我国西南边疆建立最早的综合性大学之一。长期以来，依托特殊的区位优势和资源优势，大批学者对边疆问题特别是西南边疆的问题开展了持续不断的深入研究。在几代学者的共同努力下，通过将区位优势和资源优势转化为学科优势，再将学科优势转化为人才培养的优势，云南大学边疆问题的研究与人才培养蓬勃发展,并积累了深厚的学术基础,呈现出旺盛的发展潜力。中国边疆研究现已成为云南大学重要的优势和特色学科。在全力推进、发展中国边疆学学科建设的进程中,云南大学应该义不容辞、责无旁贷地肩负起建设和发展中国边疆学学科的重任。

基于此,为进一步巩固和提升云南大学边疆问题研究的水平与实力,2002 年,我们提出了在云南大学建设中国边疆学学科的建议并拟定了具体的方案。2007 年,通过整合边疆问题研究、中外关系史和经济史研究的力量,云南大学专门史学科被批准为国家重点学科。同年,我们又在历史学一级学科博士学位授权下自主增设了"中国边疆学"二级学科博士学位授权。2008 年,我们再次抓住国家"211 工程"三期建设的契机,提出"西南边疆史与中国边疆学"作为云南大学国家立项的学科项目加以建设,旋即得到批准。

"西南边疆史与中国边疆学"学科项目,计划从中国西南边疆史、中国与南亚东南亚关系史和中国边疆学研究三个方面较全面地开展边疆问题的研究和中国边疆学学科体系的探讨。同时,还将有计划地整理有关西南边疆的历史文献和档案资料,翻译和介绍国外学者关于中国西南边疆研究的重要成果。

此次我们编辑和出版云南大学《中国边疆研究丛书》,就是为了系统地反映我们在推进边疆问题研究和中国边疆学学科建设中所形成的研究成果,增进与国内外学术界的交流与合作。

从传统的边疆史地研究到中国边疆学学科建设,决不只是研究范围的扩大和研究内容的增加,而是一种研究视野的转变和研究范式的创新。

中国边疆学学科的建设还将经历长期的探索过程并面临较为

艰巨的任务,我们的工作也仅只是在自己原有基础上的一个新的开端。为此,我们真诚地期望各位专家学者给我们提出宝贵的意见和建议,以便我们的工作做得更好,共同为推进中国边疆学学科的发展与繁荣作出新的贡献!

2011 年春节

前　言

　　当今人类社会以前所未有的速度迅猛发展，人们恣意享受着大自然的馈赠。但至21世纪时，人们突然发现，我们的世界发生了变化：在经济飞速发展、城市化步步推进和扩大、人们的生活水平有所改善的同时，适合我们生活的土地已经越来越少，向来以农业大国自诩的中国，随着一幢幢楼房的凸起，一片片小区的兴建，我们的耕地面积已经大大缩减，人们赖以生存的粮食越来越多地依赖进口；人类赖以生活和生存的水资源也越来越少，一条条河流干涸枯竭，一个个湖泊的水域面积日益缩小，甚至在城市化和经济发展的进程中逐渐消失；人类呼吸的空气也污浊不堪……如云南省城昆明市的周边，四五十年前还能在河岸边洗衣洗菜挑水的河流，如今肮脏污浊臭气熏天；向有高原明珠之称的滇池透着令人不安的"碧绿"，治理前一度成为五类水质的污染湖泊……如此种种，使我们反观曾经走过的路，看看我们的先人是怎样生活，看看我们生活周边的环境是从什么时候开始发生变化，什么时候开始令人忧虑。这，也许是我们对这一选题进行探讨的初衷。

　　就在人类社会日益发展与自然环境矛盾日益突出的同时，学术界对人与自然关系的研究也逐步推进和深入。在相关研究中，人们对历史上黄河、长江流域等自然环境的变迁十分关注，研究成果颇多，而对云南地区的自然环境的研究相对薄弱。迄今为止，对云南历史时期自然环境变化和人类活动问题作过研究的国内学者主要有张锡禄、杨伟兵、周琼、杨煜达，以及国外学者伊懋可、清水亨等。他们或从水利的变化、或从自然环境的变化兼及探讨人们的生存状况，但并未将自然生态与社会经济的互动关系作为主体研究对象，专门针对洱海地区的专门研究也还不足。因此，本书选择了古代云南社会发展最迅速的明清时期为研究时段，又以云南社会发展最具典型的区域之———洱海区域作为研究的空间，以自然环境变迁与社会互动关系为核心问题展开研究，以期对以往学术研究的不足有所深入、有所拓展，对当代社会发展能够有所启示并提供些许历史的借鉴。

　　本书中所谓洱海区域，不仅是一个自然空间、自然水体相关的概念，更是一个社会发展区域的概念。

　　从自然空间讲，本书探讨的洱海区域是以云南省仅次于滇池的高原淡水湖泊——洱海为基点，大致以今洱海湖区的地面流域面积为基础。据相关资料记载，今天的洱海南北长约40.5公里，东西最宽处有8.4公里，最狭处仅有3.4公里；面积约250平方公里，湖岸长115公里，集水面积2565平方公里；其水面海拔为1965.5米，平均水深约10米，蓄水量为28.8亿平方米；湖体在今大理市，北岸连接洱源县东南隅。湖体北面的洱苴河①是洱海的上源，在今洱源县江尾村附近分成三支流入湖泊；其西边有点苍山十八溪水，南边有波罗江，东边有凤尾箐、玉龙河等其他小河流，向心式汇注流入湖泊。湖水的出口在西南端，即西洱河，流经大理市区下关，向西汇入澜沧江水系的漾濞江。

本书需有黑惠江作为补充。黑惠江，又名漾濞江，是国际性河流澜沧江一条较大的支流，全长 320 公里。它发源于丽江与剑川交界的老君山，流经大理州的剑川、洱源、漾濞、巍山、南涧县等地，流域面积 12190 平方公里；大理境内的九河、海尾河、羊岭河、弥沙河、漾濞江、顺濞河、黑惠江等称谓，分属于黑惠江不同河段。其流域内有剑湖、茈碧湖等湖泊，对洱海区域的发展起过重要的作用。

在长期的历史发展进程中，洱海不仅仅是一个自然界水体的概念，或是局部空间的概念。更重要的是，她还是一个社会的概念。

今天，人们已经习惯在更为宽泛的基础上认识洱海，常常在洱海湖流域面积的基础上，再略向四周拓展，形成了区域的概念。行政区划主要涉及今云南省大理州的大理市、巍山县、云南县、弥渡县、宾川县、洱源县、剑川县、鹤庆县、云龙县和漾濞县等。②可知，本书所说的洱海区域与今天的行政区大理州是有所不同的。这样一种视角，是基于长期的历史发展，是由于洱海湖及其周边人类的活动，促使这片地区形成一个在心理、民族、民俗以及政治治理和经济发展方面都颇具同质性的重要区域。比如，不同历史时期的大理、蒙化和鹤庆，有时会分属不同的行政区管理，但在今天，它们同属云南省大理白族自治州的范围内。在宗教信仰、民族聚居和生活习俗方面，这些地区的人们有更多的相似性。从另一个角度看，我们研究的不仅是洱海区域的历史，也是云南的历史，中国的历史，因为，洱海小区域是云南，更是中国的组成部分。

从社会发展的角度看，洱海区域有着悠久的发展历史。根据考古资料，早在公元前 12 世纪末，相当于中原王朝的商代中晚期，洱海地区在云南率先步入"青铜时代"。就目前所知，云南青铜器出土年代最早的，当属今大理州剑川县海门口遗址。遗址中虽然出土有许多陶器、石器和骨器等，但是，铜斧、铜镰、铜鱼钩、铜夹等 14 件铜器的出土，提供了一个信息：洱海地区的社会发展已进入一个新的历史时期。公元 8 至 13 世纪的南诏国和大理国，以洱海湖为中心实现了云南地区的统一，其管辖地域还扩展到今天云南周边的四川、贵州、广西等省区以及东南亚地区的缅甸、老挝、泰国、越南等国家，绵延 500 余年，对中国历史乃至东南亚地区都有重大影响。应当说，南诏国、大理国的历史是中国历史的重要组成部分，南诏国、大理国真正实现了以今天云南为中心的局部统一，为后世统一多民族的国家发展做出了重要贡献。元代，中央王朝建云南行省，在这一地区先后设有上下万户府、大理路。明代，随着中原王朝对云南边疆地区统治的步步稳定，洱海地区进入一个新的发展时期。

　　明清是云南人口增长和经济大发展的重要时期。随着洪武十五年（1382 年）明平定云南，大批军人及其家属进入云南。作为外省移民，他们随着明卫所的设置在云南定居下来，他们的子孙成为云南人。这是云南的历史，也是洱海区域的历史。由于明代的卫所军人及其家属落籍云南的史实在历史的长河中具有相对集中的时段，又具有一定的规模，所以，原生活在洱海及其周边的民族结构发生变化，而集中进入的大批人口也使当地的生态环境发生变化。当明代的军卫移民逐渐成为云南当地人口，当大片土地和山地被垦辟为农田后，山林被毁，河道淤塞，河流泛滥等生态失衡的现象在明中后期后更多地出现在文献记载中。这应当是大自然对人类行为的一种警示。

　　面对自然生态的失衡，明清时期的人们总是以不同的方式去适应，去调整。一方面是官府动员和积极组织地方的人力、财力和物力，去解决已经出现的环境问题。另一方面，也是最重要的一面，民间开始自觉地通过村社组织及约定俗成的观念、规定等，有效地运用社会协调作用来适应这些变化，自觉采取了保护山林，治理河流等恢复生态的种种措施，使这些措施逐渐纳入"法"的范畴；而士绅等民间权威人士的积极参与使得民间整治自然生态环境的力量大大增强。这些活动，使社会发展和自然生态变化达到一种新的和谐。

对明清洱海区域生态环境变迁的探讨，有助拓展云南社会发展史，云南经济史和生态史的学术研究；对环境变迁与社会关系互动研究，有助人们在发展的同时，敬畏自然，尊重自然；对古代官府、古代民间力量对自然环境的作用进行探讨，对当前加快生态文明体制改革，建设美丽中国不无借鉴作用。

目　录

表   目

图   目

图一　大理白族自治州示意图

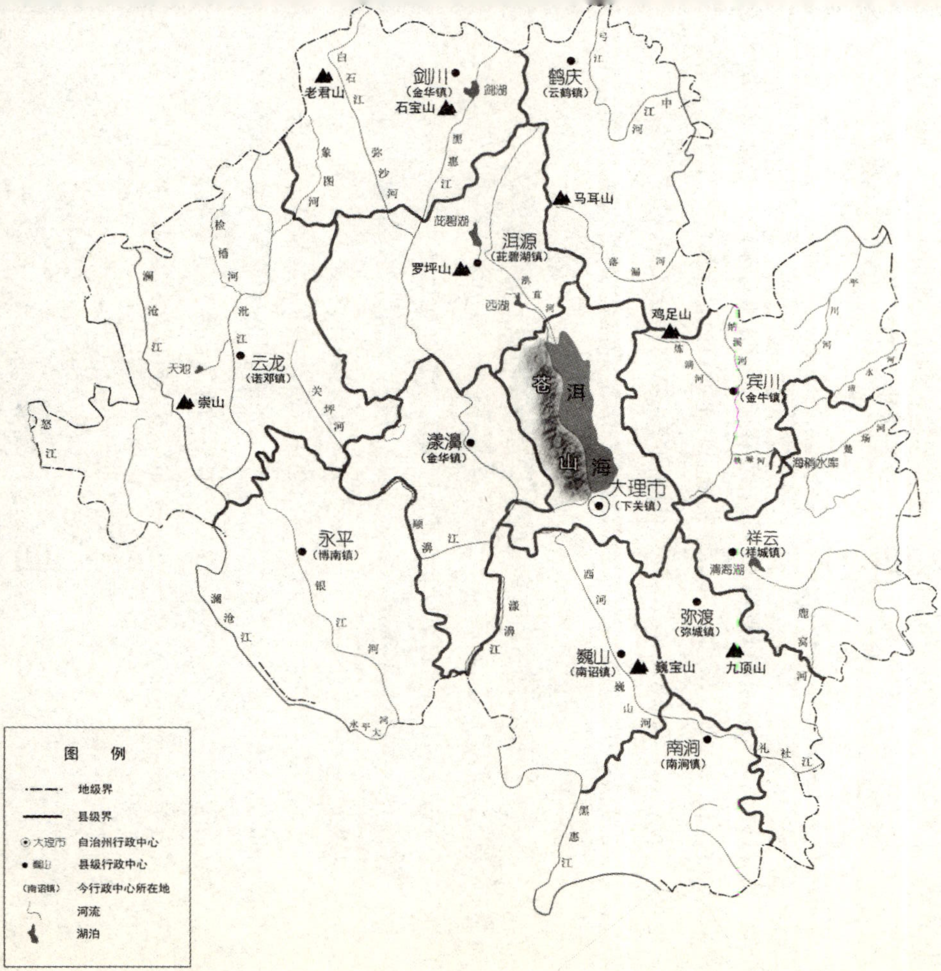

剑川
（金华镇）
剑湖
石宝山
老君山
鹤庆
（云鹤镇）
马耳山
洱源
（茈碧湖镇）
茈碧湖
罗坪山
西湖
鸡足山
云龙
（诺邓镇）
天池
崇山
怒江
澜沧江
沘江
关坪河
象图河
弥沙河
黑惠江
白石江
苍山
洱海
漾濞
（金华镇）
大理市
（下关镇）
宾川
（金牛镇）
海稍水库
永平
（博南镇）
银江河
顺濞江
漾濞江
祥云
（祥城镇）
青海湖
弥渡
（弥城镇）
九顶山
巍山
（南诏镇）
巍宝山
巍山河
西河
南涧
（南涧镇）
礼社江
图例
地级界
县级界
大理市　自治州行政中心
巍山　县级行政中心
（南诏镇）　今行政中心所在地
河流
湖泊

第一章　洱海区域自然环境概述

第一节　云南及洱海区域的地理分界线

一、北纬26°地理分界线

云南省地处祖国西南边陲，有极其特殊的地质地貌。早在研究古代洱海区域城市体系的问题时，我们就对北纬26°线有所认识。[1]从城市发展的轨迹看，北纬26°线不仅划分出云南省自然地貌的明显差别，也进一步划分出云南省人类社会发展的差异。就本书的主题之一"洱海区域生态环境变迁"也是如此。

具体说来，以北纬26°线为界，在其以北的区域内，分布着高黎贡山、怒山、大雪山等海拔多在4000米以上的高山，其间有怒江、澜沧江、金沙江、雅砻江等大河纵流，河谷海拔多在1500米—2000米，山岭与谷地间的高差极大，相差数千米。由于地质运动的作用，这些山脉和河流南北纵列，形成高山深谷平行排列的横断山脉。这种不同于中华大地上那些著名的山脉呈东北西南与河流主要呈东西走向的面貌，这正是云南省特有的地质特征。

我国西南地区有一个广大的夷平面区域，在云南省境北纬 26°以南有大面积保存，即"云南高原面"。在这个高原面上，除个别山峰超过 3000 米外，山岭高度逐渐降低，与河谷海拔的相对高度也在减少。整个高原面自北向南倾斜，到滇中的祥云、南华一带（海拔 2200 米—2600 米）又向东、西、南三面倾斜，直至云南边境降至海拔 1800 米—2000 米。在高原面上，分布着大小不等的、数量较多的、适于人口繁衍及农业生产发展的盆地——坝子。这些坝子，是孕育云南社会农业文明和城市文明的摇篮。

依气候条件看，今云南的大部分地区都属于西部型热带季风气候区，北纬 26°是其北界。界限以北具有高寒气候特征，界限以南具有亚热带山地气候特点。不过，一条起自滇黔交界处的昭通—威宁—兴义的"昆明准静止锋"又使云南气候有东西差异。"昆明准静止锋"是我国自然地理的重要分界，锋以东的地区冬季阴雨连绵，以西的云南高原的冬季则是温暖晴朗。这些，都影响到云南社会经济的发展。[2]

由于受横断山脉复杂的地质特征影响，使得那些在中国东部及其他地区内适合于人类生存、适合于农业发展、适合于人类生活和城市形成发展的河间平原地区在今云南省北纬 26°以北地区呈现出别样的地形地貌。根据我们的研究，云南省境内的人口和经济大多在北纬 26°以南地区发展起来。

一般说，城市是衡量人类社会发展高度的一个综合标志，故从城市分布的角度可以看出云南社会发展水平的南北差异。有资料显示，直至 20 世纪末，云南省境内在北纬 26°以北的土地面积占全省总面积的 24.5%，接近 1/4；[3]但是，县治以上的 123 个城市中，在北纬 26°以北却只有 22 个，仅占云南城市总数的 1/6；在北纬 26°以南却有 100 个，几近总数的 5/6。[4]

二、北纬 26°—28°地理过渡带

在以往研究洱海区域城市发展的过程中，我们还注意到北纬 26°—28°是云南又一条重要的地理过渡带。[5]从自然地理的角度讲，某一地形在与另一种地形相接过程中，通常会形成一个地理过渡带。如果我们由云南省境的北纬 26°向北推延，可以看出一个明显的北纬 26°—28°的地理过渡带。这是一个不可忽视的地带。

在北纬 26°，大体是横断山脉高山深谷地貌特征与云南夷平高原的交界的区域，是青藏高原的边缘；而北纬 28°则是西部型热带气候区的北界，其以北地区则气候寒冷。由此，北纬 26°—28°间从气候上就出现了亚热带山地气候向高寒带气候过渡的特点；地质地貌上则呈现从高山纵谷向相对平缓的高原夷平面的过渡。在这些特点的影响下，已经形成了一个延续至今的经济带，即人类经济活动集中在一个农业与林牧业交替的地带：在北纬 28°以北，主要是林牧业；北纬 26°以南则主要是农业；北纬 26°—28°之间，游牧业的发展及高寒山地作物的种植明显受到地理分界线及过渡带的影响，人们的经济活动呈现出农牧交互的特点。

三、北纬地理分界线与洱海区域

在本书涉及的洱海区域内，大部分地区都在北纬 26°以南：如今大理市（明清大理府太和县、赵州等地）、巍山县（明清蒙化）、祥云县（明清云南县）、弥渡县（明清分属赵州、云南、

蒙化）、南涧县（明代及清初属楚雄府，清雍正七年即公元 1729
年后划归蒙化）、永平县（明清时期属永昌府，1950 年改属大
理）、云龙县南部和宾川县（明弘治七年即公元 1494 年至有清
一代为宾川州）的大部分地区。

今大理州的鹤庆县、剑川县以及洱源县、云龙县、宾川县的
部分地区处于北纬 26°—28°之间的过渡带。鹤庆县，在北纬 25°
57′—26°42′间，其辖地绝大部分在北纬 26°—26°42′之内。剑川
县在北纬 26°11′—26°42′。洱源县的西山、炼铁、凤羽、江尾以
北，云龙县的丰陆、永安以北，宾川西北角的古底及其以北都进
入北纬 26°。[6]

在洱海区域，经济较发展的地区都在北纬 26°线以南，凡地
处北纬 26°—28°之间的地方明显受到分界线及过渡带的影响。
如剑川，史料记载那里是“地势渐高，风气稍寒，春犹凛冽，
夏无盛暑，日之出入皆在卯酉，比京师每迟一刻”。[7]这样的地势、
气候、日照等自然条件对经济的发展是有所限制的。

四、罗坪山——点苍山的地理分界与洱海区域

前面提到，在云南境内有北纬 26°分界线，有北纬 26°至北
纬 28°地理过渡带，它们直接影响着云南社会、影响洱海区域的
发展。那么，在洱海区域内还有一条分界线值得关注，即起自今
剑川县境南部的罗坪山，至大理市西面的点苍山。它们由北而南
纵向分布形成分界，其东西两侧的自然环境一定程度影响着洱海
区域社会的发展。

罗坪山，主要在今剑川、洱源县境内，起自剑川县南，止于
今漾濞县北；西邻黑惠江谷地，东为洱源、凤羽盆地；南北走
向，全长约 60 公里。

点苍山在洱海西岸，是云岭最高大、最雄伟的山体，也是今大理市和漾濞县的界山。它北起洱源县南端，南抵西洱河谷，其东西宽约 10 公里，南北绵延长约 50 公里。苍山自南而北，分列有著名的十九峰：斜阳峰、马耳峰、佛顶峰、圣应峰、马龙峰、玉局峰、龙泉峰、中和峰、观音峰（又名小岑峰）、应乐峰、雪人峰、兰峰、三阳峰、鹤云峰、白云峰、莲花峰、五台峰、沧浪峰、云弄峰。雄峻伟岸的十九峰连脊屏列，翠峦条分，海拔较高，各峰的相对高度约在 2000 米左右，其中玉局、龙泉、应乐、兰峰的海拔都在 4000 米以上，而最高峰为马龙峰，高达 4122 米。苍山十九峰有丰富的物产资源，木材、石材、矿产等对古代社会经济文化影响较大。

罗坪山——点苍山分界线以东地区，地势相对舒缓，分布有较大、较多的坝子；其间还有洱海、剑湖、茈碧湖等湖泊，适于发展农业，由此形成洱海区域重要的农业区，人口密度较高，在今大理州的 12 个县治以上城市中有 9 个就分布于此。

罗坪山——点苍山以西地区，属于横断山地云岭南部地区，山高谷深，地况复杂，但矿藏、森林和水利资源却十分丰富。这种地理环境相对于罗坪山——点苍山以东地区具有平缓的盆地和宁静的湖泊而言，人类生存及发展的条件都处于劣势，人口少，在今大理州的 12 个县治以上的城市中，只有云龙、漾濞和永平县治分布在这一区域。

由此可知，以罗坪山——点苍山一线为界，该线东、西部地理环境存在明显差异，是导致洱海区域经济发展差异的一个重要原因。

第二节　洱海区域的自然环境[8]

本书所指洱海区域，在今云南省中部偏西，亦即在今云南省大理白族自治州的辖区范围内。主要涉及大理州 1 市 11 县中的10 个县市，即大理市和洱源、鹤庆、剑川、云龙、漾濞、巍山、弥渡、祥云、宾川县，总面积约 24045 平方公里，占全州总面积29459 平方公里的 82%。从今大理州山区面积占全州总面积的93.4% 就可说明，本书所指洱海区域山区的面积也十分广泛。洱海区域水资源丰富，坝子大多适于人口生存和农耕发展，成为区域经济发展的重要条件。不过，区域内各地的自然条件又有诸多差异。

一、洱海区域的中心区

洱海区域的中心区在今大理市，主要有洱海湖、点苍山和大理坝子。今大理市总面积为 1815 平方公里，其中山地面积占70%，水域面积占 15%，坝区面积占 15%。明清时期，这里是大理府、太和县和赵州的行政治所所在地及辖区的大部分。

洱海湖是云南高原仅次于滇池的第二大湖泊，是洱海区域的核心水域。地处北纬 25°36′—25°58′，东经 100°06′—100°18′；南北长约 40.5 公里，东西最宽处有 8.4 公里，最狭处仅有 3.4公里；今天的总面积约 250 平方公里。洱海北岸连接今洱源县东南隅，有㳽苴河[9]（洱海的上源）自北而南流至江尾村附近，分成三支注入洱海。洱海西岸有点苍山十八溪水，南边有波罗江，东边有凤尾箐、玉龙河等河流，皆向心式流入洱海。

在古代，洱海有"叶榆水""叶榆河""叶榆泽""西洱河"

"洱河""昆弥川"等名，今人熟悉的洱海之名源于云南民俗：在云南，民间对湖泊皆称为"海"或"海子"；洱海之所以以"洱"为名，或说它"形若人耳"，或说它"如月抱珥"。从记载看，洱海的各种名称在历史上有发展变化："叶榆水"在古代文献中使用较多；"西洱河"在古代通常是对洱海湖的一种称呼，不过，今天却主要指洱海西南出口处向西流淌、最后与漾濞江合流的一段河道，全长 23 公里；"昆弥川"的名称源于少数民族，最终随昆弥部族的消失而很少使用；如今，"洱海"是对这个湖泊最流行的叫法。

点苍山，又名苍山，是横断山脉云岭南部最高耸雄伟的山峰。它自西北向东南蜿蜒伸展，南北绵长 48 公里、东西宽约 10 公里，处于云岭山脉的南端。点苍山山峦沟壑相间，在十九峰的峰与峰之间自然形成了著名的苍山十八溪水。十八溪自南而北分别为阳南溪、葶溟溪、莫残溪、青碧溪、龙溪、绿玉溪、中溪、桃溪、梅溪、隐仙溪、双鸳溪、白石溪、灵泉溪、锦溪、茫涌溪、阳溪、万花溪、霞移溪。在古代，十八溪的溪水或流泉飞瀑，似骏马奔腾而下，"水激石跳，铿訇如雷"；或溪水潺潺，一涧三叠，静静流淌，最终注入东面的洱海。

在苍山洱海之间还有一片西北——东南走向、南北狭长的小平原，即大理坝子。它北起今洱源县下山口，南抵大理市凤仪镇，东有洱海，西依苍山。其地表多为洪积冲积物所覆盖，由西向东缓缓倾斜，平均海拔不到 2000 米，土地肥沃。这片冲积湖平原长约 60 公里，面积大约 601 平方公里（除去洱海面积 250 平方公里，陆地面积还有 351 平方公里）。

大理坝子负山面水，气候平和，古代一直有"夏不甚暑，冬不甚寒，四时略等"的称誉。现在的年平均温度大约在 15℃。

不过，其地的温度视风力强弱而有区域差异：在古城和喜州一带，温度偏暖；古城至下关一带，因下关常年多风，有资料言其年平均大风在 35 天以上，风速达 27.9 米/秒，故下关有"风城"之称，因此，这一地带的温度随风力逐渐下降。

这一地区因有土地肥沃的坝子，又有苍山十八溪水和洱海湖等水资源，气候宜人，适于人类生存、适于农作物种植，所以是洱海区域较早发展起来的人类聚居区。不仅如此，在长期的历史发展进程中，它成为了洱海区域的中心。

二、洱海以北地区

洱海以北主要分布有今天的洱源、鹤庆和剑川 3 县。

如前所述，鹤庆、剑川大部分以及洱源的部分地方已经地处北纬 26°线及其以北，皆在洱海湖以北。其地地势北高南低，西北部最高，最高峰为雪邦山，海拔 4295.3 米；最南端与洱海相接，其地貌呈现从高山纵谷向相对平缓的高原夷平面过渡的特点，山区占地 88.98%，而洱源、鹤庆、剑川等坝子占地面积仅为 11.02%。该地区有黑惠江、涨苴河、茈碧湖、鹤川、剑湖等河流湖泊，以及大大小小的龙潭，水资源极其丰富。该地区气候有亚热带山地气候向高寒带气候过渡的特点，洱海区域年平均气温最低的地方都集中在这里。现在的年平均降雨量鹤庆稍高，剑川和洱源稍低。

（一）洱源县

洱源县（明清邓川州、浪穹县地），位于今大理州中北部，面积 2614 平方公里。它地处云岭南部，山脉呈南北走向，形成三支：东支有全县最高峰南无山（海拔 3958 米）及石宝山、猫鼻子山和鸡足山；中支有罗坪山、干海子，南接点苍山；西支有平地山、鸡山岭、金牛头、吴太极山等。

该县的坝子多分布在罗坪山以东，主要有洱源坝子、邓川坝子、凤羽坝子等；面积在一平方公里以上的坝子共6个，总面积231.8平方公里，占全县面积的7.83%；最大的洱源坝子，长约25公里，宽约3公里—6公里，面积为135平方公里；海拔2056米—2100米。

境内主要河流有黑惠江（下游称漾濞江）、弥苴河、落水河等；东部茈碧湖汇集诸水，通过海尾河、弥苴河流入洱海；北部罗坪山以北的河流流入金沙江。主要湖泊有茈碧湖、西湖等。年平均气温13.8℃，年平均降雨量约760余毫米。

（二）鹤庆县

鹤庆县（明鹤庆府/清鹤庆州地），位于大理州北部，面积2395平方公里。它地处云岭山脉东南部，由玉龙雪山向南延伸的石宝山和马耳山构成县境东西两支山脉，山峰海拔一般在3000米以上，如马鞍山（3925米）、九顶山（3484米）。

鹤庆的坝子多分布在县域中部，主要有鹤庆、松桂和黄坪坝子等，全县面积在一平方公里以上的坝子有8个，坝子总面积达399.5平方公里，占全县面积的16.68%；其中鹤庆坝子最大，长约24公里，宽约6公里—8公里，面积达183.3平方公里。

鹤庆境内水资源丰富，河流皆属金沙江水系，有金沙江、漾弓江（也称漾江）、落漏河和河川河等，分别在中江、均华和朵美注入金沙江。境内分布大小龙泉无数，较出名的如黄龙潭、黑龙潭、白龙潭、羊龙潭等。年平均气温约13.5℃，年平均降雨量约 960 余毫米。

（三）剑川

剑川县（明清剑川州）在今大理州北面，面积约有 2250 平方公里。其地处横断山地北段，老君山从北到南，绵亘县境中部。地势北高南低，西北部最高，最高峰为雪邦山，海拔 4295.3 米，西部山地一般海拔在 3000 米以上（如老君山、金桃山、福登山、马鹿山、牦牛山等）。

剑川主要坝子有剑川、马登、沙溪等，面积在一平方公里以上的坝子共有 11 个，总面积 214.4 平方公里，占全县面积的 9.25%；其中最大的剑川坝子，长约 12 公里，宽 5 公里—8 公里，面积为 76 平方公里。海拔 2100 米。

境内主要河流有黑惠江、金龙河、螳螂河、迥龙河、蚌永河、白石河、弥沙河、格美河、象图河、桃园河、石狮子河等，这些河流均属澜沧江水系。主要湖泊有剑湖和西湖。年平均气温约 12.8℃，年平均降雨量约 740 余毫米。

三、洱海以东地区

洱海以东地区主要包括今天宾川、祥云两县。

这一地区属滇中高原与滇西横断山脉的接合部以及滇中高原西部，主要地势特点是地势西北高、东南低，山地占有整个区域的 84.53%。该地区大部处于滇中高原，坝子占地面积较大。但是，相较于洱海区域的其他地区，这一地区的年平均降雨量较少，且年平均气温较高（宾川尤为突出），故干旱缺水自古以来一直是自然条件中存在的突出问题。

（一）宾川县

宾川县（明清宾川州）位于大理州东部，面积2563平方公里。该县地处滇中高原与滇西横断山脉的接合部，地势西北高、东南低。平顶山和鸡足山连绵于县境东西两侧，最高为西北部的鸡足山天柱峰，海拔3248米，为云岭向东南延伸部分。

县域中部有宾川、牛井、力角、乔甸等坝子，面积在一平方公里以上的坝子共13个，占全县面积的17.9%；最大的宾川坝子面积322.2平方公里，海拔1438米。

境内主要河流有纳溪河、平川河等，均从南往北注入金沙江。年平均气温在洱海区域中稍高，约为17.8℃，年平均降雨量仅580.7毫米，其河谷盆地暖热少雨，气候干燥，是云南出名的干旱县。

（二）祥云县

祥云县（明清时期云南县）位于大理州东部，面积2498平方公里。该地地处滇中高原西部，高原面较平坦，起伏不大，地势西北部高、东南部低。全县最高为五顶山，海拔3240米。

坝子主要有祥云、大仓、大易康、杨家村等，面积在一平方公里以上的坝子有16个，总面积占全县面积的13.96%；其中祥云坝子地处金沙江与红河水系的分水岭部位，由城川、下川（即云南驿坝子）、禾川三个坝子组成，东西宽30公里，南北长44公里，面积为398.8平方公里，海拔1950米—2000米，为著名的干坝子。

主要河流有中河、楚场河、鹿窝河等，湖泊有青海湖和莲花湖等。年平均气温为14.7℃，年均降雨量为822.5毫米。

四、洱海以南地区

洱海以南主要有今巍山、弥渡两县，明清皆属于蒙化。

该地区地处无量山和哀牢山北端，属元江和澜沧江分水岭地带，山地呈西北——东南走向，地势西高东低。北部有九顶山（海拔 3117 米）、太极顶（海拔 3061 米），一般海拔在 1685 米—2200 米之间；其山地占有整个区域面积的 91.45%，平原坝子所占面积十分有限。在此地区有澜沧江水系的黑惠河、红河水系中元江的毗雄河等河流。

（一）巍山县

巍山县（明清蒙化府/清直隶厅）位于大理州南部，面积 2200 平方公里。地处横断山地南端、哀牢山和无量山的北端，地势自西北向东南倾斜，山川均为西北——东南走向；东北部为哀牢山，东部太极顶在 3000 米以上，为全县最高处；西南部为无量山。巍山的山地面积约占全县面积的 93%。

巍山坝区面积有 180 余平方公里，仅为全县总面积的 8.18%。全县一平方公里以上的坝子仅有巍山坝和漾江坝，最大的是狭长的巍山坝子，长约 40 公里，宽 4 公里—6 公里，面积为 167 平方公里，海拔 1670 米—1836 米。

水资源主要有县境西部的黑惠江和自西北向东南贯穿全境的元江。年平均气温约为 15.5℃，年平均降雨量约 800 余毫米。

（二）弥渡县

弥渡县（明清分属赵州、蒙化和云南）位于大理州的东南部，面积 1523 平方公里。地处哀牢山北端、滇中高原西部边缘。

该地的山川为西北——东南走向，最高峰为九顶山，海拔在3000 米以上；一般海拔在 1685 米—2200 米之间，河谷最低处1100 余米。

县境中面积在一平方公里以上的坝子有 7 个，总面积 160.2平方公里，占全县面积的 10.20%；其中弥渡坝子最大，长约 33公里，宽约 4 公里，面积为 142 平方公里，海拔约 1080 米。

境内主要河流有毗雄河、白云河、牛街河和礼舍江。年平均气温约 16℃，年平均降雨量约 700 余毫米。

五、洱海区域西部地区的自然环境

洱海区域的西部主要有今云龙、漾濞两县，明清主要属于云龙州。

这一地区地处横断山脉中段、云岭南部，山川近似南北走向；一般海拔在 1550 米至 2310 米之间。该区域山地多，山地面积高达 98.87%，坝子数量少而面积小；境内有澜沧江支流沘江、漾濞江等在高山深谷间流过。

（一）云龙县

云龙县（明清云龙州）位于大理州西部，面积 4400 平方公里；山川并列，山高谷深。

云龙地处横断山地北段腹地，东为云岭，西为怒山，山峰多在 3000 米以上，西北的拉嘛枯山，海拔 3663 米，南部与保山县交界的道人山，海拔 3655 米，其他崇山、光头山、五宝山、龙马山、金牛头山、小罗坪、小罗坪山等，海拔均在 3200 米以上。

县境中面积在一平方公里以上的坝子共 7 个，总面积 43.5平方公里，仅占全县面积的 0.92%；主要有有漕涧、旧州两个坝子在县境中部。

县境有澜沧江及其支流沘江纵贯，山高谷深，水流湍急，多险滩，汇水范围狭窄，两侧支流短小，呈"非"字形水系；怒江从县境西缘往南流。年平均气温约在13℃，年平均降雨量约800余毫米。

（二）漾濞县

漾濞县（为明清样备、打牛坪二巡检司地，分属蒙化、云龙、洱源）位于大理州中部，面积1860平方公里。其地在横断山地北段，地貌特征是两山夹一河，地势北高南低。东为点苍山，最高为点苍山的马龙峰，海拔4122米；西为清水朗山；这些山地均呈南北走向。

县境坝子数量少、面积小。面积在一平方公里以上的坝子仅有漾濞、脉地2个，总面积32平方公里，仅占全县面积的1.64%。

县境有漾濞江，顺濞河、二郎河及数条小河，均属澜沧江水系。河流自北向南贯穿全境，具有落差大，流量变化大的特点；河流下切形成高山深谷地貌。它们是典型的山地河流。年平均气温约16℃，年平均降雨量1000余毫米。

综上所述，上述各地虽然都属于洱海区域，但其东南西北的自然条件各有差异。如坝子的数量多少和面积大小，经济发展就有不同：苍洱之间的大理坝子，土壤条件好，溪河众多，海拔大多在1700米—2000米之间，年平均气温多在15℃—17℃之间，适于农耕和人类生存的地方，经济就发展。在洱海以北的剑川、鹤庆、洱源等地的坝子，纬度在北纬26°—28°之间，且海拔都在2000米以上，年平均气温稍低，均在12℃—13℃之间，一定程度制约着农业的发展。在洱海区域东部、南部的宾川、祥云、弥渡和巍山等地，降雨量少，如果水源不足，就会影响农田的灌

溉；在洱海区域西部云龙、漾濞等地，坝子数量少，面积小，且
河流下切成高山深谷，给农业生产带来诸多不利影响。

　　自然条件在一定程度上制约了社会经济的发展，但随人类社
会对自然环境开发利用程度的加深，生产活动的推进，又会对自
然环境变化产生重要影响。

注　释

1　吴晓亮：《洱海区域古代城市体系研究》第一章，云南大学出版社 2004 年版。
2　任美锷主编：《中国自然地理纲要》，商务印书馆 1999 年版修订第三版，第 282—
　　286 页。
3　北纬 26°以北的土地面积，据今云南省丽江地区、迪庆州、昭通地区、永仁县、
　　会泽县、宣威市和原东川市全部土地面积，以及怒江州除去泸水县的土地面积计
　　算；土地面积数据朱惠荣主编：《中华人民共和国地名词典·云南省》，商务印书
　　馆 1994 年版，第 65、70、118、141、166、431、471 页。
4　中华人民共和国民政部编：《中华人民共和国行政区划简册·云南省（2000
　　年）》，中国地图出版社 2000 年版。
5　吴晓亮：《洱海区域古代城市体系研究》，云南大学出版社 2004 年版。
6　今大理州及其各属县的地处纬度，参见云南省测绘局：《云南省地图集》（内部发
　　行，1982 年版）。
7　（清）王世贵修，张伦等纂：康熙《剑川州志》卷 1《星野·气候附》，载杨世
　　钰、赵寅松主编：《大理丛书·方志篇》卷 9，民族出版社 2007 年版，第 571 页。
8　本章节数据主要采自云南省测绘局绘编：《云南省地图集》（内部发行，1982 年
　　版）、今大理州及所辖县的政府门户网站（2018 年）和朱惠荣主编：《中华人民
　　共和国地名词典·云南省》大理州的相关部分，统计结果供参考。大理苍山、洱
　　海等自然地理环境描述资料参民国《大理县志稿》卷 2。相同出处不再一一作注，
　　特此说明。
9　洱苴河，在古籍文献中又写作"弥苴河"、"彌苴河"、"弥苴佉河"等。

第二章　明清时期洱海区域的行政设置[1]

第一节　明代洱海区域的行政设置

一、明代洱海区域行政及军事建制

明朝建立以后，"云南以险远后服，太祖皇帝特命勋臣镇之"，[2] 洪武十四年（1381 年）傅友德攻克云南。洪武十五年（1382 年）及以后，朝廷在元朝建制的基础上，对云南地方行政建制进行调整。从现存史料看，洪武十五年是明代云南地方行政设置发生变动的一个重要的时间节点，此后略有变动。洱海地区也不例外。

据《寰宇通志》载，朝廷"改元云南等处行中书省为云南等处承宣布政使司，领云南、大理、临安、楚雄、澄江、广西、广南、镇沅、蒙化、景东、永宁、顺宁十二府，曲靖、姚安、鹤庆、武定、寻甸、丽江、元江七军民府"；"改元廉访司为云南等处提刑按察司，分普安、临元、金沧、洱海四道，按治各府州司"；"建云南都指挥使司，领云南左、云南右、云南中、云南前、云南后、云南、大理、临安、曲靖、景东、楚雄、洱海、平夷、越州、蒙化、六凉十六卫指挥使司；金齿、腾卫、澜沧三军民指挥使司……"。[3]这是明朝景泰初年以前云南行政及军事建制的基本情况，此后变化不大。

（一）大理府

大理府是洱海区域的核心区。随明大军对云南征讨的推进和朝廷对云南地方控制的深入，朝廷在"洪武壬戌"年，即洪武十五年（1382 年）将元大理路"改为大理府，领三州，曰赵州，曰邓川，曰云龙；属县有三，惟太和则府治之；而云南、浪穹则散治于州；其所辖十二关长官司去府治北三百里楚场箐"。又载，云南县属赵州，浪穹县属邓川州。这是大理府行政设置的基本情况。事实上，蒙化最初隶属大理府，仅为州级设置，直到正统年间（1436 年—1449 年）才升为府。云龙州也是洪武十六年（1383 年）才立为州的。[4]

在军事方面，朝廷在大理府设大理卫和洱海卫。"大理卫，在府治之南，洪武十五年（1382 年）建置。内有经历司领卫，镇抚一；外有左、右、中、前、后、中左、中右、中前、左前、太和十千户所。所各有镇抚一，百户所十；惟太和一所有□二百户，其中前左、前右二所守把上下两关。其旧镇前前、右右二所守御鹤庆"。[5]又载，赵州地置卫，即洱海卫，设"洱海指挥使"，治所在云南县。具体说，洱海卫于"洪武三十年（1397 年）创建。内有经历司，领卫镇抚一，其左、右、中、前、中左、中右、洱海千户所七。每所又各有所镇抚一，百户所十"。[6]这是明前期大理卫和洱海卫的建制情况。

（二）蒙化府

蒙化，在大理府南面，即今大理州巍山县地，是南诏国的发祥地。明洪武十五年（1382 年），沿元代建制仍为州，"隶大理府"，"正统十三年（1448 年）升为府"。明朝廷在蒙化设卫，即蒙化卫，设蒙化指挥使，治所在府治。蒙化卫是洪武二十三年（1390 年）建置，"内有经历司，领卫镇抚一，左、右、中、前、后、中左、中右、中前八千户所。每所又各领所镇抚一，百户所十"。[7]这是蒙化府的行政建制及卫所情况。

（三）鹤庆军民府

鹤庆，在大理府北面，今为鹤庆县。元代有谋统万户、鹤州、鹤庆路、鹤庆路军民总管府等称谓，"洪武十五年（1382 年）改为鹤庆府；三十一年（1398 年）又改为鹤庆军民府，领州二：一曰剑川，曰顺州"。[8]事实上，剑川州在洪武十五年（1382 年）时仍为县，后来才改为州的。[9]

在鹤庆地军事设置有鹤庆御，史载"洪武二十年（1387 年）建置，内有大理卫前前、右右二千户，各领所镇抚一，百户所十二"。[10]

从上述史实可以看出，洱海区域的行政区划和军事部署大多在洪武年间已基本确定，其后略有变动。

二、明代洱海区域行政建制的变动

据前文所述，可知洪武十五年（1382 年）是洱海区域行政和军事建制的一个时间节点。由于云南地处边疆，民族众多，受政治局势变动或经济发展水平的影响，朝廷针对较为复杂的社会和民族情况时，会不断地对行政管理作出调整。从资料的分析看，洱海区域内的行政变化主要表现为几种形式：一些不同级别的行政设置会有升降或变动，比如，初为县级建制的地方或升为更高级别的州或府；建制为府的地方又会变为行政级别较低一级的军民府等。又如，有的地方会成为新置的行政区。再如，有的地方行政隶属关系发生变化，或从大理府的从属州变成直隶云南布政使司的行政区；或从此县划归彼县，等等。

（一）洱海区域北部、西部行政设置的变动

在洱海区域北部的鹤庆、剑川，西部的云龙，或与丽江毗邻，或近西藏和四川，长期处于民族矛盾突出、中央与地方矛盾交集的前沿，故行政建制变动明显。

如前文所述，鹤庆在洪武十五年（1382 年）置为府，至洪武三十一年（1398 年）改为鹤庆军民府。这期间，还有细节变动：如明洪武十五年（1382 年）时的鹤庆府，辖剑川、兰、顺、北胜、蒗蕖和永宁等六州。其后，兰州、北胜、蒗蕖和永宁陆续分出，改隶丽江府和澜沧军民指挥使司。[11] 只有剑川州和顺州长期归属鹤庆管辖。

鹤庆由府到军民府的变动，与其地理环境、民族、民俗等因素关系密切，也与朝廷对西南民族地区的治理政策有关。

据史载，鹤庆南接浪穹，北与丽江、永宁毗邻。据明景泰《云南图经志书》载，鹤庆府治周边居者"皆汉人、僰人"。当时，"乐育教化渐被华风，而言语、服食、吉凶、庆□之俗具变其旧矣"。这说明府治周边较为稳定。但总体上鹤庆是"附险立寨"，"境内多摩些、蛮夷……酋寨星列，无所统摄"，稍不如意，就起冲突。[12] 洪武十六年（1383 年），颍川侯傅友德在平云南的过程中，"以安宁土知州董赐征石门关功，授鹤庆府知府"。[13]由于鹤庆民族关系复杂，故此后也多是土官治理。不唯如此，因鹤庆是云南省北部锁钥之地，故历史上还"兼有边防之责"。时人称自五代以来，"史万岁自石门出漾弓、唐韦皋遣幕府崔时佐趋云南，及元世祖入大理、取滇池亦无不至自石门。而石门去鹤仅一衣带水耳。若形势之不审，分防之不严，譬之画饼究无益于安壤之效也"。[14]鹤庆地理位置何其重要！故清廷派两个千户所驻扎鹤庆并设鹤庆御，一方面有军事防守的考虑，另一方面则是为治理具有复杂民族关系、多样民俗的西南地区而采取的一种措施。朝廷行使土流结合、行政军事兼有的管理模式，是适合当地实情的。"军民府"应是这种历史背景下的产物。

剑川州在鹤庆府治的西北，与丽江毗邻，与吐蕃相近。洪武十五年（1382 年）剑川沿元制设为县。次年（1383 年），傅友德平定叛乱后，"杨奴诣军门欵附，授土官知州事。剑川仍复为州"。[15]这是由县而州的变化。洪武十八年（1385 年），"官兵平剑川，设流官，隶鹤庆府"。[16]可知，剑川由县而州的行政层级变动、由土改流的变化与当地社会局势有关。相对稳定的是剑川州长期由鹤庆府管辖。

云龙在大理府的西部，州一级建制也是在明初傅友德平定云南的过程中设立的。史载："云龙土酋段保率所部从征有功，授云龙州土知州，隶大理府。正统间设流官吏目一人……"。[17]这也是一个先由土官治理，后来才逐渐改土为流的典范。

总而言之，上述地区的行政设置之初多是土府、土州，其后虽然行政层级略有变动，但朝廷行使土流兼管、军政共管的管理形式是一样的。而且，"改土归流"一直是中央政权治理民族地区的战略，如云龙州，从洪武十六年（1383 年）置土州至正统间流官的进入；又如剑川州先设土官，不久即设流官，皆反映出中央对这些地区控制力度在逐步增强，是中央对洱海区域加强行政管理的缩影。

（二）宾川州的新置

宾川在洱海东面，明弘治七年（1494 年）置州。在洱海区域内，宾川是一个相对贫瘠的地区。那里"土燥水少，故炎暑视他州为烈，秋成亦视别处为最早。治东负山地，乏原泉，不可田而耕也。惟西隅近河，素称沃土。然昔年有赔荒之类，死徙者十之五六。土著之民终岁勤动，输正供之外无赢余也"。[18]明代弘治年间，"铁索箐夷寇劫掠乡村"，[19]有名士吴让因"州人以州治不设，民无捍御，素苦寇扰……奋然诣台司，请置州卫，建城池，奔走不疲。卒如其请"。[20]因社会治安不稳，民情所愿，朝廷于弘治七年（1494 年）"割太和九里、赵州一里、云南县二里始设为州"，[21]州治大罗城。[22]同年设大罗卫，[23]以加强宾川军政的控制力量。

与上述地方不同的是，自宾川置州后，明代有 20 位流官任知州。从史料记载这些官员的籍贯看，除 2 人不知所由，1 人系"南城人"（不确定是否指宾川州的南城），其余官员都是外省人氏。[24]这反映出，宾川州自设置之初就不是土州，皆由流官管理。它的新置，应当是洱海区域行政管理内部调整的结果。从其行政辖区的范围看，宾川州在设置之前，其地分属大理府太和县、赵州和云南县管理，而宾川正是三地行政区相互交接的地带。从自然条件看，该地多山峦，交通不便，多行政管理易出现真空地带。在自然条件受限，百姓"素苦寇扰"的情况下，朝廷新置宾川州，用行政手段划定一个新的区域，使州治大罗城成为该区域一个新的行政管理中心，正好解决了此前行政管理真空的问题。这也是宾川这一行政区划可以一直延续至今的重要原因。

(三) 蒙化行政地位的上升

蒙化,地处洱海之南面,是南诏的发源地,史称其地是"一川平衍"。川,即指蒙舍川,东西30余里,南北70余里,"坦然平衍,诚沃壤也"。[25] 明洪武年间蒙化置为州,属大理府;至正统年间升为府,属云南布政使司。[26] 由州到府的变化,即是其行政地位上升的标志。这种变化与当地的社会发展有关。

据康熙《蒙化府志》载,明大军于洪武十五年 (1382 年) 平定大理,当时"蒙化仍为州,隶大理。十七年 (1384 年),土官左禾歃附,授蒙化州土州判。二十三年 (1390 年),筑蒙化城,设立卫所。成祖永乐三年 (1405 年),升左禾为蒙化州土知州。英宗正统十年 (1445 年),升蒙化州为府,编户三十五里,以土官左伽知府事,设流官通判。武宗正德年间 (1506 年—1521 年),印归流官通判掌。神宗万历年间 (1573 年—1620 年),改流通判为同知,掌府印"。[27]

上述记载值得注意,除了体现蒙化行政层级逐步上升、由大理府的属州变为直属云南布政使司的行政区等史实外,我们还可以看到,蒙化最初是由土官管理,而后向土流共管、流官为主的方向发展。有意思的是,无论土官或为知州、或知府事,表面上他们是地方的第一长官,但作为权力象征的府印始终由流官掌管。至明朝后期,当蒙化府的流通判改为同知后,府印又随之掌握在流官手中。与此同时,朝廷在蒙化设卫也是为了加强对这一地区的管控。这些,都从侧面反映出明中央政府与云南地方的关系,特别是中央政府对地方民族区域管理的技巧或者说手段。

第二节　清代洱海区域的行政设置

一、清代云南行政及军事建制的基本情况

清初，朝廷多沿袭明朝行政设置，以后略有变动。直到嘉庆以前，云南省新置开化府、普洱府；少数地方行政层级有升降，如寻甸府降为州；如北胜直隶州先升为永北府，后又改为直隶厅等；云南的行政管辖范围因他省地方划入而增大，如雍正年间（1722 年—1735 年）将原属四川的东川府、乌蒙府（后改名昭通府）、镇雄府（后又降为州）划归云南省，等等。至嘉庆二十四年（1819 年）时，云南省"共领府十四，直隶州四，直隶厅四"。即云南、大理、临安、楚雄、澄江、广南、顺宁、丽江、普洱、永昌、开化、东川、昭通十四府；广西、武定、元江、镇沅四直隶州；景东、蒙化、永北和腾越四直隶厅。[28]有清一代，在云南省之下，设府、州、县及直隶州、直隶厅，这应当是清代行政建制的基本情况。

对云南边疆的军事布防，朝廷多根据局势变化做适当调整。具体说来，明末清初云南发生过一系列兵乱，社会局势极不稳定。当云南各地战事平息后的康熙初年，朝廷开始整顿行政与军事建制。康熙五年（1666 年），裁撤了云南地方各级行政冗员"一百四十五员"。"又裁操捕都司及中屯、定雄、凤梧、安宁、宜良、通海、鹤庆、永平、定远、易门守御千总，归同城州县管理。并裁曲靖、越州、蒙化、永昌、楚雄、洱海、大罗、景东卫属千总"。[29]

总体上说，清廷对军事设置的调整与云南省行政建制一样，

主要集中在康熙初年。而且，清廷对云南军防部署的调整和改革具有时代特点，一是将原先部分驻扎军队的地方明确划归州县管理，使明代军民屯驻之地民政化；　是裁撤明代卫所，改属千总。从军事上，清代行"标""协""营""汛"等军事编制。标又分为督标、抚标、提标、镇标、军标、河标、漕标等。设提督、总兵、都司、参将（驻州或厅）、游击、守备、千总（驻本营）、把总等军事长官，清代兵制取代明卫所制。

二、清代洱海区域行政及军事建制变化

（一）大理府

据《一统志》载，清沿用明朝制度，仍设大理府，"属云南省，领州四，县三，长官司一"。[30]即太和县、云南县、浪穹县、赵州、邓川州、云龙州、宾川州和十二长官司。大理府的行政设置延续多年，变化不大，短期内略有异动。

大理府行政设置的微调主要发生在清初。顺治初年，大理先后遭受兵乱如沙定洲党羽王朔攻陷大理、孙可望"入据大理"等。据载，顺治十六年（1659年），朝廷"命大将军信郡王铎尼伐云南，大理纳款。信郡王同吴三桂西讨诸郡未服者，军屯龙尾关，以大理早归附，寻撤去"。[31]清廷在平定云南的过程中，根据局势的变化略调整行政管理区划，如康熙五年（1666年）"以北胜州隶大理府"。但康熙三十一年（1692年）又"以大理所属北胜州仍为直隶州"。[32]据此可知，长期不属于大理府的北胜州，康熙年间划入大理府不过二十余年又被划出。此后，大理府的管辖范围基本不变。

在军事建制方面，清朝与明朝不同。明代行卫所制度，清代

行八旗绿营兵制。顺治十六年（1659 年）朝廷在平定大理以西诸郡后，"设总兵驻镇大理。裁大理、洱海、大罗三卫指挥使司，专设三卫守备各一人"。康熙元年（1662 年）"移大理总兵驻大理。设云南提督驻镇大理"。[33] 这一记载说明在清朝顺治年间，朝廷的军事调整还未完全脱离明代卫所，只是将军事长官由卫"指挥使"改为"守备"而已，卫所仍在。

　　清廷对洱海区域明卫所的裁撤主要集中在康熙年前期。康熙六年（1667 年），朝廷裁洱海卫、大罗卫，二十六年（1688 年）又裁大理卫。至嘉庆年间（1796 年—1820 年），这些地方在文献中被称为"废卫""故卫"，并并入"古迹"中加以记载。[34] 这说明，至迟在康熙中期，大理府的军事整编大体完成。清廷对明代卫所的处置大致分两条路径：一是如前文所言裁卫"属千总"，这属于军队整编。尽管裁撤了卫所，但仍然可以看出原洱海、大罗卫的辖地依然是军事要地，故有千总领军长期驻守。另一路径则是"裁洱海、大罗二卫守备，以屯赋归并云南县、宾川州；……裁大理卫守备，分境屯赋分归各州县"。[35] 至此，完成了前朝卫所民政化的改制；"屯赋分归州县"就体现出是清廷对原来明军屯田地的重新管理，欲行使以田赋等税收支撑国家机器运转、供给军队等国家治理措施。这在一定程度上反映出国家管理制度的变迁。

　　对大理府的军事部署，清廷设置有"大理城守营都司"，驻大理府。其下有守备、千总三员，"一驻本营，二分驻云南县、宾川州"；有把总四员"二驻本营，二分驻赵州、邓川州"；有经制外委六员，"三驻本营，三分防弥渡、浪穹、云龙各汛"；还有额外外委四员。[36]

　　需要注意的是，节制云南一省的军事长官"提督"没有驻镇云南省省会，而是驻镇大理府，领"中、左、右三营"，而且"曲、寻等二协，云南等四营均隶提督管辖"。[37]这种提督以大理府为基地，统领全省军事的做法充分说明大理府在清代、在全省具有重要的战略地位。

（二）蒙化

清朝，蒙化的地位在下降，无论行政地位还是军事地位都是如此。

清初，沿用明制，蒙化仍为府。康熙六年（1667 年），"裁蒙化卫并府"，[38]这与大理府裁卫基本同步。根据民国《蒙化县志稿》的记载，我们看到清廷平定云南、降服蒙化的进程及处置措施："顺治十六年（1659 年），清廷命大将军信郡王铎尼伐云南，蒙化纳款，仍为府。裁去蒙化卫所指挥、千百户等官。康熙六年，圈拨蒙化卫田地给平西王吴三桂。裁蒙化卫守备、经历并归府"。[39]可以看出，蒙化卫裁撤后，朝廷的处理方式与大理卫、洱海卫、大罗卫皆不同。除了将守备和经历划归蒙化府外，清廷将蒙化卫田地圈拨给了吴三桂个人，以示奖励，欲以此稳定吴三桂的势力。雍正七年（1729 年），又将原属楚雄府的定边县"裁归蒙化"。乾隆三十六年（1771 年），"以蒙化府例不合，改为直隶厅"。[40]直隶厅这样的行政地位延续"至清末则又百四十一年矣"。[41]

对蒙化地位的变化，民国人有较好总结，曰："蒙化，南诏发迹故墟。当唐之时，服则边靖，叛则边患，中国安危实系焉。明初隶入版图，地当边隘，故设卫屯田，置镇抚司、守备道、总兵等官以防守之。及顺、云、缅归流后，蒙化成腹地而世异势殊矣"。[42]可知，正是时代的变迁、边疆形势的变化和民族不断融合，使蒙化地位随之变化（自然环境的局限也是原因之一，待后文详述）。至民国初年，改蒙化直隶厅为县。

（三）鹤庆

前文提及，历史上的鹤庆一直是中原王朝征云南的重要途经之地，又是民族聚居、民族关系复杂的地区。顺治初年，云南内乱不止，直到顺治十六年（1659 年）鹤庆才有"土官归附"[43]的记载。尽管如此，此后的鹤庆仍然是蒙古、吴三桂等反叛屡屡波及的地方。

清初，朝廷沿用明朝行政建制，设鹤庆军民府，领州二。清乾隆三十五年（1770 年）鹤庆"改府为州"，究其起始，是因吏部官员奏请曰："鹤庆本有原管地方，距丽江仅八十里。改州与所属之剑川州归丽江府所辖"；朝廷也"应如所请"。据史实分析，鹤庆与丽江相距太近只不过是文字所述的表面原因。事实上，清廷将鹤庆与丽江的行政隶属关系进行调整主要从两方面考虑，一要汲取前人的认识与经验，二要结合清代的时局变化。前人在论及云南形势时就认为，"西北以丽江为蔽，而以鹤庆为关"，充分认识到丽江和鹤庆是"锁钥北门"之战略要地。[44]实际情况是在清代前期，朝廷每遇军事急务就调集丽江鹤庆两地的军队、百姓参与，使两地关系难以分割。这些在光绪《鹤庆州志》中有详细记载，不赘述。[45]

在军事改制方面，鹤庆与大理、蒙化基本一致。康熙五年（1666 年）"裁鹤庆御，屯赋并府。康熙八年（1669 年），裁顺州入焉"。[46]朝廷为"防蒙古"，康熙七年（1668 年）"并义勇前、左二营为鹤丽镇"。[47]又设鹤丽镇总兵"驻鹤庆州，中左右三营"，维西、永北二营归其管辖；设剑川营都司，"驻扎剑川州"；下有千总、把总二员，"一驻本营，一防通甸汛"；设经制外委三员，"一驻本营，二分防通甸、兰州二汛"。[48]康熙二十一年（1682 年）"设鹤丽镇及剑川协营"。[49]

与明代卫所相较，清朝鹤庆、剑川的情况明显不同："按鹤庆兵制，明有汉军、土军、彝军之别……我朝因时立制，凡军舍人丁咸隶于府，土军编入里甲，彝军改呼彝民。分汛存城，星罗棋布。而干城腹心之任尽在官兵矣"。[50]这条史料清晰表明了清廷对明卫所改制、对地方兵力调整后的情况，还可以看到原属明朝军队编制中人员的走向，如军舍人丁等。

综上，我们看到明清时期洱海区域的行政设置和辖区范围有变化、明代卫所向清代兵制的转化有一个渐进的过程。这些变化与当地政治、经济、民族关系密切相关，与中国西南边疆形势的稳定及民族融合进程有关，与中央王朝对全国、对云南、对洱海区域的控制力度有关。

注　　释

1　本章仅梳理前言中洱海区域涉及的行政设置，今云南省大理州南涧县、永平县略。

2　（明）陈文纂修：景泰《云南图经志书·重修云南志序》，载杨世钰、赵寅松主编：《大理丛书·方志篇》卷 1，民族出版社 2007 年版，第 3 页。

3　（明）陈循等纂：《寰宇通志》卷 111《云南等处承宣布政使司》，载《玄览堂丛书续集》第 77 册，第 145 页。

4　（明）陈文纂修：景泰《云南图经志书》卷 5《大理府》、《蒙化府》、《鹤庆军民府》，载杨世钰、赵寅松主编：《大理丛书·方志篇》卷 1，民族出版社 2007 年版，第 94—108 页。

5　6　（明）陈文纂修：景泰《云南图经志书》卷 5《大理府》，载杨世钰、赵寅松主编：《大理丛书·方志篇》卷 1，民族出版社 2007 年版，第 94—103 页。

7　（明）陈文纂修：景泰《云南图经志书》卷 5《蒙化府》，载杨世钰、赵寅松主编：《大理丛书·方志篇》卷 1，民族出版社 2007 年版，第 103—105 页；（明）

陈循等纂：《寰宇通志》卷112《云南等处承宣布政使司·蒙化府》，载《玄览堂丛书续集》第78册，国立中央图书馆1947年影印版，第206页。

8　（明）陈文纂修：景泰《云南图经志书》卷5《鹤庆军民府》，载杨世钰、赵寅松主编：《大理丛书·方志篇》卷1，民族出版社2007年版，第105—108页。本书对顺州不作分析，因元明清时期，其行政隶属关系屡屡变更，多属丽江，故略而不论。

9　（明）陈循等纂：《寰宇通志》卷113《云南等处承宣布政使司·鹤庆军民府》，载《玄览堂丛书续集》第78册，国立中央图书馆1947年影印版，第227页。

10　（明）陈文纂修：《云南图经志书》卷5《鹤庆军民府》，载杨世钰、赵寅松主编：《大理丛书·方志篇》卷1，民族出版社2007年版，第105—108页；（清）佟镇修、李倬云、邹启孟纂：康熙《鹤庆府志》卷4《沿革》，言洪武二十二年"设鹤庆守御"，载杨世钰、赵寅松主编：《大理丛书·方志篇》卷8，民族出版社2007年版，第194页。

11　（清）佟镇修、李倬云、邹启孟纂：康熙《鹤庆府志》卷四《沿革》，载杨世钰、赵寅松主编：《大理丛书·方志篇》卷8，民族出版社2007年版，第194—195页。

12　（明）陈文纂修：《云南图经志书》卷5《鹤庆军民府》，载杨世钰、赵寅松主编：《大理丛书·方志篇》卷1，民族出版社2007年版，第105—108页。

13　（清）佟镇修、李倬云、邹启孟纂：康熙《鹤庆府志》卷4《沿革》，载杨世钰、赵寅松主编：《大理丛书·方志篇》卷8，民族出版社2007年版，第194页。

14　（清）佟镇修、李倬云、邹启孟纂：康熙《鹤庆府志》卷3《疆域》，载杨世钰、赵寅松主编：《大理丛书·方志篇》卷8，民族出版社2007年版，第189页。

15　（清）王世贵修、张伦等纂：康熙《剑川州志》卷3《沿革》，载杨世钰、赵寅松主编：《大理丛书·方志篇》卷9，民族出版社2007年版，第578页。

16　（清）佟镇修、李倬云、邹启孟纂：康熙《鹤庆府志》卷4《沿革》，载杨世钰、赵寅松主编：《大理丛书·方志篇》卷8，民族出版社2007年版，第194页。

17　（清）陈希芳纂修：雍正《云龙州志》卷2《沿革》，载杨世钰、赵寅松主编：《大理丛书·方志篇》卷7，民族出版社2007年版，第222—223页。

18　（清）周钺纂修：雍正《宾川州志》卷11《风俗》，载杨世钰、赵寅松主编：《大理丛书·方志篇》卷5，民族出版社2007年版，第565页。

19　(清) 周季凤纂修：正德《云南志》卷 3《大理府》，载《天一阁藏明代方志选刊续编》第 70 册，上海书店 1990 年版，第 161 页。

20　(清) 周铖纂修：雍正《宾川州志》卷 9《忠烈》，载杨世钰、赵寅松主编：《大理丛书·方志篇》卷 5，民族出版社 2007 年版，第 560 页。

21　(明) 刘文征撰，古永继点校，王云、尤中审订：天启《滇志》卷 2《沿革郡县名·大理府》，云南教育出版社 1991 年，第 55 页。

22　(清) 周铖纂修：雍正《宾川州志》卷 5《城池》，载杨世钰、赵寅松主编：《大理丛书·方志篇》卷 5，民族出版社 2007 年版，第 532 页。

23　(明) 刘文征撰，古永继点校，王云、尤中审订：天启《滇志》卷 2《沿革郡县名·大理府》，云南教育出版社 1991 年版，第 259 页。

24　(清) 周铖纂修：雍正《宾川州志》卷 7《秩官·官师》，载杨世钰、赵寅松主编：《大理丛书·方志篇》卷 5，民族出版社 2007 年版，第 543—544 页。

25　(明) 陈文纂修：景泰《云南图经志书》卷 5《蒙化府》，载杨世钰、赵寅松主编：《大理丛书·方志篇》卷 1，民族出版社 2007 年版，第 102 页。

26　(清) 周季凤纂修：正德《云南志》卷 6《蒙化府》，载《天一阁藏明代方志选刊续编》第 70 册，上海书店 1990 年版，第 296 页。

27　(清) 蒋旭纂修：康熙《蒙化府志》卷 1《地理志·沿革》，载杨世钰、赵寅松主编：《大理丛书·方志篇》卷 6，民族出版社 2007 年版，第 31—32 页。

28　《嘉庆重修一统志》卷 475《云南统部》，载《四部丛刊续编·史部》，上海书店出版社，1984 年版。

29　(清) 范承勋等修，吴自肃等纂：康熙《云南通志》卷 3《沿革大事考》，康熙三十年 (1691 年) 刻本。

30　《嘉庆重修一统志》卷 478《大理府》，载《四部丛刊续编·史部》，上海书店出版社，1984 年版。

31　32　33　35　(清) 傅天祥等修，黄元治等纂：康熙《大理府志》卷 3《沿革》，载杨世钰、赵寅松主编：《大理丛书·方志篇》卷 4，民族出版社 2007 年版，第 67、68 页。

34　《嘉庆重修一统志》478《大理府》，载《四部丛刊续编·史部》，上海书店出版社，1984 年版。据康熙《云南通志》，洱海、大罗卫的裁撤在康熙五年。

36　37　48　《嘉庆重修一统志》卷 475《云南统部·武官》，载《四部丛刊续编·史部》，上海书店出版社，1984 年版。

38　（清）范承勋等修，吴自肃等纂：康熙《云南通志》卷 4《建置郡县·蒙化府》，康熙三十年（1691 年）刻本。

39　（清）梁友檍纂辑：民国《蒙化县志稿》卷 4《地利部·沿革志》，载杨世钰、赵寅松主编：《大理丛书·方志篇》卷 6，民族出版社 2007 年版，第 424 页。

40　（清）刘垲等修，吴蒲等纂：乾隆《续修蒙化直隶厅志》卷 1《地理志·沿革》，载杨世钰、赵寅松主编：《大理丛书·方志篇》卷 6，民族出版社 2007 年版，第 234 页。

41　42　（清）梁友檍纂辑：民国《蒙化县志稿》卷 4《地利部·沿革志》，载杨世钰、赵寅松主编：《大理丛书·方志篇》卷 6，民族出版社 2007 年版，第 424、438 页。

43　45　47　49　（清）杨金和、杨金鉴等纂修：光绪《鹤庆州志》卷 9《沿革》，载杨世钰、赵寅松主编：《大理丛书·方志篇》卷 8，民族出版社 2007 年版，第 439—440、439 页。

44　（清）杨金和、杨金鉴等纂修：光绪《鹤庆州志》卷 18《兵制》，载杨世钰、赵寅松主编：《大理丛书·方志篇》卷 8，民族出版社 2007 年版，第 471 页。

46　（清）范承勋等修，吴自肃等纂：康熙《云南通志》卷 4《建置邑县·鹤庆府》，康熙三十年（1691 年）刻本。

50　（清）杨金和、杨金鉴等纂修：光绪《鹤庆州志》卷 18《兵制》，载杨世钰、赵寅松主编：《大理丛书·方志篇》卷 8，民族出版社 2007 年版，第 471 页。

第三章 明清洱海区域的人口分布与发展

第一节 明清洱海区域人口研究的学术前沿

　　明清是云南社会发展的重要时期，随着明中央政府对云南地方的控制逐渐稳定，云南获得前所未有的开发和大发展。洱海及其周边与云南同步，一方面是社会经济的迅速发展，另一方面则是自然环境较前代发生了变化。具体说来，能够对自然环境产生影响的，除去不可预测的自然条件外，就是人类的作用。明朝初年，人口急剧增长，当人们为了生存而不断地开垦土地时，洱海周边的耕地面积在不断扩大，这是洱海区域社会发展的重要标志，但也正是这种发展，使得区域的自然环境发生了变化，人地矛盾开始凸显。

　　人口数量的增长，是我们衡量一个地区经济发展的基础指标之一，同时，也是我们探讨地区生态变化的重要依据。然而，因古代文献的编撰对人口记录的主旨与当代人口统计有相当大的差异，故留给我们今天可资依据的数据就十分有限。早在 20 世纪上半叶，梁方仲、何炳棣等前辈就对明清时期的人口问题进行研究，他们对古代的人口数据提出质疑，他们的研究为我们正确识读古代文献中的人口数据提供了极其重要的参考价值。比如，梁方仲先生很早就提出官方的人户统计数据更多的是纳税户的概念，而不是中国古代实际的人口数量。[1]何炳棣先生所著《明初以降人口及其相关问题：1368—1953》对明清人口数据、"丁"的实质作细致深入的探究，其观点发人深省，影响深远。[2]复旦大学葛剑雄、吴松弟和曹树基等学者编撰的《中国人口史》、《中国移民史》是近年人口史研究中颇具功力的专著。[3]这些成果，对本文阐述洱海区域的人口有很大的启发和帮助。

就目前的研究成果看，对明清中国各省以及部分府州县的人口最深入细致地探讨，首推何炳棣和曹树基两位先生。何炳棣先生对明洪武二十六年（1393 年）和嘉庆二十五年（1820年）全国分省人口进行研究，[4]曹树基尽可能复原明洪武二十六年（1393 年）全国分府分地区的人口数据、崇祯三年（1630年）全国分省的人口数据，清代乾隆四十一年（1776 年）、嘉庆二十五年（1820 年）、咸丰元年（1851 年）、光绪六年（1880 年）和宣统二年（1910 年）全国各省分府的人口数据。就云南地方的人口研究看，何炳棣先生曾经对道光年间的大姚人口进行过人口增长研究，以及性别比的研究。[5]曹树基将云南地方分为滇中、滇西南、滇东南、滇东北、滇西和滇西北六个区域进行阐述[6]等等。他们的研究较之以往更符合历史的真实和区域人口的客观性。

尽管如此，我们对洱海区域的人口研究仍然有拓展的空间。比如，在何炳棣先生对明代文献中的人口数据进行分析批判后，我们应怎样利用云南地方文献？云南地处祖国西南边陲，明代卫所设置对云南社会发展举足轻重，我们能否在前人研究的基础上，由卫所设置更进一步了解明清洱海区域各地方的人口状况？尽管曹树基先生依照文献记载，对清代中期的大理府、蒙化厅的人口变动已经作过研究，但我们似乎可以更深入一点。梳理洱海区域的人口变化，有助于下文探讨生态环境的变迁。[7]

第二节　明代洱海区域的人口

一、云南布政使司的人口

关于明清洱海区域的人口研究，首先要清楚当时云南的人口情况。这一点，我们可以何炳棣先生的观点作为一个切入口，再以曹树基先生的研究成果作为拓展。

何炳棣先生研究认为，明洪武二十四年（1392 年）朝廷对黄册的登记有细致地规定：要登记 10 岁以上的男子，还有年老残疾、10 岁以下的幼小及寡妇、外郡寄庄人户等，其人口数据是"以全部人口统计为基础"，这样的统计方式最接近现代的人口调查。[8]由此，洪武二十五年（1393 年）的人口数据对我们了解那一时代的人口情况就有较高的可信度。对本文而言，最接近这个条件的云南布政使司的数据是《明会典》中洪武二十六年（1393 年）的人口记载：当时云南布政使司有户 59576，有口 259270；洪武后一段时期内资料欠缺，直到百余年后关于云南的人口数据才又有记录，弘治四年（1491 年）时，云南布政使司有户 15950，有口 125955；弘治十五年（1502 年），有户 126874，有口 1410094。[9]

但值得注意的是，上述数据没有军籍系统的人口，如果只是明代民籍统计系统的数据，还不能视为总人口。顾诚先生从明代卫所制度的视角出发，早就指出，"现有明代册籍所载全国人口数都是户部综合州县管辖的户、口数，而没有包括卫所辖区内的人口"。[10]近年，曹树基先生又在方国瑜、江应樑等前辈研究的基础上，对进入云南并定居的军卒与家属等移民人口、卫所人口进行研究，认为洪武二十六年（1393 年）时云南"军籍系统的人口可达 45 万以上"，云南全省在册的军民籍人口约有 70 万人。由于云南还有不编入户籍的少数民族人口、不在籍的进入云南的商人等，他又根据清代的人口资料，从清代前期的改土归流以及少数民族人口死亡等因素入手，对明代云南方志中的人户资料进行反证，推测洪武二十六年时，云南的总人口达到 120 万；正德年间（1506 年—1521 年）的人口可能达到 170 万，而明末崇祯三年（1630 年）时云南有人口 240 万。[11]

云南地处祖国西南边疆，元明交替之时局势复杂。在洪武十四年至十五年（1382 年—1383 年）明大军征伐云南的过程中，大批的军人及其家属进入云南。为了稳定对云南边疆地区的控制，朝廷设置卫所。因此，要想接近明代云南人口的真实，就必须了解云南的移民究竟有多大的规模；要了解云南的移民规模，又必须了解明代进入云南的军士及其家人的规模。如前所说，学界对云南的移民研究已有很多成果。江应樑根据朝廷发给赴滇军卒的衣装数量可供 249100 人，加之沿途从伍之人数等，反证明代洪武诏书宣称入滇明军 30 万的说法"并未浮夸"。[12]陆韧研究认为明洪武中后期调入云南的官军人数可能接近 17 万人；有明一代"至少有 27 万官军，加上其家小，约有 80 余万军事移民人口进入云南"。[13]曹树基先生针对若干调入云南士卒的资料，认为洪武二十年至二十一年（1388 年—1389 年）间"有 20 余万外地军人调入云南征戍",但提出"这些调入的士卒是否全部在云南留住,从而成为移民,则是一个很大的问题"。[14]他在后来出版的《中国人口史》第四卷中重申了这个观点,并进一步说这些士卒"大部分都不可能在云南留住"。他通过对云南在籍卫所军额和不在籍人口的研究,推测洪武二十六年（1393年）时云南军籍人口约有35万,加上民籍人口84万,云南的人口总数为120万。他又将清代前期云、贵两个地区改土归流少数民族人口死亡状况相比较后推论,洪武二十六年（1393年）的总人口"与正德《云南志》所载云南人口相同。由于正德数据仅指民籍人口,未含军籍。若与军籍相加,正德云南总人口可能在170万"。[15]

二、洱海区域的人口

关于明代云南布政使司的人口似乎有了一个轮廓,那么洱海区域的人口情况究竟怎样?这就是本文需要梳理的问题。我们知道,中国历史悠久,古代文献可谓汗牛充栋,明清云南方志也有数十种,可是,能够真正用于研究云南洱海区域人口的资料却十分匮乏。我们只有在前人研究的基础上,运用有限的资料,尽可能地梳理出一个洱海区域的人口规模、人口发展的概貌和走向。

（一）洱海区域的军民籍人口

上述学者关于人口数量的研究思路给本文以启示,即文献记载的古代人口数大多是民籍户口,若要了解人口全貌,应当加上军籍户口以及若干不在籍人口。基于这样的考虑,我们从目前可利用的最早的、云南布政使司分府的人口资料正德《云南志》入手,再参考明代后期的万历《云南通志》和天启《滇志》。先

统计分府的民籍户口，再通过对明代卫所数量，及其标准化编制
的认识，估测洱海区域在洪武年间与正德年间的军籍人户数量，
最终得出大致的军民人户数据。详见下表：

表 1　明代洱海区域分府民籍人口

年份	云南布政使司	大理府	鹤庆军民府	蒙化府
正德【1】	户：126874 口：1410094	户：19815 口：166602	户：3815 口：60315	户：4375 口：45837
正德【2】	户：125580 口：1324095			
万历【4】	户：135622 口：1666361	户：22800 口：268715	户：3612 口：55229	户：4603 口：40968
天启【5】	户：151214 口：1468465	户：19501 口：241776	户：6083 口：95364	户：4671 口：20709

说明：

1. 正德年间的分府数据分别来自周季凤正德《云南志》卷之 1、3、10、6，其中正德【1】鹤庆军民府包括顺州 3 里人户。但正德【1】为云南布政使司人户总数，正德【2】为全省各府人口相加，与正德【1】云南布政使司总数不符，曹树基在《中国人口史》第四卷中认为是各府漏登军籍户口所致。

2. 万历年的分府数据参李元阳万历《云南通志》卷之 6《赋役志第三》。

3. 天启年的分府数据刘文征天启《滇志》卷之 6《赋役志第四》。

4. 符号【】内的数据是本表引用文献的成书年代，如正德【5】即指正德五年成书，此年代以作人口数据时间的参照。

表 1 是明代中后期洱海区域民籍户口的记录，那卫所的设置及军籍人口数据又是怎样的呢？

根据景泰五年（1454 年）成书的《寰宇通志》记载，洱海区域在洪武年间已经设置大理卫（公廨驻大理府治）、洱海卫

（公廨驻赵州属县云南县治）、蒙化卫（公廨驻蒙化府府治）三卫和鹤庆御。景泰《云南图经志书》记载得更详细，由于其中增加了各卫所所领千户所的数据。正德《云南志》中又增加了弘治年间设置的大罗卫（其公廨驻新设置的宾川州）。万历《云南通志》和天启《滇志》则记录了各个卫的"军实"，还有官军、舍丁和军余等数据。这些记载，不仅使我们了解洱海区域的兵力部署，也从一个侧面使我们可以推测洱海区域军籍官军的数量，详见下表2。

从下表可知，自洪武十五年（1382年）明朝大军平云南后，在洱海区域先后设置了大理、洱海和蒙化三卫和鹤庆御，弘治七年（1494年）设大罗卫。这说明洱海区域的兵力不仅没有随着王朝的稳固而削弱，相反，是不断增强的。之所以如此，是因为洱海区域自古以来就是云南社会发展的中心地之一，一直占有十分重要的战略地位。其西面可通今天的缅甸等东南亚的国家和地区，往北可通今之西藏、进而通往今之印度等国家和地区，往南可进入今之老挝、越南等国家和地区，往东则通往我国腹地。明王朝平定云南，是多民族、统一国家的进一步发展的趋势所使然。但这一发展历程也常常伴随着国家与民众、中央与地方、民族之间的斗争。顾诚先生曾引用一段史实加以说明云南地方的特殊性："即明朝大军平云南后，大理土司段氏就致信明大将军傅友德，强调云南地方的自然环境和民族的复杂情况，劝其回归中原。傅友德针锋相对，强调对云南的新附州县，必'悉置道府，广戍兵，增屯田，以为万世不拔之计"。[16] 这种"万世不拔"的态度不仅是傅友德个人的表态，也是明中央政权的总方针。由此，明王朝为进一步巩固云南边疆设置卫所，军地驻守，就成为明朝控制地方势力和保卫边疆的真正堡垒。

表2　明代洱海区域卫所及官军数

卫所名 时间	大理卫		洱海卫		蒙化卫		鹤庆御		大罗卫	
	其所领卫所	官军总数	其所领卫所	官军总数	其所领卫所	官军总数	其所领卫所	官军总数	其所领卫所	官军总数
洪武十五年(1382年)置卫	10千户所(其中大和所领二百户)									
洪武二十年(1387年)置卫			7千户所							
洪武二十三年(1390年)置卫					8千户所					
洪武二十年(1387年)置卫							大理卫前前，右右2千户所			
弘治七年(1494年)置卫									领左、右2所	

续表

时间 卫所名	大理卫	洱海卫	蒙化卫	鹤庆御	大罗卫
	其所领卫所官军总数	其所领卫所官军总数	其所领卫所官军总数	其所领卫所官军总数	其所领卫所官军总数
万历	官232; 军数2314; 舍丁290; 军余10314; 官军总数:13150	官114; 军数1120; 舍丁919; 军余7358; 官军总数:9511	官149; 军数2060; 舍丁526; 军余3279; 官军总数:6014	官31; 军数1902; 舍丁53; 军余1518; 官军总数:3504	官42; 军数1606; 舍丁248; 军余2405; 官军总数:4301
天启	官130; 军数1707; 纪录7; 舍丁290; 军余10314; 官军总数:12448	官120; 军数885; 舍丁910; 军余7338; 官军总数:9253	官140; 军数1606; 舍丁526; 军余3279; 官军总数:5551	官29; 军数1459; 舍丁47; 军余960; 官军总数:2495	官29; 军数359; 舍丁248; 军余2405; 官军总数:3041

资料来源:
1. 大理卫、洱海卫、蒙化卫、鹤庆御设置的资料出自景泰《云南图经志书》卷5。
2. 大罗卫设置的资料出自正德《云南志》卷3。
3. 万历年官军的数据出自万历《云南通志》卷7《兵食志四》。
4. 天启年官军的数据出自天启《滇志》卷7《兵食志五》。

既然有明一代在洱海区域的卫所数量变化不大，那么，我们不妨对洱海区域的最初设置的卫所做一个军事标准化编制的人口测定。虽然不足以完全说明洱海区域的军籍人口，但那些进入云南的军士及其家属，虽然服务于国家，而卫所所在地已经是他们生活的栖息地，久而久之，他们已经成为真正的云南人。在清人的资料中，我们不难发现"土著民户""土著屯户"这样的记载，屯户就是明卫所的军籍人户。本文对明代卫所人口的估测，就是希图进一步接近明清时期洱海区域人口历史真实。

据《明史·兵志二·卫所》的记载，明初"天下既定，度要害地，系一郡者设所，连郡者设卫。大率五千六百人为卫，千一百二十人为千户所，百十有二人为百户所。"[17]这是卫所及其人员编制的基本情况。但是，从洱海区域的文献记载看，其卫所的编制并非完全标准化。

根据景泰《云南图经志书》记，仅大理卫一卫的编制就远远超出了 5 个千户所，文献特别注明为 10 个千户所；洱海卫有 7 个千户所，蒙化卫有 8 个千户所。鹤庆有原属于大理卫的 2 个千户所。不唯如此，按正规编制，一个千户所下领十个百户所，但在太和千户所处还专门标明"惟太和一所有二百户"。[18]这是一种专门的标注法，恰恰说明太和千户所不符合标准编制，具有特殊性，故专门列出。根据文献记载加以分析，大理卫应当有卫籍官军 10304 人，洱海卫有卫籍官军 7840 人，蒙化卫有卫籍官军 8960 人，鹤庆御有卫籍官军 2240 人，合计 29344 人。如果加上官军的妻子等亲属，洱海区域的军籍相关人员大约有 88032 人。[19]

正德《云南志》记载的卫所情况略有变化，此时增加了弘治七年（1494 年）设置的大罗卫，卫的总数较景泰志增加了 1

个；又注明大理卫所领千户所有 12 个（其中含鹤庆御的 2 个千户所）；在大理卫下注明太和千户所领十三百户，较景泰志增加了 11 个百户。[20]据此推算，正德年间大理卫应当有卫籍官军13776 人（含鹤庆御的 2 个千户所），洱海卫有卫籍官军 7840人，蒙化卫有卫籍官军 8960 人，大罗卫有卫籍官军 2240 人，合计 32816 人。如果加上官军的妻子等亲属，洱海区域的军籍相关人员大约有 98448 人。

据万历《云南通志》记，万历年间洱海区域大理、洱海、蒙化、大罗四卫和鹤庆御不变，但洱海卫的千户所减少一个。据该志对"军实"的记载，万历年的卫籍官军人口为 36480，加上家属合计有 109940 人。[21]

又据天启《滇志》记，天启年间的卫籍官军人口为 32788人，加上家属合计 98364 人。[22]

这里需要对万历《云南通志》和天启《滇志》中的"军余"做一点说明。从目前我们接触的资料看，卫所的"军余"并非像顾诚先生所言那样是明代卫籍军家"次子以下"的男子。[23]也不单纯像曹树基先生所说是"因军户人口滋生而形成"。[24]他们应当是军士的一种。理由如下：其一，如果"军余"是军家的次子以下的儿子，那么分析前面表格中洱海区域各个卫的"军余"和"军数"的记录，就会发现所谓军家次子以下的儿子太多或太少。如万历年间大理卫平均每个军士有 4.46 个儿子，洱海卫平均每个军士有 6.56 个儿子；而鹤庆御平均每个军士仅有 0.8 个儿子。若到天启年间，这个差距就更大，洱海卫平均每个军士有 8.29 个儿子，鹤庆御平均每个军士有 0.65 个儿子。这都与卫所中以军士、妻子和一个孩子为核心家庭的人口规模不符。其二，明人王世贞《弇山堂别集》多次提到"军余"，但都是其他的含义，如永乐年间，皇帝巡行，以在京马、步军各 5 千人"充驾前军余"。这是以正规军充"军余"的例子。又永乐八年，皇帝奖赏北征将士奋力杀敌，"军余"的军功赏赐屡屡与力士、校尉、军吏等并提。这是"军余"参加战斗的例子。隆庆年间，因内使有不法行为，皇帝震怒"命锦衣卫执内使十余人至东上门，杖为首者一百，发烟瘴地面充军余"。这是受罚者成为"军余"的例子。[25] 这些，都可以从一个角度说明云南方志中的"军余"，不仅只是军家次子以下之子。他们虽然没有被列入军或旗，但从其参与的活动看，多与军事有关，必要时他们也会参加战斗。一般说来，他们都应是成年男子。由此，我们是否可以将其视为准军士的一种，只是地位低于正式的"军""旗"士兵。基于这些认识，本文将云南方志中"军实"一目中所提到的军官数、军数、舍丁数和军余数都视为卫籍的在籍军人，每个士兵加上其妻、子亲属来进行统计，力求接近真实。

根据不同时期云南地方志的综合计算，明代洱海区域的人口分别有了正德、万历和天启年间的军民籍人口数据，如表 3。

基于表 3 统计可以看出，明朝在大理府的辖区内设置了大理、洱海、大罗三个卫，而其所领千户、百户基本都在大理府境，[26] 故我们将大理府的民户与上述三卫的卫籍人口相加，形成大理府地区的总人口：正德年间军民籍人口合计 235930；万历年间军民籍人口合计 349601；天启年间军民籍人口合计 316002。

与此类推，蒙化府的辖区内设蒙化卫，那蒙化府地区正德年间的军民籍人口合计为 72717；万历年间的军民籍人口合计 59010；天启年间的军民籍人口合计为 37362。

鹤庆府有鹤庆御，领2千户所，正德年间鹤庆地区的军民籍人口为67035；万历年间的军民籍人口为65741；天启年间的军民籍人口为102849。

整个洱海区域的军民籍人口正德间有375682，万历间有474352，天启间有456 213。

表3   明代洱海区域军民籍人口总数   （单位：人）

地名 ＼ 时间	正德年【5】	万历【4】	天启【5】
大理府	166602	268715	241776
大理卫	39088	39450	37344
洱海卫	23520	28533	27759
大罗卫	6720	12903	9123
大理军民籍人口总数	235930	349601	316002
蒙化府	45837	40968	20709
蒙化卫	26880	18042	16653
蒙化军民籍人口总数	72717	59010	37362
鹤庆军民府*	60315	55229	95364
鹤庆御	6720	10512	7485
鹤庆军民籍人口总数	67035	65741	102849
合计（人）	375682	474352	456213

说明：

1. 正德年间数据参正德《云南志》卷3、卷6、卷10；卫籍人口根据明代卫所标准化编制估测。

2. 万历年数据参万历《云南通志》卷6《赋役志三》、卷7《兵食志四》。

3. 天启年数据参天启《滇志》卷6《赋役志四》、卷7《兵食志五》。

4. 符号【】内的数据是本表引用文献的成书年代，如正德【5】即指正德五年成书，此年代以作人口数据时间的参照。

5. 鹤庆军民府的民户内有顺州3里人户，无具体人口数字，难以分离。本文认为，虽然明代有110户编里的规定，但顺州在今天云南永胜地方，山高路远，是地广人稀之地，推测明代顺州的里恐怕是不足编制的里。因此，对其地的人口未作剪切处理。又由于本文未计算不在籍人口，所以不会有太大影响。特此说明。

（二）洱海区域的人口分布、人口比重年均增长率

由上文分析，我们知道了洱海区域的军民籍人口的大约数，那就可以作进一步的探讨。参下表4。

从表4的数据中我们看到洱海区域人口的分布状况。

首先是大理府地区的人口最为集中，人口规模最大，在正德、万历和天启年间分别占洱海区域人口的62.8%、73.7%、69.2%；其次是鹤庆地区，在正德、万历和天启年间分别占洱海区域人口的17.84%、13.86%、22.54%；排在第三位的是蒙化地区，在正德、万历和天启年间分别占洱海区域人口的19.35%、12.44%、8.19%。

其次，洱海区域的人口在云南布政使司人口总数中的比重。在正德年洱海区域的总人口约为375682，如果曹树基认为正德云南人口已有170万，那么，洱海区域的人口约占云南总人口的22%。[27]万历年洱海区域总人口约为474352。天启年洱海区域总人口约为456213，这个数字距明末崇祯三年（1630年）不远，曹树基认为当时云南有人口240万，[28]那么，洱海区域的人口大约为云南总人口的19%。

表 4　明代洱海区域各分府地区的人口、人口比重及年均增长率（%）

地名/各府人口比重　　时间	正德年[5]（1510年）	万历[4]（1576年）	天启[5]（1625年）
大理府地区			
军民籍人口总数（人）	235930	349601	316002
大理人口占洱海区域人口比重（%）	62.8	73.7	69.27
（年份）/人口年均增长率（‰）	（1510年—1576年）6		（1576年—1625年）-2
蒙化府地区			
军民籍人口总数（人）	72717	59010	37362
蒙化人口占洱海区域人口比重（%）	19.35	12.44%	8.19%
（年份）/人口年均增长率（‰）	（1510年—1576年）-3.2		（1576年—1625年）-9.3
鹤庆军民府			
军民籍人口总数（人）	67035	65741	102849

续表

时间 地名/各府人口比重	正德年 [5] (1510 年)	万历 [4] (1576 年)	天启 [5] (1625 年)
鹤庆人口占洱海区域人口比重（%）	17.84	13.86	22.54
（年份）/人口年均增长率（‰）	(1510 年—1576 年) −0.3		(1576 年—1625 年) 9.2
合计（人）	375682	474352	456213

说明：
1. 正德年间数据来自正德《云南志》卷3、卷6、卷10；卫籍人口根据明代卫所标准化编制估测。
2. 万历年数据来自万历《云南通志》卷6《赋役志三》、卷7《兵食志四》。
3. 天启年数据来自天启《滇志》卷6《赋役志四》、卷7《兵食志五》。
4. 符号【】内的数据是本表引用文献的成书年代，如正德【5】即指正德五年成书，此年代以作人口数据时间的参照。

再次，大理、蒙化和鹤庆三个地区的人口发展是不同步的：1510 年—1576 年的 66 年间，大理府的人口增长比较快，所占洱海区域的人口比重最高；人口年均增长为 6‰；但是 1576 年以后，大理地方的人口增长减缓，不仅在洱海区域总人口的比重有所下降，且人口的年均增长率成负增长了。蒙化地区的人口数一直处于下降的态势，到 1675 年时所占洱海区域总人口的比重仅有 8.19%；该地的人口年均增长率一直为负增长，1576 年到 1625 年间负增长率达到 9.3‰，说明人口减少过多。人口的减少可能正是清朝雍正年间将楚雄府定边县划归蒙化，乾隆三十六年（1771 年）又将其改为直隶州的一个原因。[29] 鹤庆地区又有所不同，在 1510 年—1576 年间，虽然人口数量有所下降，但 1576 年至 1625 年间增长明显，所占比重超过 20%，达到 22.54%；年均增长率达 9.2‰。

（三）对洱海区域民族人口的一点看法

尽管我们重视前人的研究，注意对历史文献资料的正确运用，但是古代人口的问题十分复杂，如对少数民族人口的统计。虽然曹树基已经有所深入，但今天所说的少数民族是新中国成立后民族识别的结果，对古代的民族分布、民族人口的估测仍然有待进一步探讨。在外面看来，尽管云南的官府人户统计中有漏登少数民族人口的情况，但今天的白族大部分就分布在洱海区域，还有今天部分彝族也是如此。他们的民族属性在南诏大理国以来就基本形成，且长期居住在洱海区域。据此，明代以来的官府对民户的统计中就已经有相当数量的白族人口在内，甚至包括有部分居住在坝区的彝族、回族等等，否则，官府赋税丁口的依据就会大打折扣。所以，我们在认识和研究明代官府的户口登记资料时，简单地认为少数民族人口不在其内是不妥的；或者简单地将1953年人口普查中的少数民族人口比重加以类推民族人口数也是不妥的。鉴于漏登民族、客商等人口现象的存在，本文虽然对明代总人口提出了一些数据，但可以肯定我们研究得出的数据低于实际人口数。尽管如此，这些数据对体现一种人口发展趋势和格局是有帮助的。

　　总之，对明清云南人口研究是具有重要意义的。因为，明代云南以及洱海区域的人口分布及变化，最重要的一点就是奠定了今日云南人口的空间分布。其中因卫所的设置，使得许多地方成为明至今日洱海区域内新兴的、重要的人口聚落。明代云南移民大多是军士及其家属，他们由卫所而落籍，他们以及其子孙成为云南人民的一分子。直至今日，我们都能从某某"所"、某某"营"、某某"屯"等地名中看到当年卫所的痕迹。由于他们的进入，云南的生态发生了变化。他们的生产和生活方式是我们分析洱海区域自然环境变迁的基础。

第三节　清代洱海区域的人口

　　如果说，对明代人口的研究主要告诉后人明朝是奠定云南人口空间分布的重要时期，以及明代人口的迅速增加发展是云南社会大发展的动因外，那我们对清代云南人口的研究则更多的是梳理清代的云南人口变化，进一步考察洱海区域的人口的变迁，为本文研究环境变迁提供基础。

一、再谈学界对清代云南人口的认识

正如前文所述，学术界对明清人口已有不少成果，但依然是以何炳棣、曹树基的人口研究成果最具功力。何炳棣和曹树基的学术观点对本文的分府人口研究颇有启发：其一，不必苦于清代初期文献中关于"丁口"的数据乱象。因为，何炳棣先生早就指出这些"丁"不过是自明代以来出现的"赋税单位"。在他看来，即便是清顺治十八年（1661 年）朝廷在全国范围内进行首次丁口编审，但那时的"丁"不是人口数，不是户数，也不是成年男子数，而是"赋税单位"。其二，何炳棣先生对清代文献人口资料的运用有一个提示，他在对乾隆等朝户籍完善措施、保甲制度的确立等问题进行深入探究的基础上，提出乾隆五年（1740 年）以后的资料开始发生变化，乾隆六年至四十年（1741年—1775 年）的资料慎用；乾隆四十一年至道光三十年（1776年—1850 年）的资料可用；咸丰元年（1851 年）以后"是人口统计学的真空"等观点。[30]其三，曹树基先生在嘉庆《重修大清一统志》、光绪《续云南通志》以及府州县方志等文献的基础上，梳理了嘉庆二十五年（1820 年）、道光十年（1830 年）和1953 年等年份的云南省、大理府、蒙化直隶厅等分府、州、县的人口数据，认为清中期以后大理府人口的低增长与战争和鼠疫有关等。[31]这些研究可资探讨清代洱海区域人口的变化。

二、道光《云南通志》与清代云南人口统计及特点

本文欲在前人研究的基础上再作深入，那就是运用道光《云南通志》的记载，厘清云南户籍编审中的几个主要时段，由此解读云南以及大理府、蒙化厅的人口数量及其变化。

相较于明代的人口资料，清代官方的分府资料更加细致，也比较系统。早在道光《云南通志》之前，云南地方就有范承勋编纂，在康熙三十年（1691 年）完成的《云南通志》30 卷。但是，该志内容多抄天启《滇志》，比较粗糙，新意不多。后又有雍正年间鄂尔泰、高其倬等开始编纂，乾隆元年（1736 年）完成的乾隆《云南通志》30 卷，可惜其中对人户的记载以丁口，根据何炳棣先生的研究，那些数据实是顺治、康熙以来的赋税单位而已。两部方志难以作为研究云南人户的依据。

道光《云南通志》共 216 卷，由阮元、伊里布等修，王崧、李诚等纂，成书于道光十五年（1835 年）。方国瑜先生对该志评价甚高，认为它在现存的十部云南省通志中"为最善之本"，作者"用力最勤"，称它为"难得之作"。[32] 该志对人户的记载上起于汉，下迄清道光十年（1830 年），清代尤详。该志的人口数据自清乾隆元年（1736 年）始，自乾隆七年（1742 年）以后多为按年编排，详尽之至为其他通志难以比拟。[33]

据道光《云南通志》卷 55《食货志·户口上下》的记载，我们大致知晓自乾隆七年至道光十年（1742 年—1830 年）近 90 年的时间内，云南省除广南府、普洱府、东川府、昭通府以及元江、镇沅直隶厅或"俱系夷户"或"旧系夷户"，"并未编丁"外，所有的分府、直隶厅的人口数据都有记录。而且，作者还根据旧《云南通志》《清会典事例》《皇朝文献通考》等资料，提供了具有不完全编年性质的、最为详尽的云南省分府的人户资料，由此可看观测到云南省以及洱海区域内各地几个特有的户籍变动时点，以及洱海区域人口的区域特色。

详见下表 5。

表5　清代大理、蒙化、鹤庆人户表[34]

年份	云南省*	大理府		蒙化直隶厅		鹤庆	
		户	口	户	口	户	口
康熙五十三年（1714 年）						6083	95364
乾隆六年（1741 年）*	917185						
乾隆七年（1742 年）	917812	45953	102542	8974	21269		
乾隆十二年（1747 年）	971085	无	无	无	无		
乾隆十三年（1748 年）*	1946173	无	无	无	无		
乾隆十四年（1749 年）	1960934	47311	214168	8974	43565		
乾隆二十二年（1757 年）*	2014483			8974	44012		
乾隆二十三年（1758 年）*	2022252	48485	217682	8974	44085		
乾隆四十年（1775 年）	3083499	81551	357528	26056	87656		
乾隆四十一年（1776 年）*	3125069	82053	362520	无	无		
乾隆四十二年（1777 年）*	无	82832	362997	26481	109888		
乾隆五十年（1785 年）	3367170	10709	48989	3627	11390		
乾隆六十年（1795 年）	3999218	103657	521057	32569	104477		

续表

年份	云南省*	大理府		蒙化直隶厅		鹤庆	
		户	口	户	口	户	口
嘉庆元年（1796年）	4088252	104480	535058	33206	106644		
嘉庆五年（1800年）	4445309	无	无	无	无		
嘉庆十年（1805年）	4934367	111189	625188	38259	132830		
嘉庆十五年（1810年）	5405710	115738	678746	41287	147572		
嘉庆二十年（1815年）	5752306	119351	712138	42748	152002		
嘉庆二十五年（1820年）	6067171	123330	748304	43487	155197		
道光元年（1821年）	6131668	124061	754393	43579	155795		
道光五年（1825年）	6349680	126973	778640	73969	158874		
道光十年（1830年）	6553108	128884	802015	44160	162157		
光绪十年（1884年）*	2982664	38267	143630	21618	43328		
光绪十五年（1889年）						11338	44644

　　结合上述表格数据，再参照道光《云南通志》卷55《食货志·户口上下》、光绪《续云南通志稿》卷35《食货志·户口》等文字记载，我们可以对云南以及大理府、蒙化直隶厅、鹤庆州的户口数据略加说明。

　　乾隆六年（1741年）是云南人户登记的一个重要时点，文献中的数据从"赋税单位"开始成为具有一定实际意义的人口统计。乾隆六年（1741年）以前，道光云南志中的人户多以"丁口"、"人丁"计，没有更多内容。根据何炳棣先生的研究，我们将其视为赋役单位，不作人口统计的依据。但在乾隆六年（1741年）及其以后，除了仍然有"人丁"外，云南省的人口编审开始用"民屯口""男妇大小人丁"记。可以说，云南的人户统计开始具有一定的实际意义。

　　乾隆六年的记录是一般情况，但有例外。如康熙《鹤庆州志》的人口记录除丁口外，有明确的"民户"记录。

　　第二，明确规定"妇女口"进入人口统计。清代云南自乾隆十三年（1748年）开始，人户统计按照规定将"妇女口"列入。但现实中有的地方并没有真正执行，或者说是晚于官府规定的。具体说来，乾隆十三年（1748年）以前，云南省的人口编审没有编列"妇女口"，所以至乾隆十三年（1748年）云南省则"遵例添列妇口"。所谓"遵例"就是按照规定应当做的事情，这使得当年云南省的人户数量有明显增长。但值得注意的是，直至乾隆十四年（1749年）时，大理府和蒙化直隶厅的"户"并没有因为增加"妇女口"而明显增长。特别是蒙化直隶厅，其户数从乾隆七年至乾隆三十九年（1742年—1774年）都没有变化，这显然是不可能的。因为这一时期蒙化厅的人口增长有2万余人，较前一个数据增长一倍有余，据此看，其户数不变与事实不符。这种现象很可能是地方行政效率不高，执行上级规定不认真的结果。

第三，对少数民族人口的重视。乾隆二十二年（1757 年）时，朝廷对云南省的人口编审明确规定"有夷人与民人错处者，一体编入保甲"[34]。云南是一个少数民族众多的区域。长期以来，少数民族人口都被视为"夷民"，在国家户籍统计之外，如果能真正落实乾隆二十二年（1757 年）时的规定，就会使得长期处于编外的少数民族人口编入保甲，成为正式编民，云南的人口统计更加符合实际。但云南省以及所属府州县的人户变化不大。具体分析，正如前文已经阐述的那样，一些像今天的白族等民族，他们自形成以来就长期居住在一个地方，明代以前一直是当地的主体民族。虽然明朝有大量的移民进入，一定程度改变了当地的民族结构。清代除部分聚居在高山深谷的民族外，有些民族人口已经进入官府的统计系统。据道光《云南通志·食货志·户口》在东川府、昭通府、广南府、普洱府之下俱标明"俱系夷户，并未编丁"，元江直隶厅、镇沅直隶厅之下也标明"旧系夷户，并未编丁"等也正说明此。应当说，云南地理环境复杂，山高谷深，大河纵横，民族众多，真正要将"夷民"编入户籍是十分艰巨的工程，所以，漏登现象也是真正存在的。

第四，乾隆四十年（1775 年）时，云南省有一次大规模的人户清理，人户数字有大幅度增长。这种现象不仅在云南省的人户数据中有所体现，在大理府和蒙化府也有体现。据道光《云南通志》的记载，这一年云南省清出人口 827793 人，比上年人口增长了 73.2%。大理府则是清出 29141 户，121876 丁；人户比上年增长了 63.9%，人口比上年增长 65.4%。蒙化直隶厅虽然没有记载清出的户口，但人户的增长也十分明显，即人户比上年增长了 34.4%，人口比上年增长 54.5%。

在此后，道光志所反映的人户增长数据比较正常，说明云南省以及大理府、蒙化直隶厅等地的人口增长在正常范围内。

第五，清朝初年，云南省的人口并没有完全继承明代黄册分军籍、民籍两个系统编审和登记，在乾隆三十七年（1772 年）"停编丁"后，其户口才以"男妇大小名口，计户"和"屯民男妇名口，计户"两种户册登记。在云南，乾隆四十一年（1776 年）时，云南省编审人户"遵例分民、屯各一册"，故由原来的"民屯口"、"民屯男妇口"、"民户"、"男妇大小人丁"合一统计改为"实在民男妇口""实在屯男妇口"或者"土著民户"、"土著屯户"两种统计。虽然云南省已有规定，但大理府和蒙化直隶厅直到乾隆四十二年（1777 年）才"遵例，分民、屯各一册"。

第六，光绪十年（1884 年）云南及分府的人户较之道光十年（1830 年）减少太多，这是符合历史事实的。因为，一方面是云南经历了咸同年间的战乱和连年灾疫等，人口锐减；另一方面，是大乱之后，册籍散佚记录不全，全省及各府州县缺乏较全面的记载。所以，对清代晚期的人户数量需要有其他资料的支撑。

1840 年以后，在云南，汉、回地主和商人矛盾及冲突日益尖锐。道光二十五年（1845 年）的"永昌惨案"和咸同年间在姚安、巍山、玉溪、建水、澄江、昆阳等地先后爆发的回民起义，波及了云南省的大部分地区。自咸丰六年至同治五年（1856 年—1866 年）短短的 10 年间，杜文秀领导的大理政权就占领了 53 座城池，次年又包围了省城，势力达到极盛。后因清军的不断围剿、大理政权决策与作战的失误，杜文秀的大理政权不得不退守滇西。当时，大理、蒙化是双方交战的核心区。同治十一年（1872年）11月，杜文秀服毒自尽。云南巡抚岑毓英、总兵杨玉科进入大理后，杀戮无数。一时间生灵涂炭，兵燹流离。与此同时发生的瘟疫饥馑等，也使大理、蒙化的人口急剧减少。对此，曹树基先生有深入研究。他认为，咸同战乱与瘟疫使得大理府损失33.5万人，蒙化直隶厅损失8万人。[35]

三、洱海区域人口增长率及其比重

结合表5、表6、表7，我们考察清代不同时期的大理府和蒙化厅人口发展的年均增长率，可知两地在洱海区域人口发展中的比重，可知洱海区域人口发展在云南省人口变化中的地位。

根据表6，我们看到洱海区域的人口在乾隆七年至四十年（1742年—1775年）的年均增长率都比较高，大理府为38.6‰，蒙化厅为43.8‰。如此高的人口年均增长率似乎不太真实。据前文对清代云南人口数据梳理及分析看，主要是乾隆六年（1741年）以前人口登记多有不实，有大量的人口漏登；至乾隆四十年（1775年），官府有一次较大规模的户口清查，从而产生的年均高增长率的结果。相比较而言，1777年至1795年的人口年均增长率更为真实，大理府为20.3‰，蒙化厅为2.8‰。

嘉庆年（1796年—1820年）以后，大理府的人口年均增长率一直下降，从嘉庆年的14‰下降至道光十年（1830年）的6.8‰。蒙化厅在嘉庆年的20余年间，人口年均增长率又有较大提高，为15.8‰；但至道光最初的十年内（1821年—1830年）又有下降，年均增长率为4.5‰。

表6　清代洱海区域大理府、蒙化厅不同年份的人口年均增长率(‰)及其在云南省内的人口比重(%)

地名内容	云南省 人口(人)	云南省 (年份)人口年均增长率(‰)	大理府 人口(人)	大理府 (年份)人口年均增长率(‰)	蒙化直隶厅 人口(人)	蒙化直隶厅 (年份)人口年均增长率(‰)	大理、蒙化人口占云南省总人口比重(%)
乾隆七年(1742年)	917812		102542		21269		13.49
乾隆四十年(1775年)	3083499	1742年至1775年 37.4	357528	1742年至1775年 38.6	87656	1742年至1775年 43.8	14.44
乾隆四十二年(1777年)	无		362997		109888		
乾隆六十年(1795年)	3999218	1775年至1795年 13.09	521057	1775年至1795年 20.3	104477	1777年至1795年 2.8	15.64
嘉庆元年(1796年)	4088252		535058		106644		15.7
嘉庆二十五年(1820年)	6067171	1796年至1820年 16.58	748304	1796年至1820年 14	155197	1796年至1820年 15.8	14.89

续表

地名 内容	云南省		大理府		蒙化直隶厅		大理、蒙化人口占云南 省总人口比重（%）
	人口（人）	（年份） 人口年均 增长率 （‰）	人口（人）	（年份） 人口年均 增长率 （‰）	人口（人）	（年份） 人口年均 增长率 （‰）	
道光元年 （1821年）	6131668	1821年 至 1830年 7.41	754393	1821年 至 1830年 6.8	155795	1821年 至 1830年 4.5	14.84
道光十年 （1830年）	6553108		802015		162157		14.71
光绪十年 （1884年）	2982664	-14.47	143630	-31.35	43328	-24.14	6.27

资料来源：

1. 云南省、大理府资料见道光《云南通志》卷55《食货志·户口（上）》；
2. 蒙化直隶厅资料见道光《云南通志》卷56《食货志·户口（下）》；
3. 光绪年资料见光绪《续云南通志稿》卷35《食货志·户口》，《中国边疆丛书第二辑》，文海出版社1966年印行。

表 7　1776 年—1953 年全国及云南省人口年平均增长率（‰）[36]

年份 地名	1776 年— 1819 年	1820 年— 1850 年	1851 年— 1879 年	1879 年— 1909 年	1910 年— 1953 年
云南省	6.9	6.72	-2.92	4.86	6.28
全 国	4.72	4.19	-6.17	6.00	7.00

　　表 7 是根据曹树基著《中国人口史》卷五 "1776 年—1953 年分省人口年平均增长率‰"[37]制成，与前述分析结论比较后可知，洱海区域的人口增长率总体上高于云南省和全国的数据。又据乾隆六十年（1795 年）的数据，大理府、蒙化厅两地的人口总数为 625552，也就是说，这两个地区人口已经占云南省总人口 3999 218 的 15.64%，较之明代有所下降；此后各年份，这两个地区占云南省总人口的比重也多在 15% 上下。光绪十年（1884 年）是一个特殊的时期，战争及瘟疫应当是云南全省人口骤减并出现负增长值的重要原因。

四、洱海区域的人口分布密度

　　关于洱海区域人口分布密度的情况，参表 8：

　　根据表 8 可知：

　　首先，区域内的人口发展及分布极不平衡的，人口密度差距大。由明至清，大理府人口在不断增加，人口密度也是不断提高：由明代的 20 人/每平方公里入清后不断增加，至道光年间则增至 50 人/每平方公里。蒙化在明代后期则是人口渐渐减少，人口密度相应降低，由明万历年约 14 人/每平方公里降至天启年约9 人/每平方公里；至乾隆末年大约是 7 人/每平方公里，降至低谷；此后略有提升，但增幅不大。鹤庆则由于资料缺乏，只能看

表8　明清大理、蒙化、鹤庆人口密度表

（单位：人／平方公里）

地区 年份	大理府			明蒙化府／ 清蒙化直隶厅			清鹤庆府／ 鹤庆州		
	面积（平方公里）	人口	人口密度	面积（平方公里）	人口	人口密度	面积（平方公里）	人口	人口密度
万历四年（1576年）	15837	349601	22.07	4223	59010	13.97	4713	65741	13.95
天启五年（1625年）	15837	316002	19.95	4223	7362	8.85	4713	102849	21.82
康熙五十三年（1714年）							4713	95364	20.44
乾隆六十年（1795年）	15837	521057	32.90	4223	32569	7.71	4713	无	无
嘉庆二十五年（1820年）	15837	748304	47.25	4223	43487	10.30	4713	无	无
道光十年（1830年）	15837	802015	50.64	4223	44160	10.46	4713	无	无
光绪十年（1884年）	15837	143630	9.06	4223	43328	10.26			
光绪十五年（1889年）							4713	44644	9.47

1. 资料来源：
(1) 万历四年（1576年）人口数据来源于万历《云南通志》卷7《兵食志第四》。
(2) 天启五年（1625年）人口数据来源于天启《滇志》卷7《兵食志第五》。
(3) 鹤庆康熙年数据来源于康熙《鹤庆府志》卷8《户口》；光绪十五年数据来源于光绪《鹤庆州志》卷17《户口》。
(4) 乾隆六十年（1795年），嘉庆二十五年（1820年），道光十年（1830年）大理府人口数据来源于道光《云南通志》卷56《食货志·户口下》。蒙化直隶厅人口数据来源于道光《云南通志》卷55《食货志·户口上》。

2. 数据统计说明：
(1) 土地面积数据多中华人民共和国民政部编：《中华人民共和国行政区划简册（2011）》云南省部分，中国社会出版社2011年版。土地面积的计算根据明清大理府、蒙化府（厅）所在今大理州的县、市土地面积相加得来。
(2) 明清大理府含今大理市、云龙县、洱源县、宾川县、祥云县、剑川县、鹤庆自治县、漾濞彝族区域，漾濞彝族自治县。清蒙化府含今巍山回族自治县、弥渡县；蒙化府含今巍山回族自治县和南涧县（即明清定边县）。
(3) 因明清定边县（今大理州区域，但其自乾隆三十五年（1770年）并入丽江府，人口数据难以从丽江府分出，故本表对蒙化府的土地面积计算时略去。
(4) 鹤庆属于洱海区域，但乾隆六十年（1795年）、嘉庆二十五年（1820年）、道光十年（1830年）、鹤庆府的人口密度不在统计之内。

到清康熙年和光绪年的两个数据，显示出人口减少，人口密度大幅度降低。

其次，与明代一样，大理府作为区域的中心其人口增长明显，人口密度远远高于蒙化、鹤庆，充分说明大理府仍然是洱海区域的核心区域。

再次，光绪年洱海区域的人口密度大幅度降低，是战乱及瘟疫的结果。

综上所述，明清时期洱海区域人口的增长和变化，是洱海区域社会经济发展的一个重要标志。人口的分布密度、增长的速度，可以看到区域内经济发展水平及其差异。由于人口分布和增长与生态环境的变迁密切相关，所以，本章对洱海区域人口问题的探讨，有助于下文对生态环境变迁的探讨和研究。

注　释

1　梁方仲：《中国历代户口、田地、田赋统计》，载《梁方仲文集》第 5 册，中华书局 2008 年版。

2　4　5　8　30　[美]何炳棣：《明初以降人口及其相关问题：1368—1953》，葛剑雄译，生活·读书·新知三联书店 2000 年版，第 11、66、67、3、38—55、113 页。

3　曹树基：《中国人口史》第 4、第 5 卷，复旦大学出版社 2001 年版；曹树基：《中国移民史》第 5、第 6 卷，福建人民出版社 1997 年版。

6　曹树基：《中国人口史》第 5 卷第 6 章第一节，复旦大学出版社 2001 年版。

7　本文在吴晓亮、丁琼的《明清洱海区域人口研究》（刊载在《思想战线》2014 年第 4 期）的基础上略作补充、完善。

9　洪武二十六年、弘治四年数据参《大明会典》卷 19《户部六》；弘治十五年数据参乾隆《云南通志》卷 9。

10　顾诚：《明帝国的疆土管理体制》，《历史研究》1989 年第 3 期。

11　曹树基：《中国人口史》第 4 卷，复旦大学出版社 2001 年版，第 190—191、

281 页。

12　江应樑：《明代外地移民进入云南考》，载田方、陈一筠主编：《中国移民史略》，知识出版社 1986 年版。

13　陆韧：《明代云南汉族移民定居区的分布与拓展》，《历史地理论丛》2006 年第 3 期；陆韧：《变迁与交融：明代云南汉族移民研究》，云南教育出版社 2001 年版，第 25 页。

14　曹树基：《中国移民史》第 5 卷，福建人民出版社 1997 年版，第 309、311 页。

15　吴晓亮、丁琼：《明清洱海区域人口研究》，《思想战线》2014 年第 4 期；曹树基：《中国人口史》第 4 卷，复旦大学出版社 2000 年版，第 188、191 页。

16　顾诚：《谈明代的卫籍》，《北京师范大学学报》1989 年第 5 期。

17　（清）张廷玉等：《明史》卷 90《兵志二·卫所》，中华书局 1974 年版，第 2193 页。

18　（明）陈文纂修：景泰《云南图经志书》卷 5《大理府》，载杨世钰、赵寅松主编：《大理丛书·方志篇》卷 1，民族出版社 2007 年版，第 95 页。

19　吴晓亮、丁琼：《明清洱海区域人口研究》，《思想战线》2014 年第 4 期。

20　（清）周季凤纂修：正德《云南志》卷 3、6、10，载《天一阁藏明代方志选刊续编》第 70 册。

21　（明）李元阳纂修：万历《云南通志》卷 7《兵食志第四》，载杨世钰、赵寅松主编：《大理丛书·方志篇》卷 1，民族出版社 2007 年版，第 371 页。

22　（明）刘文征撰，古永继点校，王云、尤中审订：天启《滇志》卷 7《兵食志五》，云南教育出版社 1991 年版，第 257—259、267 页。

23　顾诚：《明帝国的疆土管理体制》，《历史研究》1989 年第 3 期。

24　曹树基：《中国人口史》第 4 卷，复旦大学出版社 2000 年版，第 94 页。

25　（明）王世贞：《弇山堂别集》卷 66、79、100，中华书局 1985 年版。

26　大理卫有 2 千户所在鹤庆御，已经作数字处理。

27　28　曹树基：《中国人口史》第 4 卷，复旦大学出版社 2001 年版，第 190—191、281 页。

29　（清）刘坥等修，吴蒲等纂：乾隆《续修蒙化直隶厅志》卷 1《地理志·沿革》，载杨世钰、赵寅松主编：《大理丛书·方志篇》卷 6，民族出版社 2007 年版，第 234 页。

31　36　37　曹树基：《中国人口史》第 5 卷，复旦大学出版社 2001 年版，第 214、240—241、707 页。

32　方国瑜主编：《云南史料丛刊》第 12 卷，云南大学出版社 2001 年版，第 265—266 页。

33　不知何故，曹树基先生著《中国人口史》第 5 卷时并没有充分利用这部方志。

34　该表的资料来源：

A、道光以前云南省、大理府资料见道光《云南通志》卷 55《食货志·户口上》；

B、道光以前蒙化直隶厅资料见道光《云南通志》卷 56《食货志·户口下》；

C、光绪年大理、蒙化的资料见光绪《续云南通志稿》卷 35《食货志·户口》，中国边疆丛书第 2 辑，文海出版社 1966 年印行。鹤庆的资料见（清）杨金和、杨金鉴等纂修：光绪《鹤庆州志》卷 17《户口》，载杨世钰、赵寅松主编：《大理丛书·方志篇》卷 8，民族出版社 2007 年版，第 467—468 页。文献所记总数与各分类实际相加不符，本文采用各分类实际相加总数。

D、（清）佟镇修，李倬云、邹启孟纂：康熙《鹤庆府志》卷 8《户口》有"民户"记载，故列入。载杨世钰、赵寅松主编：《大理丛书·方志篇》卷 8，民族出版社 2007 年版，第 207 页。

E、凡有"＊"处，皆是清代云南人口编审中需要说明的节点：

（1）表中所谓"云南省"的人口数据有缺，因广南府、普洱府、东川府、昭通府以及元江、镇沅直隶厅"俱系夷户，并未编丁"，故数据是不完整的，需要说明。

（2）乾隆六年时，云南省人口编审开始用"民屯口"记；

（3）乾隆十三年前，云南省的人口编审中无妇女口，十三年时开始有"妇女口"，故数量增长明显；

（4）乾隆二十二年时，云南省人口编审时规定"有夷人与民人错处者，一体编入保甲"，说明部分杂处地区的少数民族人口有部分编入保甲中；

（5）乾隆四十年时，各地清出数量较多的人户，故数字明显变化；

（6）乾隆四十一年时，云南省"遵例分民、屯各一册"；

（7）乾隆四十二年时，大理府、蒙化直隶厅"遵例分民、屯各一册"；

（8）自乾隆七年以降，大理府、蒙化直隶厅人口编审中的"丁"，非赋役之"丁"，是人口的代称；

(9) 云南各府厅州自咸丰军兴后户口凋残，案册遗失，

(10) 符号"【】"内的数字是参引文献的成书年代。

(11) 清蒙化直隶厅的人口数据中包含了定边县的人口。定边县为今天大理
　　　州南涧县，在明代和清雍正七年（1729年）以前属于楚雄府，是年划
　　　归蒙化。该地虽然不属于本文论述的"洱海区域"范畴，但文献中表
　　　述的蒙化直隶厅的人口数据难以区分定边县人口究竟有多少，故表中
　　　蒙化的人口偏高。特此说明。

35　（清）王文韶等修，唐炯等纂：光绪《续云南通志稿》卷35《食货志·户口》，
　　　《中国边疆丛书》第2辑，文海出版社1966年版，第2385页。

36　曹树基：《中国人口史》第5卷第13章"滇西地区"，复旦大学出版社2001
　　　年版。

第四章 明清洱海区域土地资源的利用与变迁

　　土地资源的开发与利用与人口数量的变化和活动、社会经济的发展变化密切相关。明代，随着人口的增加、卫所屯田制度的实行，洱海区域可资利用的土地资源得到前所未有的开发。清代，统治者采取了一系列恢复和发展农业经济的政策，其中鼓励垦荒和免科零星田地等措施有力地推动了包括洱海区域在内的云南全省的土地垦殖活动。面对日益增多的人口以及平坝地区有限的土地资源，洱海区域的山区、半山区以及滨河湖地区的土地在这一时期也得到进一步开发、利用，且超越以往任何一个朝代。一方面，土地资源的开发利用推动了当地社会经济的发展，但另一方面，一些不合理的经济开发措施，对当地的生态环境造成影响，由此引发了一系列问题。

第一节　明清洱海区域耕地的发展变化

　　农业是中国传统社会的立国之本，土地又是农业的核心，因而中国历代王朝都特别重视土地的垦殖，明、清两朝亦是如此。

耕地作为人类赖以生存的基本资源和条件，是中国传统社会农业土地利用的集中表现形式之一，它的发展变化能反映人类对土地资源以及自然环境的开发、利用程度。因而，本节主要以农业用地——耕地的发展变化来反映明清时期洱海区域土地资源的发展变化。

一、洱海区域耕地发展变化的总趋势

在传统的农业社会里，人口的发展变化直接影响着耕地面积的发展变化。明清是内地移民进入云南的高峰期，这在学界已达成共识。这一时期，随着大量内地移民的涌入，洱海区域的人口有所增加，土地资源也得到前所未有的开发，进一步推动了当地社会经济的发展。

就云南全省而言，明代以前可资利用的土地尚多。明洪武初年，大军入滇时看到的景象是"人民流亡，室庐无复存者"，[1]"土地甚广而荒芜居多，宜置屯，令军士开耕，以备储偫"。[2]这些记载可以说明，明初云南大部分地区的土地可资开垦利用的空间是较大的。然而，至清乾隆三十一年（1766年）时，已有官员发出"滇省山多田少，水陆可耕之地，俱经垦辟无余，惟山麓河滨，尚有旷土"[3]的感慨。由此可见，明至清初云南土地开垦的广度和力度不小，以致在人口日益增长以及平坝地区耕地面积有限的情况下，为了生存，人们开始从平坝向山地、湖滨进军，披荆斩棘开垦山地，改造土地向湖要田。因此，无论是肥沃的平坝地区，还是贫瘠的山麓，甚至部分滨湖地带，都有人类开发利用的足迹。至清末，云南有的地区土地资源的开发利用已经达到了饱和甚至外溢的状态。方国瑜指出，清初云南全省共有田亩5万多顷，200年后增至9万多顷，新辟耕地主要分布在山区或半山区。[4]垦殖方向由坝区转向山区半山区成为清代云南土地垦殖的一个显著特点。

就洱海区域来说，其大致情况与全省相同。据《元史·兵志·屯田》的记载，元代已经开始在云南各地推行规模不小的军民屯田，其中就包括当时的大理金齿等处宣慰司和鹤庆路。不过，当时的屯田都是熟田熟地并非新开地。也就是说，元代在云南的屯田主要是建立在原有田地基础之上，并非垦殖荒地，且其规模也远比不上明代的屯田。至明代，随着大量移民的进入以及卫所屯田制度的实施，洱海区域的荒地不断得到开垦利用，总耕地面积有所增加。明末动乱，许多田地或荒芜，或被豪强、寺院占据。清代，随着中央政府垦殖政策的实施以及人口压力的加剧，洱海区域的土地得以复垦，并进一步得到开发利用。据史书记载，仅清初到雍正年间，洱海区域大理府、鹤庆府、蒙化直隶厅增垦土地已达 78 996 亩。[5]

需要说明的是，本文所有根据史书文献所列耕地数据不尽准确、全面，这主要跟以下几个因素有关：一是土地丈量有难度。洱海区域地形复杂，尤其在山地多的地方极不利于土地丈量工作的开展，遗漏肯定存在，估计为数不少。二是负责丈量土地的地方官员或为迎合上司，或为某些利益而存在弄虚作假的行为，由这样的地方官员上报并登记在册的耕地数字肯定不实。三是地主、豪强的隐占。四是清政府为了鼓励垦荒，实行免科零星田地等政策，一些耕地就未在登记造册之列。事实上，清代正是洱海区域土地资源得到开发利用的高峰期，很多新开垦的土地因面积小都属免科之列，还有一些土司地、边远地的"夷田地""夷粮地"都属于免丈地，使得许多新增耕地未纳入官方的统计范围内。登记在册的耕地数字只是作为向政府交纳赋税的田地数，即田赋征收的依据而已。其五，明清时期史册所载土地数字比较混乱，已为学界所认识。但在我们看来，这些数据虽不能全面、准确反映明清时期洱海区域耕地变化发展，但作为一种参考，仍可看出其大致的发展趋势。

兹将史册所载明清时期洱海区域耕地总面积的变化列表如下页表9：

我们知道，明清的大理、鹤庆、蒙化三个地区在行政设置、名称及辖区上有些变动，但总体差异不大，且基本囊括了本文所要考察的洱海区域，故这些数据仍能反映人们开发利用土地资源的一些基本情况。结合表9和图2，可以明显看出明清洱海区域的耕地发展变化的趋势。

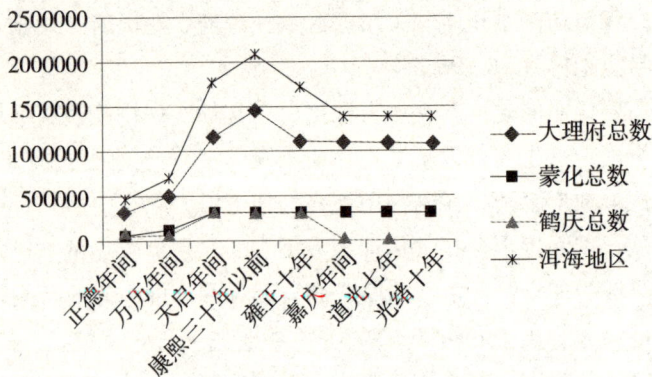

图2　明清时期洱海区域耕地面积变化趋势图（单位：亩）

说明：据表9绘制。

第一，将明清作为一个整体来考察，洱海区域的耕地面积经历了先增后减的变化。自万历开始至康熙前中期，洱海区域总的

表9 明清时期洱海区域耕地面积变化表

地区＼时间	正德年间1506年—1527年	万历年间1573年—1620年	天启年间1621年—1627年	康熙三十年以前1691年	雍正十年1732年	嘉庆年间1795年—1820年	道光七年1836年	光绪十年1884年
大理府	官民田333顷8亩，军屯田数不详	官民田3160顷19亩，军屯田1832顷29亩	官民田9756顷60亩，军屯田1670顷38亩	官民田11884顷42亩，屯田2501顷25亩	民、沐田地9639顷64亩，屯田地1475顷72亩	田地10896顷77亩	民田地9391顷84亩，屯田地1493顷36亩	成熟田10099顷，荒芜田682顷99亩
总亩数	不少于303308亩	499248亩	1142696亩	1438567亩	1111536亩	1089677亩	1088520亩	1078199亩
明蒙化府/清蒙化直隶厅	官民田624顷82亩，军屯田数不详	官民田624顷82亩，军屯田551顷70亩	官民田2581顷65亩，军屯田447顷46亩	官民田2591顷69亩，田地478顷8亩	官民地2615顷50亩，屯田地369顷87亩	田地2958顷30亩	民田地2557顷6亩3分，屯田地401顷23亩	成熟田2958顷，荒30亩，芜田848顷8亩
总亩数	不少于62482亩	117652亩	302911亩	306977亩	298537亩	295830亩	295829亩	380638亩
明鹤庆府/清乾隆年后为鹤庆州	官民田1010顷82亩，军屯田数不详	官民田442顷8亩，军屯田264顷24亩	官民田3029顷57亩，军屯田315顷44亩	官民田2977顷98亩，田地322顷46亩	官民田地2839顷79亩，屯田地219顷26亩	缺	民田地不详，屯田地245顷85亩	缺

续表

时间 地区	正德年间 1506年—1527年	万历年间 1573年—1620年	天启年间 1621年—1627年	康熙三十年以前 1691年	雍正十年 1732年	嘉庆年间 1795年—1820年	道光七年 1836年	光绪十年 1884年
总亩数	不少于101082亩	70632亩	334501亩	330044亩	305905亩	—	不少于24585亩	—
洱海区域官民田总亩数	不少于466872亩	422709亩	1536782亩	1745409亩	1509493亩	—	不少于1194890亩	—
屯田总亩数	—	264823亩	243328亩	330179亩	206485亩	—	214044亩	—
田亩合计	不少于466872亩	687532亩	1780110亩	2075588亩	1715978亩	不少于1385507亩	不少于1408934亩	不少于1458837亩

说明：

1. 原表为秦树才《明清时期洱海区域的商品经济》（载林超民主编：《新松集》，云南大学出版社1996年版）一文中的《明清时期洱海区域耕地面积变化表》。该表仅有万历、天启、康熙和雍正四朝的数据，本表增加了正德、嘉庆、道光、光绪朝的数据，为了更全面说明和分析明清时期洱海区域耕地面积的变化。

2. 明清大理府含今大理市、云龙县、洱源县、宾川县、祥云县、弥渡县、漾濞彝族自治县、巍山彝族回族自治县含今巍山彝族自治县、漾濞彝族自治县；清蒙化厅含今巍山彝族自治县和南涧县；清鹤庆府含今鹤庆县。明鹤庆府（即明清定边县）

3. 关于几个数据的说明：

（1）光绪十年（1884年）的数字多包括成熟田和荒田，为更全面地反映洱海区域土地资源的开发利用程度，均列入统计范围。据光绪《云南通志》卷59记载，大理洱海区域的成熟田为10099项321亩。一般而言，1项为100亩。此处的亩数记载有误，如果真是321亩，那就是3.21项，显然不对。由于这个亩数对本文分析大理府以及洱海区域的耕地发展趋势影响不大，所以本表在大理府处略去"项"之后的亩数。

（2）明代大理府地区的军屯田数为大理卫、洱海卫、大罗卫各卫之类田地之总和。

（3）乾隆三十五年（1770年）以后，由于剑川州划归丽江府，且其耕地数在清代各朝《云南通志》中都是统计在丽江府所辖耕地中，无具体数字，难以分离。故此后鹤庆地区的耕地数据不包括剑川。

4. 资料来源：

（1）正德年间的数据来自正德《云南志》卷3、6、10；
（2）万历间数据来自万历《云南通志》卷6、7；
（3）天启间数据来自天启《滇志》卷6、7；
（4）康熙、雍正间数据来自乾隆《云南通志》卷10；
（5）嘉庆间数据来自嘉庆《重修一统志·云南志》卷478、496；
（6）道光间数据来自道光《云南通志》卷59、60；
（7）光绪间数据来自光绪《云南通志》卷59、60。

耕地面积不断在增长，且幅度大，速度较快。自康熙三十年（1691年）到雍正十年（1732年），洱海区域的总耕地面积有所缩减。嘉庆以后，洱海区域总耕地面积变化不大，大致维持在嘉庆年间的规模。

第二，就明代而言，明后期洱海区域的耕地一直在增加。其中，万历到天启年间，耕地的增长速度最快。

需要说明的是，就目前我们掌握的资料来看，正德及其以前的明代洱海区域的耕地数据缺乏记载，故表格中未能反映。但细细分析，正如本节开篇所述，明初的云南全省的土地还有很大的开垦空间，这也是明代云南卫所制度得以实施的前提之一。基于洱海区域战略地位的重要性，明政府于此先后设立了大理卫、鹤庆御、蒙化卫、洱海卫、大罗卫。这些卫所的士兵加上其妻儿等亲属，人数为数不少。卫所屯田制将军戍和屯田两者结合起来，使戍守云南的将士及其家属依附在土地上，并长期定居下来，逐渐成为当地的住户，成为推动当地土地垦殖和农业生产的一支重要力量。由此可以推论，明朝前中期，洱海区域的土地开发已经启动，但由于记载缺失，难得其详。

仅从表9的数据看，万历到天启年间（1573年—1627年）耕地面积的变化可以说是处于一个增长速度相当快的时期。这一时期，洱海区域的耕地总数从687532亩增加到1780104亩，五十余年增长了约1.6倍。尽管其中的军屯田从264823亩减至243328亩，减少8%；而官民田却从422709亩增加到1536782亩，增长了2.6倍。由此可知，万历到天启年间洱海区域的耕地增长主要表现为官民田的增长。

结合前文对洱海区域人口的研究，我们发现万历至天启年间洱海区域耕地面积的变化趋势与当地人口变化趋势相悖。从人口数据看，万历至天启年间洱海区域的总人口在减少，军民籍人口总数由 474352 降至 456213，减少了 3.8%；其中民籍人口总数由 364912 人减为 357849 人，减少约 2%；官军总数也由 36480 人降至 32788 人，也减少约 2%。不过，值得注意的是，军籍系统下的人口变化与耕地面积的变化呈正相关趋势，即官军人数与耕地面积均有减少；属于行政系统下的人口变化与耕地面积的变化却呈负相关趋势，即人口在减少，而耕地却超乎寻常地成倍增长。

相关文献呈现的数据异乎寻常，令人疑惑。虽然学界已经认识到古代文献中人口和耕地的统计存在诸多问题，但我们以此数据体现一种发展趋势应该没有问题。

第三，就清代而言，洱海区域总的耕地经历了先增后减的变化。其中，康熙朝对土地开发利用的程度最高，并且达到明清时期总耕地面积的峰值。至雍正以后，洱海区域的耕地面积明显缩减。嘉庆、道光、光绪年的耕地面积变化上下起伏不大，基本徘徊在嘉庆年的水平上。

具体说来，明末的战乱对整个云南影响很大，农民流离失所，大量土地荒芜。清朝统治云南后，为恢复经济，采取了一系列恢复和发展经济的政策，鼓励垦殖荒芜土地。康熙年间，洱海区域复垦及新辟土地的总数已超出明末。据史料记载，从清初到雍正年间，大理府、鹤庆府、蒙化直隶厅新增耕地数为 137081 亩（包括复垦数）。[6]至乾隆年间，朝廷多次对云南土地实施免科政策，乾隆五年（1740 年），朝廷规定："云南所属，山头地角，坡侧旱坝，尚无砂石夹杂，可以垦种，稍成片段，在三亩以上者，照旱田例。十年之后，以下则升科；砂石硗确，不成片段，刀耕火耨，更易无定，瘠薄地土，虽成片段，不能引水灌溉者，均永免升科；其水滨河尾田土，淹涸不常，与成熟旧田相连，人力可以种植。在二亩以上者，亦照水田例。六年之后，以下则起科；如不成片段奇零地土，以及虽成片段，地处低洼，淹涸不常，不能定其收成者，止给照存案，永免升科。"[7]乾隆三十一年（1766 年），为防止胥吏在查勘、丈量土地的过程中扰民生事，朝廷又宣布："嗣后滇省山头地角、水滨河尾，俱著听民耕种，概免升科，以杜分别查勘之累。"[8]道光十二年（1832 年），朝廷宣布"凡内地及边省零星地土，听民开垦，永免升科"，"（云南）山头地角、水滨河尾……俱不论顷亩，概免升科"[9]等。这些措施极大地鼓励了当地人民对土地的开发与利用，洱海区域亦不例外。

从表 9 看，康熙三十年（1691 年）以后，洱海区域总耕地面积较前有缩减。尽管我们知道官方对耕地的统计主要集中在那些可以征收赋税的田地，许多免科地、边疆地区的一些田地未记录，但这些数据反映耕地面积变化的趋势应当没有问题。此外，由于鹤庆自乾隆三十五年（1770 年）划归丽江府，有的文献将其田地数与丽江府的田地数统计在一起，未分列记录，难以将其剥离，故部分数据不能与洱海区域耕地总面积合计，特此说明。即便如此，较为完整的大理府和蒙化直隶厅各项田地的数据仍反映出几点：首先，康熙三十年（1691 年）耕地面积达到一个峰值。其次，雍正十年（1732 年）和道光七年（1827 年）的数据波动不大，呈略略减少之势。我们可以认为，在这近百年的时间内，洱海区域大部分地区的耕地总数变化不大。再者，若再参考道光七年（1836 年）和光绪十年（1884 年）的数据，我们又可以发现，大理、鹤庆的耕地面积仍然在减少，如大理府减少10321 亩，减少将近 1%；但蒙化厅的耕地面积却增加 84809 亩，增加约28.7%。根据上述三点进一步分析，清前期洱海区域大部分地区的土地资源多已开发完毕，剩余可资利用的土地有限，故耕地面积难再有增加。在清末，像蒙化出现的增长情况，需要结合近代云南社会的情况加以分析。

还需要说明的是，清代云南虽然保留了"屯田"的说法，但其实质已不同明代。由于明代屯田制的衰败，明末清初的战乱等因素，到了清代，云南很多屯田地十分荒芜，影响了国家的田赋征收。为增加财政收入，清朝顺治、康熙年间将云南的卫所归并到州县，卫所的军户随屯田编入所在州县的民籍，对应的屯赋也归并到州县。所以，清代虽然保留了屯田的称呼，但其允许买卖等，性质上已完全不同于明代的军屯田，"实际亦与民田无异矣"。[10]

第四，洱海区域各地区中，大理府与整个洱海区域的耕地面积的走势完全吻合。

明清时期大理府地区耕地的发展变化也大致可分为三个阶段：第一阶段为明正德年间至康熙三十年（1506年—1691年），大理府的耕地面积不断在增加。第二阶段为清康熙三十年到嘉庆年间（1691年—1820年），大理府的耕地面积呈直线下滑趋势。第三阶段为嘉庆年间到光绪十年（1795年—1884年），大理府的耕地面积变化不大，基本维持在嘉庆年间的水平。自明代至清初，大理府地区仍有可供开垦的土地。乾隆《云南通志》记载，自康熙三十年至雍正十年（1691年—1732年），大理府复垦及新辟田地共75174亩。[11]这说明在清雍正以前，大理府还有可供开发利用的土地资源。

但与此同时，因人口增长和土地垦辟活动的增加，大理府开始呈现出土地资源利用达到饱和的态势。大理府地处苍山和洱海之间，狭长而平缓的土地适于农耕，在乾隆初年尚有官府出资垦殖农田的记录，[12]但此一时期，人口增长与耕地面积不足的矛盾日渐凸显，"人口繁众，生计日艰"，当地很多人不得不出外谋生。[13]这说明当地土地资源利用已经饱和，生态不平衡问题已经显现。

二、洱海区域各地区耕地的开发与利用

明、清洱海区域各地区对土地资源的开发利用情况不一，本文试图运用云南文献尽力分析之。事实上，明清云南各部通志及各府、州、县志等史籍对所辖州、县的耕地数据记载是缺乏的，加上各州、县方志的纂修、续修不一，文献亡佚等因素，要想全面了解各州、县的情况更加困难。在此，我们以现存各朝地方志以及相关记载为依据，估测明清时期洱海以西、洱海以南、洱海以北和洱海以东几个方向土地资源开发和利用的大概情况。

（一）洱海中心及以西地区

1. 太和县

太和县的辖地主要在苍洱之间。明洪武十五年（1382 年），朝廷改大理路为府，太和也是大理府治所所在。此外，朝廷又在大理府府治南设大理卫，领十个千户所，其中太和千户所的中前、左前二所分别把守上、下两关。[14]太和县的辖地范围因弘治七年（1494 年）割地宾川州而缩小。

太和县地曾经是南诏大理国的政治中心所在地，历史上有良好的发展基础。明洪武间军队的进入加速了该地的发展。据载，洪武年间设大理卫，其太和千户所下有两个百户所分别据守两关。从天启《滇志》大理卫的兵力看，大理卫有军籍人口 12 318 人，

其中屯军有 1104 人，占大理卫军籍人口的 9.1%，他们应当是屯田的主力，屯田 76777 亩。[15]由于军队编制相对规范，我们暂且按大理卫军籍人口总数的十分之一估计分布在苍洱之间的军人之数，那么，太和千户所的军籍人口应为 1200 左右，其内有屯军 110 人左右。文献明确太和千户所所领四个百户所中有两个就驻守苍洱之间的上、下两关，那上面推测的军士至少有一半分驻其地。这些人戍守并屯种在苍洱之间，对该地区的土地开发和利用发挥积极作用，有效推动了当地的发展。龙首关地处苍山和洱海相接最狭窄的地方，是洱海北端的军事要塞，明初必有一个百户所戍守其地。据道光十一年（1831 年）所立《龙首关奎星阁碑记》记载，由于军卫的设置，龙首关曾"驻房三百余家，以及缙绅编户，烟火稠密，几无隙地"。[16]这种"烟火稠密，几无隙地"的生动记载说明当时龙首关一带土地资源充分利用，且民聚稠密，一派生机勃勃的景象。与此同时，太和县作为区域中心地，明在平定云南大理后，还在此实施移民实边的政策，这也加速了其地的发展。为进一步巩固边疆，明成化十二年（1476年），朝廷"设兵备道，驻洱海，以后移民实边逦一变为殖民政策。阅百年而生齿日蕃，流寓日众，关市洞辟，邮驿大通。我邑苍洱雄秀，土物丰饶。其间商贾、行旅、方技、寓贤，与夫戍卒垦夫、宦游幕侣，览胜山川，流连景物，多卜居而家焉"。[17]太和县因其是区域的政治中心所在地，故各色人物聚集，流动人口多，以至于民国时有"户籍多非本籍"的记载。[18]需要说明的是，因太和县地处苍洱之间，虽然山川秀美，经济发展，但其土地狭长，可利用的土地资源较其他地区如云南县等是有限的。

清初，苍洱之间尚有可资开垦的土地。如，乾隆初年，这里有官府出资垦殖农田的记录，官府在距大理城北 30 里的喜洲

"草厂"（位于今和乐村），"借备工本银二百两，置买牛只、农器，募垦成田三百余亩"。[19]乾隆四年（1739年），喜洲地区又有将牧场开垦为耕地的记录。[20]嘉庆、道光年间，史载其地"极称繁庶，民族发达，一日千里，其时户口增益奚啻倍蓰，上中下三乡平畴沃壤，妇织男耕，城内民屋比栉而居，充塞四隅，殆无隙地，城内居民一万三千余户，市面商贾辐辏，货物流通，押当生理共店铺四十八间，当日繁盛状况，即此已可概见。"[21]由此可以看到，苍洱地区的人口有所增加，土地资源开发情况好，有效推动了当地商品经济的发展。但这一时期，苍洱地区人口增长与耕地面积不足的客观矛盾凸显，"人口繁众，生计日艰"现于记载，反映出有限的耕地已经不能满足当地人口发展的需要，以致出现了"农产物则菽麦稻粱不能敷食，多数仰给外邑"的情况。同时，"穷则思变"，人们"合群结队旅行四方。近则赵、云、宾、邓，远则永、腾、顺、云。又或走矿厂、走夷方，无不各挟一技一能。暨些须资金以工商事业，随地经营焉"。[22]人类活动与当地生态资源的冲突已经凸显。

值得注意的是，太和县有的地方在明代得到开发，到清末却成了荒芜之地。如前文提到的龙首关，明代曾经是"驻房三百余家，以及缙绅编户，烟火稠密，几无隙地"，[23]但至道光初年，那里却多为"旷土"，曾经的繁华一去不返。[24]

2. 云龙州

云龙州大致为今之云龙县地，其地处在洱海区域的最西面。明洪武十五年（1382年）沐英、傅友德率大军平定云南大理后，地方仍时有反叛，云龙土酋段保帅所部随明军征讨有功，于是，朝廷授其为云龙州土知州。万历四十二年（1614年）设流官知州，裁浪穹县六里属之。[25]

云龙州地形地貌复杂，山贫地瘠，物产较少。云龙"由于澜沧江、比江（在澜沧江东面，与之平行南流）、怒江与怒山、云岭并列南下，江水的强烈切割，山势磅礴，谷地幽深，形成了高山峡谷相间的比较破碎复杂的地貌形态"，自古有"岩郡"的称呼。[26]受制于地形地貌，云龙州不仅可供农耕的土地面积少，而且可耕的土地大多比较贫瘠。如史载其地"钱谷无多"，[27]"云龙蕞尔小郡，山瘠地薄，食之珍异，器具之淫巧，一无所产"。[28]

尽管如此，云龙州境内有盐矿之利，吸引了不少移民。史载云龙自清初设置流官后，大量汉人前往开发盐矿并逐渐定居下来，开垦土地，从事农业生产。这些移民"秀者户诵家弦，朴者刀耕火种，率皆务本节用"。[29]雍正间，云龙州有耕地 31436 亩。其中，民地 4340 亩，全部为下则地；民田 27043 亩，上则田为 3873 亩，中则田为 12266 亩，下则田 1903 亩；沐庄田 53 亩，为官庄变价后新增。[30]从这条记载可知，云龙州田多地少，但上则田亩仅占云龙州总耕地面积的 12%，中则田占总数的 38%，其余均为贫瘠的下则田。上、中则田地之数不足全部耕地面积的二分之一，足见云龙州地力之贫瘠。

（二）洱海以南地区

1. 赵州

赵州在今大理市凤仪镇和弥渡县境，地处洱海南面。明洪武间为州，隶大理府。史称赵州是"大理咽喉，区奥壤沃"，[31]开发较早。赵州的地理环境有一个明显的分界线，即昆弥岭，其南北的土地开发和经济发展完全不同。

从资料看，明代屯军在赵州辖地有活动的足迹，如大理卫之下，赵州和白崖皆有"屯仓"，这都是贮存屯粮的地方。[32]至明中后期，昆弥岭以北地区的土地利用已饱和，有"土田少，齿稠，其人好远营，少壮皆深入夷阻，苟一旦之利而或丧其生"的记载。[33]"土田少""齿稠""好远营"等记载反映出这一区域土地开发的程度。昆弥岭以南情况则不同，田土多人口少，土地资源开发利用的空间仍很大。如离州治较远的白崖、迷渡地区，"聚落如一小县"，"其人好田"，[34]该地区多耕地，人们喜农耕，农业较发达。此外，嘉靖年间赵州东晋湖还有经营湖田的记录，[35]说明人们有从平坝向湖争田的趋势。从上述几点可以看出，因地理环境的差异，至少从嘉靖年间开始，赵州昆弥岭南北的土地资源利用与开发存在较大差异。至万历年间，一些地方的人地矛盾凸显，直到道光年间，昆弥岭北仍然有"冲脊而俗朴"[36]的记载，说明历经数百年的发展，那里仍然是相对贫瘠的地方。

1. 蒙化

蒙化即今大理州巍山县地，地处洱海以南。明洪武十五年（1382 年）沿袭元朝置蒙化州，英宗正统十三年（1448 年）升为府；[37]清初仍为府，乾隆年间裁府改为蒙化直隶厅。

明洪武二十三年（1390 年），为巩固局势，朝廷在蒙化治南设蒙化卫，屯田军及汉族移民陆续进入蒙化地区，土地开发成为必然之势。据载，蒙化卫领八个千户所，在天启年间有军籍人口5481 人，其中屯军 1473 人，约占 27%；单纯的屯田 37594 亩。[38]与大理卫相较，蒙化卫的屯军在军籍人口中的比重高，反映出军屯对该地区土地垦殖力度较大。

据前文对人口的统计分析和表 9 所列的耕地情况，我们看到明代正德到天启年间（1506 年—1627 年），蒙化的人口呈负增长，但耕地面积不断增加。从军民籍总人口数据分析，由正德间的 72 717 人，万历间的 59010 人，至天启间降至 37362 人，120

年间约下降了 48.6%。从另一方面看，田亩面积则不断增加：正德间 62482 亩，万历间 117652 亩，至天启间达到 302911 亩，120 年间增长了 3.85 倍，土地开发利用达到相当的高度。其中，军籍人口及屯田数量均有减少，军籍人口从 6014 人减少至 5500 余人，减少约 7.7%；屯征田亩从 55170 亩减至 44 746 亩，减少约 19%，由此从一个侧面反映出屯田军减少及屯田废弃的事实；数据也从另一个侧面证实，日渐增多的耕地是由广大民户开发的。

入清后，蒙化人口自乾隆六十年至道光十年（1795 年—1830 年）的 35 年间增长约 35.6%（参前文）。尽管蒙化的耕地垦辟在康熙年间达到一个峰值，为 306977 亩，但与明天启年的数据相比，仅增长 1.3%。此后耕地田亩有所缩减，基本维持在雍正十年（1732 年）的水平，当地日益增加的人口与耕地日益减少相矛盾。我们可以认为，蒙化地区的土地资源开发自明后期至康熙年间已经达到饱和。从史书记载看出，清初蒙化府耕地的增加主要表现为对抛荒田地的复垦上。如康熙《蒙化府志》载，自康熙三十年（1691 年）到康熙三十六年（1697 年），蒙化府垦殖各类年久荒田地达 2779 亩。[39]乾隆《云南通志》载，从康熙三十年（1691 年）到雍正十年（1732 年），蒙化共垦复耕地 55519 亩。[40]这说明经明清交替之际，社会动荡使得土地抛荒严重，影响到农业的正常发展。但当社会稳定后，对抛荒地的复垦成为土地开发利用的一个重要方面。

至乾隆年间，蒙化直隶厅共有耕地 296638 亩，[41]这个数字与清代其他时期相差不大，低于康熙三十年（1691 年）及雍正十年（1732 年）的数据。至光绪十年（1884 年），蒙化厅的耕地达到 380638 亩，较道光十年（1836 年）增长 84809 亩，增加约

28.7%。结合前文认为洱海区域耕地面积总体上呈现减少的趋势这一观点，我们发现，蒙化实际呈现出与洱海区域大部分地区不同的一面。无疑，蒙化耕田数据的增加是在前朝耕地基础上继续开发利用的结果，但其动因已不再单纯，不再是当地农户、军户利用耕地，种植粮食以维持生存，而是随近代社会的发展，有新的利益驱动众人对土地的进一步利用。史载蒙化"自洋烟盛行，愚民狃于近利，田畴山地往往舍豆麦菽蔬而种罂粟。罂粟愈多豆麦菽蔬愈少，豆麦菽蔬少而粮米价日增，百物也因之腾贵"。[42]由此我们看到，伴随近代西方殖民势力的进入，鸦片已经成为蒙化地方土地开发利用的动因之一，舍弃粮食作物而改种罂粟成为当地农业垦殖中的突出表现。而且，农户中也有了专营罂粟的"烟户"，他们的活动为史籍所记录。可以推断，光绪年间蒙化厅耕地出现又一增长峰值应与此相关。史料又载，清末蒙化的农户中有的将以前用于蓄水灌溉的陂塘改为塘田，这也可以视为土地利用的一种。但"不治沟洫"[43]会导致更多水利工程荒废，使得蒙化干旱缺水的局面进一步加剧。

（三）洱海以北地区

1. 邓川州

邓川州在今大理州洱源县境内，位于洱海以北。元代及其以前，邓川多为土著居民。明初，邓川境内省外移民增多，包括明朝平南大军遗留的军官以及来此游学、经商的江、浙、川、湖、山、陕等省人民。[44]这些人对邓川的土地垦殖起了一定作用。明末，邓川人口为4950人，耕地面积为99400亩。[45]入清后，进入邓川的省外移民进一步增多。以江右商人为例，明末邓川的江右商人尚为少数，到了咸丰年间（1851年—1861年），江右商人已经成为外来移民的主要居民之一。[46]咸丰年间，邓川人丁数增至 24282 人，耕地面积增至 104818 亩。[47]就明末及咸丰两个时期的人口和耕地数据来看，邓川的人口和耕地都在不断增加，这虽然与整个洱海区域耕地发展的总趋势不一样，但显然更符合客观历史发展的趋势。从明末到咸丰，人口仅"丁"一项增加了 19332 丁，增长了 3.9 倍；耕地增加了 5418 亩，仅增长不到 0.1 倍。虽然这些数据不尽准确，但却说明了人口的增长速度远远超过耕地的增长速度。同时，这也从侧面反映了明朝末年邓川土地资源的开发程度已经比较高，以至到了咸丰年间，人口已增加了好几倍，但由于可资开发利用的土地资源已不多，耕地所增不多。

　　2. 浪穹县

　　浪穹县即今大理州洱源县，在洱海以北。明初沿元制为县，隶邓川州；万历时期改属云龙州。以罗坪为界，浪穹西边地势险要，适宜农耕的土地较少，东、南、北三面土地较为开阔、肥沃，适宜农耕。

　　清初，浪穹县共开垦出田地 148644 亩。此后，见于记载的乾隆三十五年（1770 年）、嘉庆十三年（1808 年）、道光四年（1824 年）的三个年份有 100 多亩被水冲沙压。咸丰、同治年间的战乱，使浪穹县人民流离失所，土地抛荒严重。[48]光绪年间（1875 年—1908 年），浪穹县的耕地有所恢复和发展，其开发格局以罗坪为界，其西土地贫瘠，开发利用少；东、南、北三面则土地开发利用程度较高，史载其"平原沃壤，弥望青葱，固以水为利也"。[49]其中，地处县西南的凤羽乡，四面环山，"绾谷成村，约径二十里"，[50]全部都是良田。浪穹"固以水为利也"，说明当时浪穹县东、南、北三面开垦的耕地面积较多，平坝土地资源的开发程度较高，可资开垦的土地已不多，所以人们必须尽力修建水利工程才能保障粮食的生产。其时，全县共 113337 亩田，低于清初之数。其中，上则田 32034 亩，中则田 30181 亩，下则田 290159 亩，下下则田 22105 亩。[51]其土地比较肥沃的上、中则田加起来已经过半，说明当时浪穹的地力比较肥沃。

3. 鹤庆

鹤庆即今大理州鹤庆县，位于洱海以北。明洪武十五年（1382 年）改鹤庆路为府，洪武三十一年（1398 年）为鹤庆军民府。[52]明初有大理卫的两个千户所驻守其地，洪武二十年（1387 年）建鹤庆御。[53]清乾隆三十六年（1771 年）改府为州，属丽江府。[54]

明朝洪武年间，鹤庆由两个千户所驻守。天启年间有各色军籍人口 2466 名，其中屯军 1100 人，约占军籍人口的 45%，说明明代鹤庆屯军开垦土地投资的人力较大。天启年间有屯田 30368 亩。[55]又从表 9 数据看，明代鹤庆的土地资源开发空间一直比较好，自万历到天启年间，鹤庆的土地资源得到开发，其耕地数在天启年间达到峰值。

入清以后，随着人口的增长，鹤庆的耕地数却在不断缩减。康熙朝《鹤庆府志》卷 9《赋役》记载，康熙五十三年（1714年）以前，鹤庆共有田地 305604 亩，这是当地土地开发利用的峰值，与雍正十年（1732 年）耕地数接近。但根据光绪《鹤庆州志》卷 19 载，鹤庆州由于受咸丰、同治年间战乱的影响，土地抛荒严重，再加上统计的遗漏等问题，光绪年间的田地缩减到 215449 亩。这一方面可以认为清代土地统计存在问题，但另一方面也说明经明代的发展后，这一地区的土地开发达到一个极限，土地利用已经饱和。

值得注意的是，鹤庆的屯田数一直占有一定比例，这与历朝在此驻扎军队有关。明洪武年间朝廷在鹤庆军民府治北建鹤庆御，隶大理卫，其时屯军的人数及屯田数不详。万历年间，鹤庆御屯军人数为 3491 人，屯田数为 26424 亩；[56] 天启年间屯军人数为 2465 人，屯征土地为 31544 亩；[57] 清初，屯丁减为 876 人，[58] 而屯田为 32246 亩，[59] 较前有所增长。就这三个时期的数据看，从明万历年至清初，鹤庆御屯军人数不断减少，但屯田却不断增加。

（四）洱海以东地区

1. 云南县

云南县在今大理州祥云县境，位于洱海东南，明清属赵州。

据明人李元阳的记载，云南县在明代有"原隰平衍，土田膴美，云南（县）熟，大理（府）足"[60] 之美誉，足见当时其地农耕经济的发达。尽管云南县有"原隰平衍，土田膴美"的自然条件，但却有"游惰而不农"[61] 的记录，在一定程度反映出其地垦殖不力的情况。随着明朝军队进入，"民与卫军错居"，[62] 在云南县地共同垦辟土地和兴修水利工程，土地开发利用不断变化。如云南驿（位于云南县东南）受自然条件限制，虽"平壤千顷，而阙水利。大雨则获，雨少则枯。然土性粘腻如胶，可作塘蓄水，自昔无人倡之"，完全是靠天吃饭。但到嘉靖年间，在地方官员石简、刘伯耀的领导和组织下，人们在这片土地上修建了陂、渠等水利工程。得益于水利工程的修建，这片曾经干旱、荒芜的土地变成一片"沃壤"。[63]

清代，同样得益于水利工程的发达，云南县一些靠天吃饭的"雷鸣田"转化为水田。据光绪《云南县志》卷 3《建制·水利》的记载，清初云南县城东及其东北均存在一片靠天吃饭的"雷鸣田"，在雍正年间，地方官员分别修筑了周官蒌海、香里城海等水利工程以资灌溉，贫瘠的旱田转化为水田，农业生产得到保障。同书还记载了云南县境内多处水利工程，如城东的天泉坝、城东南的段家坝、城南的青龙海和新兴坝、县西北的团山坝、县东北的品甸湾坝、云川下庄街的南丰坝、云南驿的千亩田陂、匡州城东的吴家海堰塘、城川九峰山后的游峰坝、刘官厂堰塘、双箐龙泉堰等，水利工程几乎遍及全县，说明农田水利发展反映出土地垦殖的拓展。光绪年间，云南县共开垦田地 183380 亩，[64]说明土地开发利用程度较高。

2. 宾川州

宾川州即今大理州宾川县。明弘治七年（1494 年），朝廷分太和县海东九里、云南县二里、赵州一里置宾川州，设大罗卫指挥使司。[65]

在李元阳《大理府志》中载，宾川是一个"山阿水隈，平坂可田"之区，但适宜农耕的土地却"多弃为茂草"。[66]这反映出在嘉靖（1522 年—1566 年）以前，宾川土地荒芜的情况比较突出。据同书记载，那里的社会环境也多有不利，即使那些荒地"人有垦之，则又为奸人侮夺；或西成时为盗贼所掠，坐此益有弃田……州之盗贼，常为一郡之剧"。[67]社会不安定必然影响百姓的生活和耕地的垦殖。嘉靖初年，地方官员"留意息盗"，宾川的土地资源开发逐渐增多。不过，在宾川，"其种田皆是百夷"，他们"信而懦弱，租佃之利皆为江右商人诱饵一空"，加之他们的民族习俗"送死奢靡，椎牛饷客，一呼而食者数百人"，导致"富人丧其赀贫人转徙"的后果。[68]从这些记载中，我们看到宾川因社会和民族的原因，耕地易被遗弃而荒芜，人们对土地的利用艰难发展。同时，也可以看出在明朝建立的百余年后（即至嘉靖年间），宾川的土地资源利用空间还比较充足。

清代，随着移民的增加，宾川的土地资源情况发生变化。史载宾川纳入清统治系统后，"居多汉人，俗渐向化。海东、鲁川俗皆白人，今亦多汉，文乐耕读士风称盛，民俗谨朴。宾居牛井类皆汉人"。[69]可知，清代以前虽然已有移民进入宾川，但为数不多。在海东、鲁川等地，居民仍以白族为主，但随汉移民的增多，其民族构成被改变了。移民的进入，大大促进了当地土地的垦殖，推动了当地农耕经济的发展。根据记载，雍正年间（1723年—1735年），宾川地区共开垦了田地170245亩，田、地数的比例接近1：1。[70]雍正年间，宾川的水利工程均位于纳六河（宾川州北5里左右）西边，居民也主要分布在这一地带。宾川东边，"溪洞既浅，水源亦微，淫雨则涨雨，止则易竭"，因此东边的耕地基本处于靠天吃饭的情形。宾川以南至东、北的海东、鲁川、康朗等地则"多石田不可耕者"，且"水少而入不聚也，隔上流不能引以为利。"[71]这些地区虽然濒临洱海，但由于地势的限制，难以引洱海水灌溉，农业生产无法得到保障。清代，雍正《宾川州志》载："东负山，地乏源泉，不可田而耕也，惟西隅近河，素称沃土。"雍正及其以前，由于自然条件的限制，宾川南边、东边和北边人口分布相对较少，耕地也较少，而且旱田地居多；西边人口分布较多，得益于优越的自然条件，垦殖较多，而且水田居多，收成较好，因而有"沃土"[72]之称。

综上，各个地区因为地形地势、人口分布以及军队屯驻等因素，土地垦殖有所不同；各地相同的则是，凡有军队驻屯的地方，就会有一定面积的屯田。就相关数据来看，明代，随着移民的进入，人口的增加，洱海区域各地区的土地得到大量开垦，耕地面积不断在增加。入清以后，洱海区域的移民增多，人口也进一步增长，但由于可资开垦的土地资源不多，耕地的增长不明显。在康熙年间，洱海区域各地的土地开垦达到高峰，成为整个明清开垦土地面积最多的时期。而后，清代见于记载的耕地数比土地开发全盛时期有所缩减，并保持在嘉庆年间的水平上。清代中后期，限于有限的土地资源，人地矛盾越来越尖锐，有的地区出现了土地利用饱和甚至外溢的情况。

第二节　明清洱海区域湖田的开发与利用

随着明朝大军的进入，洱海区域的人口迅速增加，大规模的军屯又使荒地得到垦辟，农业得到进一步发展。到 17 世纪时，洱海区域迅速增长的人口与山多田少的矛盾凸显。在前朝"水陆可耕之地，俱经垦辟无余"的情况下，清朝"惟山麓河滨尚有旷土"，[73]为解决生存问题，向山麓、河滨地带开垦荒地成为必然。洱海区域水域面积广袤，为湖田的进一步开发提供了条件。明清时期，人们在洱海区域向湖要田的形式多样，或在河沙淤积形成的滩地上开垦农田，或在湖边筑堤围垦，或在湖中开辟水田，或在水、草相接的地方垦辟农田。史书中将这些在水边或湖中开垦的耕地称为"海田""湖田""湄田"。为行文方便，本文将这些田统称为湖田。

一、明代湖田的开发与利用

根据文献记载，明代洱海以南和以北的地区已有湖田的开垦。这一时期，见于记载的湖田主要分布在洱海西岸河尾关、洱海以南的赵州、洱海以北的浪穹和剑川、洱海以东的宾川州。

（一）洱海西岸及其以南地区

在文献记载中，明代洱海的湖田开发主要集中在太和县的河尾关和赵州的东晋湖。

河尾关是洱海的出海口（位于今下关市）。万历年间，那里已是"田卢相望以万计"，[74]滨湖田地垦殖规模较大，蔚为壮观。由于靠近洱海，易受水患，故当地官府比较重视水利工程的修建，如嘉靖年间明确规定"例以三年一浚，导沙泥之淤塞，改山潦之冲射，则滨河之田不致淹没"。[75]

东晋湖地处赵州城东北 15 里的环龙山下，明代就有开发湖田的记载。如前文所提，赵州可资利用的土地相对有限，故向湖争田的行动较为突出。明人向东晋湖争田的形式主要有两种，一种是人们利用湖水灌溉湖外农田，当湖水干涸之际，遂将湖地辟为农田；另一种是人们将湖边水、草相接的地方开为湄田。据嘉靖三十四年（1555 年）的《建立赵州东晋湖塘闸口记》碑记载，东晋湖本是古人借助原有的地理形势修建的陂堰，一直用于灌溉农田。[76]明洪武年间，官府带人在东晋湖建闸蓄水成湖。由于该湖与当地农户、屯田军的生产生活关系密切，涉及较广，故其用水形成了一套相对固定、较为合理的管理制度：每年五月五日开启湖闸放水，九月九日关闭湖闸蓄水。人们利用这四个多月开闸放水的时间，纷纷将露出水面的湖地辟为农田，插秧种稻。[77]对这些"湖塘田"，史载："本州民种一半，……每亩租谷伍斗，本州上纳大理卫后所军粮一半"。[78]可见，这些湖田使得军民受益。而且，据《建立赵州东晋湖塘闸口记》载，东晋湖的所有权归官府，普通百姓只有使用权。弘治年间，因赵州城墙缺乏工料，云南按察司副使林俊将东晋湖卖与豪强陈达等人。陈达不仅独占湖水，还开湖为田，致使附近军民田因缺水而荒芜。后经官府调节，又由用水人户集资将湖赎回，"仍旧积水灌田"。不久，该湖的管理出现了问题，一伙豪民"利用船载土，填筑高埂，成田种食"。嘉靖三十四年（1555 年），官府再次出面解决此事，并建湖塘一区，用于灌溉农田。[79]此后，由于"雨场早晚，难为定准"，东晋湖闸的启闭时间改成"湖中稻谷割尽之日闭闸，湖外牟麦割尽之日启闸"，同时严禁擅自启闭湖闸，否则送官究办。[80]如此一来，湖内、外农田的经营都能顾及到。到了万历年间，东晋湖总计有湖塘田 910 亩 7 分 3 厘，军、民仍各种一半，分别起科。[81]明末的动乱致使东晋湖塘水利工程倾颓，湖田也随着颓败。洪武年间湖闸起闭，放水灌田，人们只是借时机种田。到明中叶后"开湖为田""利用船载土，填筑高埂，成田种食"等记载表明东晋湖已经从一个水利灌溉的实体，逐渐演变为湖田开发的一个组成部分。

东晋湖的另一种开田形式为"湄田"。"湄"意为在湖边水、草相接的地方。因此湄田与上文那种在湖中开发的农田不同，是指在湖边水草相接的地区开垦出的田地。据《建立赵州东晋湖塘闸口记》碑载："（东晋）湖之势，西深东浅，水落湄地可以播艺"。[82]说明东晋湖西面深，东面浅，当湖水退落后东岸的土地适宜耕种，于是被开垦为农田。据载，当时东晋湖的湄田主要是由湖东的汉邑村村民开垦的。

（二）洱海以北地区

明代，洱海以北的浪穹县和剑川州也有湖田的记录。

至少在嘉靖年间，浪穹县就有了湖田。根据嘉靖《大理府志》的记载，浪穹县境内有宁河、凤羽、三营三条比较大的河流。其中，凤羽河水势最为凶猛，"其势驶疾，横射二水，泥沙淤涌，致使二水不得顺行，湖田三万余亩鞠为蒲草，屯田民田递年赔粮"。[83]就此处记载，我们可知以下信息：一是至迟在嘉靖年间，浪穹县因水资源丰沛，湖田早有开发，且已经具有一定的规模；二是浪穹县的湖田主要分布在宁河、凤羽、三营三条河流的河岸；三是三条河流两岸的湖田既有屯田也有民田，湖田一部分归军队所有，另一部分归百姓所有；四是湖田的经营有风险，如果遭遇水患，便可能毁于一旦。为了保障百姓的生产生活，明官府比较重视水利工程的修建。如嘉靖年间，三江口的百姓按亩出资，在当地官府的领导下疏浚河道，保障百姓生命财产的安全。[84]

剑川在明代也有湖田的记载。剑川州治南 2 里的金华山麓有一处叫"西湖"的湖泊，"秋涝，水已与东湖通，至冬水落，民始为秧田，湖畔种麦"。[85]这是万历年间的记载，人们利用湖泊的秋涝冬涸的自然条件，当冬季水落时，利用西湖作秧田，并在湖畔种麦。[86]到了天启年间，西湖"溢为湖，涸为田"成为常例。[87]这些记载，充分说明人们的农田耕种已经从湖畔拓展至湖区，土地利用程度高。同时，也告诉我们湖体的变化。

（三）洱海以东地区

宾川在明代就已经有开垦湖田的记载。立于天启七年（1627年）的《寂光寺田产碑》载："一施主高崑，买到何应祖真海田二段，计九坵，坐落张河村南边"。[88]寂光寺位于宾川鸡足山。此处提到的海田就是高崑购买来施舍给寂光寺的田产。这条记载说明至少在天启年间，宾川对湖田的开发已经存在。

总体说来，明初洱海区域开发湖田的地方并不多，明中后期，湖田拓展到洱海以北，如浪穹县和剑川州，浪穹县的湖田具有一定的规模。这说明，这几个地区的人地矛盾在明中后期开始显现。

二、清代湖田的开发与利用

清代，随着人地矛盾的加剧，开发湖田在越来越广泛的区域开展，除了前文提到的地方外，洱海以西的太和县、洱海以北的邓川州、鹤庆州和洱海以东的宾川州等地关于湖田的记载较多。

根据史书记载，清代洱海岸边存在大规模的"海田"。史载雍正年间以及乾隆初年，由于出海口过于狭窄，每当大雨水涨，洱海经常泛滥成灾，"海口子河不无沙石冲塞，兼之河边各沟，冲沙成埂，海水至此，往往泛溢倒流，以致太和、赵州、邓川三州、县及浪穹、宾川等处沿海田亩不免淹浸"。[89]这条记载说明洱海以东的宾川、洱海以南的赵州、洱海以西的太和、洱海以北的浪穹和邓川至少在乾隆初年就已在洱海之濒有农田。乾隆八年（1743年），官府组织人力拓宽洱海出水口，浚深河底，修筑堤坝，并在堤坝上种植茨柳。经过努力，洱海"淤沙尽行挑去，水势畅流，不特五州、县（太和、赵州、邓川、浪穹、宾川）田地无漫溢之患，且涸出海田一万余亩"。[90]显然，得益于水利工程的修浚，被淹没的土地逐渐恢复，至有10000多亩。史籍中关于清代洱海区域湖田的记载较多，现分而述之。

（一）洱海以南地区

清代的赵州，除前文提到的海田，东晋湖的农耕活动在明代的基础上也有所发展。入清之初，东晋湖附近军民将明代所建二塘开垦为田，但由于当时水资源匮乏，"值栽插之时，遇大雨施行各得肿眽，倘滂沱不降，偏坝田地，尽属赤土"，完全处于靠天吃饭的光景。乾隆初年，东晋湖附近军民重修湖塘，湖内外农田的灌溉得以保障。[91]其时，东晋湖中所垦辟农田总计 1244 亩，[92]规模比明末的 900 多亩大。道光年间，经开垦，东晋湖环湖内外的农田已达几千亩。当地人民还在湖塘设闸，"登谷后闭以蓄水，刘麦后以泄水"。[93]就这些记载来看，东晋湖环湖内外的湖田的开垦不断增加，这与赵州人口不断增加的趋势基本符合，也说明随着人口增加，人地矛盾加剧的情况下，人们加快了向湖争田的步伐。

（二）洱海以北地区

1. 邓川

除了洱海之滨，人们的农耕活动还深入到邓川州的弥苴河、东湖和西湖。

弥苴河是邓川境内最大的河流，汇集了来自鹤庆、剑川、浪穹以及凤羽地区的多条河流的水，水流充足，人们稍加利用，即可灌溉大量农田。加之弥苴河位于邓川州治前的平川上，河沙淤积了不少滩地，于是人们将这些滩地辟为农田。如乾隆四十七年（1782 年），人们在修浚弥苴河堤坝时，"涸出粮田万亩"。为保障沿河内外农田的生产，官府还规定："嗣后，每岁冬、春水涸时，该管府、州督率民夫兴修一次，以资蓄泄。"[94]根据以上资料记载，弥苴河可一次性涸出万亩农田，足见湖田规模之大。弥苴河河高田低，每逢雨季，容易决堤，冲毁河边农田。因而，这万亩粮田当有部分属于前人辟垦的。到了光绪年间，在弥苴河修筑堤坝引水灌溉的已达 20 多个村庄，农业有较好的发展。[95]

邓川东湖和西湖也有湖田的记载。史书载，乾隆年间，"邓川之东湖、西湖两川低下田畴时被水患"。[96]这说明，乾隆年间人们就在东湖和西湖湖畔开辟了田地，因有的农田地处低地，故常有被淹没的风险。到了咸丰年间，东湖和西湖的湖田仍在经营。如咸丰年间仍有"东湖田亩"的记载。[97]咸丰《邓川州志》中提到："西湖在罗峁山下十里。波澄如镜，而烟村落错落其间，渔歌往还，柳屿萦绕，兼以菱芰芦荻与沙禽水鸟时掩映，出没于天光云影中，耶溪辋川不过是也，惟秋淫涨发，沿湖稻田半没于水。"[98]此处记载说明，咸丰年间，人们在西湖边上的生产生活活动很密集，沿湖有不少水田种植水稻。咸丰《邓川州志》关于西湖还有这样的记载："西湖左右地衍而湿，湖中稍收菰蒲鱼蔬利。然今之蓼渚，昔皆稻田也。"[99]这也说明到了咸丰年间，人们在西湖的农耕活动有明显变化：一是人们对湖田的经营已经从湖畔深入到湖中；二是湖中之地主要用于种植蔬菜饲养鱼苗；三是到了咸丰年间，原湖畔稻田有的长满水蓼，又预示有湖田有所缩减。

此外，邓川东南的市坪里一带，人们也在泥沙淤积的水边新开辟了田亩。如咸丰《邓川州志》说："（市坪里）三川水尾汇焉，享鱼沟之饶，据淤田之利。"[100]

2. 浪穹

在清代，浪穹经营湖田有增无减。由于茈碧湖、弥茨河、凤羽河三条河流的水滨分布着大量湖田，因此清政府跟明政府一样也比较重视这些地区水利工程的建设。如雍正八年（1730年），人们修浚三江口渠，加高、加长堤坝，"置木柜五十盛石截沙，水流无壅，湖田多利"。[101]乾隆二十七年（1762年），三江口堤坝又加固，以防水灾。[102]嘉庆八年（1803年），浪穹遭遇严重水灾，"城内及南北两隅俱成泽国。集民夫千余人挑去沙泥，劈破巨石，始得疏通。署知县陈炜接办善后事宜，以积水难消，沿湖田亩不能涸出”。[103]

清代三江口地区水灾频频发生，水利工程频频维修或加固，湖田时时被淹，或许与人们将农耕推广到湖地有一定关系。至光绪年间，三江口“淤积平衍”，水患频发的凤羽河已改河道，因此“所有沙泥尽积于鹅墩、汉登之间，淤成田亩，此处不复为患”。[104]也就是说，至迟在光绪年间，鹅墩到汉登一带因河沙淤积形成的滩地，被人们又开辟为农田。

3. 剑川

到了清代，剑川除了西湖，剑湖（时人称之为“剑海”）也有湖田的记载。清人张泓《滇南新语》“挖河”条称：“平时剑海水涨，赖此以为宣泄，海水如鑑，渔舟千百。菰蒲荇藻，掩映其中。四围山树，颇类西子湖头。沿湖村庄田畴，错落如画，亦边末之巨观也。”[105]张泓于乾隆十年（1745 年）任剑川知州，剑湖挖河的时间为“辛未冬至癸酉春”，[106]即乾隆十六年至乾隆十八年（1751 年—1753 年）。据此可知，至迟在乾隆初年，人们的耕种活动已经拓展到剑湖湖畔。

4. 鹤庆

鹤庆地区也有开垦湖田的记录。如光绪九年（1883 年），漾弓江（又作漾共江）河边的八图十铺共新垦田地 1900 亩，其中不少位于河滩地区。[107]

（三）洱海以东地区

在宾川，人们主要在上苍湖围湖造田。据康熙《大理府志》记载，上苍湖“滨湖之田为清明上下二侗及白荡坪。用水车逆灌，由湖而下注。为下苍、为三家村、为子古一带之田，计粮二百石皆赖此水以为利"。[108]这可以看出清初百姓在上苍湖湖畔垦殖农田的情况。

综上，明清时期洱海区域的湖田主要分布在洱海的出水口、入水口以及赵州的东晋湖、邓川的弥苴河、浪穹的茈碧湖、弥茨河、凤羽河、鹤庆的漾弓江等滨水地区。从时间上来看，清代关于湖田的记载更多，地域范围也更广，这也反映了清代对湖田的开发无论是分布区域，还是开辟的数量，都超过了明代。从空间上来看，洱海以南和洱海以北对湖田的开发和利用程度更高。一方面，湖田的垦辟反映了人类开发利用自然资源能力的增强，另一方面，湖田数量的增加，又表明了人地矛盾的严重。当然，人们向湖争田越来越多，水域面积越来越萎缩，大自然原来的生态环境遭到破坏，这意味着危机也在悄然降临。

第三节　明清洱海区域山地的开发与利用

从本文所掌握的资料看，明代以前，洱海周围的平坝区可资开垦的土地还比较多，而且土地比较肥沃。当平坝地区尚有开垦空间的时候，人们向山要田的情况比较少。而且，明代以前在洱海区域山区居住的多为土著，其生产、生活方式较为原始，对山区开发的进程相对较缓慢，史书中对明代以前山地开发的记载很少就说明了这点。至明代，随着大规模军队及其家属的进入、定居以及其他移民的入滇，云南的人口有明显增长。坝区曾经是新移民落脚定居的地方，环湖、近江河是人们生产、生活的理想选择。至清朝初年，平坝地区可资耕种的土地十分有限。当平坝地区可耕地容纳人口超过土地的承载力时，为了生存，人们会不辞劳苦地向山区进军，向山要地，山地开发的速度较以往明显加快。

　　洱海区域虽然有若干坝子，但它们的实际面积较之北方有相当大的差距，山地占据了总面积的 93.4%。[109]当坝区的人口达到饱和，山地就成为人们的选择之一。明清时期人们对山地的开发与利用主要体现在对土地的垦殖、对林木的砍伐、对矿产资源的开采等方面。[110]

一、山地的开垦与利用

　　明清时期，洱海区域陂池等水利事业较之前代更为发展，这一方面反映了人们对自然环境的改造程度更高，便利了农田的灌溉，另一方面又为人们开垦坡地创造了条件。一般而言，陂池是建立在山坡或是地势比较高的地方的蓄水池。得益于陂池的修建，人们在山区不仅可以把原来的旱地变为水田，而且可以开垦新的水田。因此，明清时期对山地的开发利用既有对原有山地的经营，又有对新增土地的垦殖。明清时期，陂池等水利事业的发展，政府给予的优惠政策，玉米、马铃薯等高产量作物的种植与推广均推动了洱海区域山地的开发。

（一）明代

　　从史书记载看，明代洱海区域人们对山区的垦殖活动在洱海周边都有体现，最突出的似在宾川州。

1. 洱海西岸

　　洱海以西的点苍山上在明代就有垦殖活动。据吴应枚《滇南杂记》称："点苍山有十九峰，峰阴十八溪，陂田籍以灌溉。"[111]"陂田"亦即山田。从记载来看，太和县的一些寺院也在山地开荒，如点苍山的龙王庙有住持携众将"庙前空地""开垦成田"

的记载。[112]净乐庵也有开垦山地的记载，史书称其是"竭力刀耕，种植松坡，掘涧栽椒"。[113]这点表明在山区的开发进程中，寺院也起到一定的推动作用。不过，从经营方式看，这些山田有的还比较粗放。

2. 洱海以北地区

在邓川到浪穹之间的山区也有农田垦辟。据载："邓、浪之间，其山多狮虎旗鼓之状。故其人尚力而好图，无少长出必挟弓弩，虽有土田陂波之利，然水患岁臻，高原虞横潦四出，平隰忧堤决骤然，既亡其东作之劳，又责其荒田之赋，细民之聊生亦艰矣。"[114]这一记载说明邓、浪之间有山田的开发和陂池的修建。

3. 洱海以南地区

据李元阳《留后文稿》记载，赵州弥渡"密祉"（又叫弥祉）有土司之后李藩，依仗土司势力在密祉毁林开荒，此事众所周知，却无人敢说。[115]

在蒙化府，明人对山地的开发利用还比较有限。直至清初那里仍然有"民醇士朴，男安耕读而惮经商"的记载。其山谷所居多是"土著之乌爨"，他们"聚族而居……食则火种刀耕"。[116]

4. 洱海以东地区

在宾川一带，人们很早就有山区开发的活动。如景泰五年（1454年）所立《鸡足山石钟寺常住田记》碑中有炼洞山垦荒的记录："近有本处檀信王嵩、李奴、董俊、王庆等，永乐辛卯岁，于炼洞甸共同出力开荒，得田一段，计若干亩，喜舍置为本寺常住。"[117]"永乐辛卯岁"，即明成祖永乐九年（1411年）。也就是说，早在明初，宾川境内的人们已经开始在山区开荒。到嘉靖年间，炼洞山一带的农田已颇具规模，据嘉靖《大理府志》记载，在炼洞山一带，"诸山田皆有灌溉，或自山脊分泉，或横山腰引水，其凸凹硗确之处，凿石为坝，不使断续"。[118] "诸山田"说明山田的数量不少。为保障"山田"的正常经营，人们在炼洞山一带修建水利设施用以灌溉山田以及甸头、甸尾一带的农田。后来因为"铁索箐赤石崖诸夷为盗"，民众不能安居乐业，才"弃田而去"。[119]嘉靖初年官府平息盗匪乱后，许多人再次回到炼洞诸山耕作。至嘉靖二十五年（1546年），人们又在当地修建了很多水渠，从此以后，"荒芜皆耕地也"。[120]

宾川西北的大场曲村，也有山地开发农田的记载。据嘉靖《大理府志》记载："其地旧有陂池蓄水备旱，后有豪右，利陂底土肥可耕，遂酾水别流，决堤不潴，陂外之田半为废壤。"[121]这说明有豪民图利将大场曲村原蓄水用的陂池开辟为自己的农田。

洱海东南的云南县对山地的开发主要表现为兴建陂池和灌溉雷鸣田。陂池如前所说，指那些建立在山坡或是地势比较高的地方的蓄水池。由于陂池的修建，人们即使在山区，也可以把原来的旱地变为水田。所谓雷鸣田，清人刘慰三曾解释为"高原之地，雷鸣雨沛始得播种者，谓之雷鸣田"。[122]说明云南的雷鸣田与川蜀的雷鸣田一样，多分布在山区，一部分属于在山地垦辟种植水稻的梯田，但另一部分，受云南自然条件的限制，当属于旱田。据史料记载，清代人们在云南县东北十里的地方，引宝泉水，蓄在周关、品甸两处陂池。一方面陂池"受山箐之水"，水源于自然；另一方面则是利用陂池"蓄灌雷鸣田亩"。后因岁久失修，沟道被淹没，影响蓄水和农田灌溉。[123]嘉靖二十二年（1543年），知县宋希文开挖故道，"以时潴蓄"，附近军、民田均获利。[124]光绪《云南县志》也记载，云南县东北的品甸湾坝，"分团山坝水贮陂中，灌城北十三村田亩"，这也是明嘉靖知县宋希文开古道蓄水灌田的结果。[125]距云南县治 40 里的水目山一带也有农耕活动,据万历三十年(1602 年)的《重修水目寺记》记载:"(水目寺)更置田若干以饭僧",[126]这说明水目寺在其周边开垦了若干田亩以养僧人。

(二) 清代

清代史书中关于洱海区域山地开发的资料增多,各州县都有相关记载。较之明代,清代山地的开发主要集中在洱海以南、以东及以北地区。这从一个侧面说明清代加快了山区开发的步伐。

1. 洱海以南地区

关于赵州,我们以万历和道光《赵州志》相比较,看出赵州的山地开发主要在明末以后,特别是在清代进一步发展,所以清后期的方志中多见赵州山区开发的记录。

如前文提到,赵州弥渡"密祉"(又叫弥祉)已经有毁林开荒的记录,又据《弥祉八士村告示碑》碑文记载,弥祉八士村的太极山原本树林密布,泉水四出,灌溉弥渡千万亩农田。在清末民初,一批"顽民"伐木烧山,将之辟为耕地种植苦荞。[127]由于地力薄瘠,苦荞的种植是一年一季,产量有限。而且,其耕种方式对当地植被破坏较大。这在一定程度上反映了清末人地矛盾已经凸显,以致人们不计后果去开发一切可以开垦的土地。

道光《赵州志》记载龙伯、乐和、昆弥等山区都有村寨或居民居住。[128]这一点说明在这些地区山地垦殖早已存在,否则就不会有村寨存在的记录。在定西岭铺则有士兵自垦的荒地。[129]在县境西南山区,还有土著少数民族刀耕火种的记载等。[130]

蒙化,史称其"四围皆山,中不百里"。[131]由于特殊的地形地势,蒙化田少地多,鉴于平坝土地资源不多,且又不能向湖要田的情况，人们只能不辞劳苦地向山区进军，故蒙化的耕地有相当一部分分布在山区。

康熙年间，史书记载蒙化"其山外江外昆仑各里，皆有涧溪之水，资其灌溉。然或田多水少，或天旱则竭，其田亩谓之雷鸣，但民多火种刀耕，树艺杂粮，以资宿饱"。[132]据此记载，可知康熙年间蒙化大部分山地缺水，因此多有靠天吃饭的雷鸣田。而且，当地的生产方式比较粗放，采用对自然环境破坏比较大的刀耕火种式，水稻种植有限，多种植适于山地的杂粮以资温饱。随社会的发展，为进一步保障农田的正常经营，当地的水利工程设施随之发展起来。到了清末，蒙化地区的陂池水利工程已十分发达，史载"若夫潴为泉，蓄为池，积潦以待，名为陂塘者，则乡里约村皆有之，亦不知几许也"。[133]这说明当地乡村多有陂池，陂池分布广泛。陂池的发达是人们对山区土地资源的利用的另一个证明。也正是由于人们对山地的开垦，对山林的砍伐，清末民初的蒙化有了山林树木被"砍伐殆尽"的记载。[134]

2. 洱海以北地区

剑川州西 50 里的老君山在康熙年间还是一派自然风光："层峦叠嶂，摩霄插汉，林树蒙茸，倏忽万状，人迹罕至。"[135]到了乾隆年间，有人来到老君山砍伐树木开垦土地，"盘踞数十年之久，践踏数十里之宽"，最终导致当地"水源枯竭，栽种维艰"。[136]

鹤庆在清代开垦出的山地比较多。就现存清代两部《鹤庆府志》的记载来看，康熙年间所修《鹤庆府》尚无山区田地的记载，到了光绪年间所修《鹤庆州志》中就出现关于山区田地的统计。据此我们可以推断，到清末，鹤庆府山区开发的田地数量越来越多，所以才会在志书中出现新垦田地数量的记录。光绪

《鹤庆州志》记录十铺、南北八图、东山、西山等处，自康熙年后有田 62182 亩，其中山地 2743 亩。又从"土司项下及山外新丈获田地"66170 亩。[137] 这些数据虽然不能代表所有新开土地，但说明山区开发力度加大是没有问题的。

浪穹县治东南有塔盘山，至迟在乾隆年间就垦辟有大量耕地。史载乾隆二十二（1757 年）及二十三（1758 年）年前后，"塔盘前后诸山渐次开垦"，对自然生态环境影响较大，致使"山无草木障蔽，一经大雨，沙石横下，压毁旱坝，冲塞（白汉涧）河身"，以致 20 余年后，这一地带灾患频频发生。浪穹水资源丰富，植被对河流的防护作用尤其重要，但"河源山上有沙场、白鹤两村，猓民每将山峡挖松，土性轻活，遇雨刷下，填满旱河，实受其害"。[138] 这些记载，都反映出山地不断开发的实例。又有记载说，在光绪以前，距城 20 里西的山区有两个村落大松甸、鸡登村，有"猓民"百余户，以种荞、艺麻、采薪、牧羊为业；距城 30 里的西北隅山区坐落着蕨菜坪、大树关两个村落，有"猓民"百余户，居民们以烧炭种荞为业；距城 10 里的天马山顶为沙长村，以牧养种荞为业。[139] 这些山民显然不是传统的农耕民族，但在长期的发展中农业经济已经进入他们的生活，垦殖山地，兼事农耕成为他们生活组成的重要部分。

在邓川，随着移民的涌入，不少山地得到开发，定居山区的人也越来越多。据咸丰《邓川州志》记载，咸丰以前，一批来自川、广、黔、粤等省的无业之民携家带口接踵而来，移民达数千人。他们"垦火山诛茆，结社于羊塘里"。[140] 这些移民即书中说的"客民"，他们开垦了羊塘里地区的山地并定居下来。同书亦载，羊塘里属各村附近山地，"至若危峦邃箐间，一撮可耕，一勺可饮，亦复茅屋数椽"，市坪里属的一些村落"居僻在东山深峭处"。[141]这些"深峭""危峦邃箐"之处都有人居住耕种，"一撮可耕，一勺可饮，亦复茅屋数椽"，说明人们几乎将这片山地的每一寸土地都开发出来了，垦殖的力度和广度都非常大。

3. 洱海以东地区

前文提到，明代宾川州的炼洞山一带已有农田经营，至康熙年间，该地仍有"自是荒土皆耕地也"的记载。[142]这说明在清代初年，炼洞山一带被开垦的土地中既有对明代土地的复垦，又有新辟耕地。在宾川城西四五十里处的乌山也有农耕活动，史载"乌龙坝，在城西五十里，源出乌龙山顶，其流不大，居民作坝，潴之以灌近村之田"。[143]坝，即是当地人在乌山修建灌溉农田的水利设施。又有石爸山，在宾川州北40里，大致是今宾川县周能村一带。雍正《宾川州志》收录了一篇名为《祭石爸之神》的祭文，文中有"鲜流通，土膏腴，平畴广衍，雷鸣可虞""浍盘涃，规潴画畛，俱能灌输瓯窭汗邪""培我田稼，丰我田租，厥功可□"等词语，[144]这些无不显示这样的信息：石爸山及其周围存在着大量农田，而且存在一定的水利工程。

此外，宾川州境内的鸡足山在明代是著名的佛教圣地，分布着大量佛寺。这些寺院，曾是山地开发势力的一个代表。史载，明代鸡足山石钟寺有俗家弟子开垦山地捐助寺院，他们"共同出力开荒，得田一段，计若干亩，喜舍置为本寺常住"。为使僧食无虑，香火永隆，他们专门勒石记事。[145]鸡足山在明代从僧侣独处禅窟发展至后来殿宇辉煌，显示出其山地开发的力度。但是至清代，史料记载僧人多避税逃亡，鸡足山佛寺衰败，明代之盛不再。

洱海东南的云南县在雍正以前，其东北15里的周官弿海、州城东3里的香里城海地区的田地均为雷鸣田。[146]雍正年间，周官劳海地区和香里城海地区在官府的领导下分别修建了水坝蓄水。由于用水得到保障，这些原本靠天吃饭的雷鸣田转化成了水田。[147]直至光绪年间，这两地的水利工程仍在发挥功效。[148]这说明清代的周官劳海以及香里城海地区山地开发仍在继续。

综上，明清时期洱海以北和以南的山地开发和利用的程度，相对高于洱海以西和以东地区。人们对山地的开垦主要集中在几个人口密度高，坝区面积有限，且四周皆为山地环抱，水资源不够丰沛的地方，如洱海东面的宾川州、东南面的云南县、洱海以南的赵州和巍山、洱海北面人多地狭的邓川、浪穹等地。

二、林地的开发与利用

洱海区域多高山，山林中蕴藏着十分丰富的森林资源，像苍山十八峰就有着“松林荫翳”“材木繁多”，“株直而高大”的美誉，林木资源丰富的记载常常出现在明代以前的文献里。至明清，特别是清以后，随着人口的不断增加，人地矛盾日益尖锐，人们对山区的开发及对林地利用的记载越来越多，对山林保护的乡规民约也逐渐形成。

（一）对山林的砍伐

1. 洱海西岸及以西地区

苍山在明代以前的文献中多“松林荫翳”“材木繁多”“株直而高大”的美誉。到了明清，随着人们对大理石的开采以及对林木的砍伐，山林资源遭到一定破坏。

苍山有大理石，元明以来其特有的花纹深得世人喜爱。早在南诏大理国时期，就有开采大理石的记载，其时主要用于雕刻佛像，书写经文。[149]至明清，大理石的开采比前朝更多，除了用于刻画佛像经文，还用于观赏、建材、笔墨纸砚的制作以及上供等。从文献记载看，明代以降有关记载骤然增多，说明大理石开采具有一定的规模。如《明一统志》"大理府物产"载："点苍石，点苍山出，其石白质青，文有山水草木状，人多琢以为屏。"杨慎《滇程记》载："五台峰怪石是产，巧出灵陶。文，有云树、人骑，是斫屏障。"[150]这些都说明了大理石开采的事实。明嘉靖八年（1529年），太和县的地方官员"擅发民匠攻山取石，土崩，压死不可胜计"。这一事故引起朝廷重视，不唯官员受到惩处，为杜绝山崩人亡的隐患，朝廷有令对苍山大理石"永为封闭，不许复开"。[151]

　　不过，上述政策主要针对民间开采，上供不在其例，故嘉靖以后仍有大理石开采上供朝廷的记录。据《滇史》记载：万历二十一年（1593年），"两宫应用大理、凤凰二项石，此乃铺宫例用者。……是年，先完石一百块，四次应解"。[152]可知用大理石铺设皇宫地面是明代的惯例。又万历二十七年（1599年），"乾清、坤宁二宫告成，需石陈设，滇中以奇石四十楼分制佳名以进"。[153]大理石自身重量就很大，每次进贡的大理石从几十至成百块，就当时的运输条件而言，其所耗费的人力、物力、财力之大亦能想见。大理石开采必然毁坏林木。

　　清代，洱海区域大理石的开采比明代规模更大。《滇海虞衡志》载："楚石（即大理石）出大理点苍山，解之为屏及桌面，有山水物象如画，宝贵闻于内地。……大理攻楚石者几百家，皆资以养活，未可尽以为累民。"这说明当时的大理石采制已经成为人们赖以生存的行业。大理石制品制作精良，颇受国内外欢迎，据阮元《石画记》记载："其石分水墨花、绿花、青花、秋花等类，加以琢磨，俨成天然名画，制作插屏、围屏等，销售全国及海外。"[154]清末民初，大理石不唯产自苍山雪人峰，而且在"南北诸峰及后山渐次发见"。[155]苍山脚下聚居专门开采销售大理石的人家。其中，雪人峰因"山腰花岗石甚多"，已经成为"近山诸村石工凿为建筑之用"的石材产地。[156]毁林随着开采量的增大而加剧。

在苍山，滥砍林木导致的山林植被破坏程度更深。光绪二年（1876 年），出任云南提督的胡中和一到大理，就将苍山应乐峰视为己有，史称其是"建筑炊爨，砍伐几尽"。[157]当其部众"入山肆行，斩伐抵支柴薪"时，当地"士民痛惜，保护未能，前往恳乞，咸被诃逐"。原本"林木甚伙"的应乐峰仅在"数月之间，童然如薙，一株不遗"。[158]这种毫无节制地林木砍伐，丰茂的山林数月间就遭受重创。在兴隆村，有《永卓水松牧养利序》碑。碑文中提到"居深山者，以树木为重，以牧养为专，自树木一不准以连皮坎（砍）抬还家，牧养马诸物，自收获后准放十日。其余诸物之类，通年永不准滥放"，如有违反，"一再齐公重罚，勿得抗敖乡规也"。[159]其规定如此具体详细，首先禁止的就是砍伐树木的行为。

云龙州境内盐矿等资源丰富，但缺乏煤、荡草等燃料，煎盐完全依靠柴薪，于是林木砍伐成为必然。据雍正《云龙州志》载，其时产盐有 8 区，其中顺荡井、师井、山井、天耳井、大井、诺邓井、石门井等七区所需柴火均来自周边的山区，而金泉井柴"自兰州、顺荡一带砍伐"。[160]金泉距顺荡约有 200 里，此处记载其柴薪的来源远在 200 里外的兰州、顺荡一带，说明其周边可供砍伐的林木资源已不多了。由于煎盐所需，沘江两岸也经常有"灶民伐柴"。[161]云龙林木砍伐严重毋庸置疑。在道光年间，长新乡所订立的乡约中有"松树不得砍伐"等条款，[162]这应当是山林植被被破坏后人们反思的结果。

2. 洱海以北地区

剑川州有老君山，在州西 50 里。康熙年间，此山还是"层峦叠嶂，摩霄插汉，林树蒙茸，倏忽万状，人迹罕至"。[163]乾隆年间，有一伙强民盘踞山下，沿山滥砍滥伐，在此毁林开荒，"盘踞数十年之久，践踏数十里之宽"，"以致水源枯竭，栽种维艰"。[164]蕨市坪村，道光年间制定乡规，其中明确规定："凡山场自古所护树处及水源不得乱砍"，"凡童松宜禁砍伐"。[165]在光绪年间，新仁里乡有人"非时入山，肆行砍伐"，有的"甚至盗砍面山，徒为己便，忍伐童松"，影响了庄稼的收成。[166]

在鹤庆，嘉庆、道光年间辛屯乡南山河的山场有人在山上砍伐树林，以致一些山头"几成濯濯矣"，再"加上河西一带，男女横行砍伐"，山上林木进一步受到破坏，村民们苦不堪言。[167]大水渼村的公山上，有先辈所种松树已成林，"以作合村共伐柴薪修造之用"。咸同之乱，山上松树全部被放火烧毁，其后村民合力种树育林，欲恢复植被。不幸的是，光绪二十九年（1903年）的一场野火，将山上松树烧死大半，再加上山上松树被"砍伐殆尽"，以致"视之者莫不嗟叹"。[168]

在浪穹县，清后期许多乡村普遍存在砍伐林木的活动。道光年间，铁甲场村有人对能抵御水灾的"河边柳茨"，"擅行刊伐"；对山地所栽松木"期成材木，连根拔起"。这些不良行为引起村民不满，于是当地村民订立乡规，禁止盗砍松枝和放火烧山等破坏行为。[169]在"莲曲村"村后有红山，原本是"树木荫翳，望之蔚然而深秀者"。可是到了道光年间，当地人认为"树木成材之日，必为栋梁之选举"，所以对红山上的树木用"斧斤伐之"，昔日林深木秀的风景不再。[170]浪穹县西南 28 里有天马山

（当地人称东山），原本是"高峰矻立，翠嶂云排；山下出泉，广施利津。松高百尺，逸响玲珑"。咸同年间，杜文秀领导回民起事，山下一些村民趁乱"昼刊（砍）夜伐，斧斤相寻"，致使"树木遭伤，芃芃之形，几成濯濯矣"。当社会稳定之后，乡间绅耆、乡民纷纷组织起来，逐户搜查，并对伐树之人处以惩罚。即便如此，仍"不能挽回密林清风长松明月于万一"。于是，乡民共同议定十条具体可行的、保护山林的条规。[171]在浪穹县西北40里有观音山（又名方丈山），光绪年以前，这里一直存在村民滥砍滥伐的现象。其中，牛街东西山所种之松树被"无知愚民各带斧斤，昼夜戕贼"，作为柴薪，人们"彼此效尤，毫无忌惮"，严重破坏了山林的植被。[172]

邓川有凤尾村，由于缺乏有效的水利灌溉，光绪年间仍然有"田畴不足"的记载，于是人们"入深山中斧薪蒸，以易升合"。[173]此外，离该村不远有勤蚗山，所产之石"色青白，凡宫室坟墓堤岸皆需焉"，具有经济效益。因此村里"有石工数户世其业"。[174]他们开采石料，必然会砍伐林木。在邓川东界的山区"山木茂密，不以资良民之炊爨，反益矿贼之伐炭"，[175]伐木烧炭供矿冶之炼镤之生活炊爨所需，对林木的需求量要大很多，其对山林的破坏也是巨大的。

3. 洱海以南地区

赵州在明代以前原始森林十分茂密，从元人郭松年《大理行记》中的描述还看得出赵州的一派自然风光："州治十五里，路转峰回，茂林修竹，蔚然深秀。"[176]明清以后，人们砍伐林木，大大破坏了原有的自然环境，这在清代文献记载中已是屡见不鲜。

比较典型的如凤仪山。凤仪山"为州治主山，最关紧要"，因"前辈种植树木",后代数次"加意培补"使得林木繁茂。但由于人类的滥砍滥伐,风貌不再。乾隆三十八年(1773年),大营人赵振奇自广州回归故里,发出"枧仪山之秀,惜其为樵牧之场"的感叹,于是组织乡民植树育林。[177]"樵牧之场"就反映当时人们在山上砍伐林木、放养牲畜的事实。又据嘉庆十三年(1808年)所立《永护凤山碑》载,凤仪山附近居民"只图利己,谮于大义。始则借坟骗山,继则倚山骗树。公行砍伐,荡涤无余"。[178]如此景象充分说明当时凤仪山林木损毁严重的程度,令人叹息。为改变这种局面,当地士绅共同商议,借文庙等资金购置树苗,雇佣人力"于凤山上下左右,概行种植"。此举得到赵州"土民"的有力支持,人们"闻风慕义,尚有助力助工者"。但是,仍有"南山曲之士民,竟敢载椿画界,以为日后占夺地步"。于是,嘉庆八年(1803年),当地士绅呈文官府,要求官府出面保护林木并获批。时隔五年后,"松树长发,渐次成林",附近又有一些居民"仍行践踏盗砍"之事,故请勒石以禁,令士庶居民遵照执行,"如敢故违,一经拿获,定行重究,决不姑宽"等等。[179]这些记载说明凤仪山林木反复遭到破坏的史实,而且,即使官府一再申明仍无法杜绝人们滥伐滥砍的行为,故要"重究"。然数十年过去后的道光年间,陈钊镗作《凤山种树歌》仍然曰:"曾闻故国重乔木,旦旦而伐成萧然,昔尝美矣今濯濯,晓月虽好难为妍。"[180]这说明凤仪山森林资源遭到了严重破坏,已经难以恢复了。

史载迷渡"山禁弗严则有弃木",一定程度说明林木被毁的现象。[181]又据立于乾隆四十五年(1780年)的《护松碑》载,官府鼓励种植,赤浦村"阖村众志一举","奋然种松",希望避免"无知之徒,希图永利"而悄悄砍伐的情况,强调"补山为上，取材次之"[182]的观念。这些记载说明此前已存在因砍伐而导致树木匮乏的现象，先补后取应当是人们对环境变化的反思。

在蒙化，清初文献中多有"蔚然苍翠""凝翠纡青""崇山叠翠""玉屏列嶂""四时苍翠"等记载，[183]这反映出当地的山林植被优良，人类对山林的开发尚未形成大势。然而，随着人口的逐渐增多，人们对山林的砍伐日益加剧。

如在明代的文献中，弥渡的东山和西山还有"山后林箐纵深"的记载。[184]入清后，人们还培植了不少松树，成为"公私起盖所需"的资源库。而咸同之乱平息以后，弥渡"一切神祠衙署，城乡民房，刹观庙宇，尽另行起盖"，考虑"价廉脚省"等因素，人们遂将东、西两山成材的松树"选成殆尽"。此后，一些稍微成材、可以作房料的松树"又被附近乡樵昼夜估伐，以致濯濯不堪"。[185]至光绪年间，东、西两山已是光秃一片。

又如弥渡密祉，其地有太极山，史载其地"老树参天，泉水四出"，灌溉"千万亩良田"，关乎"千家万户性命"。但在清末民初，人们在此毁林开荒，"砍大树付之一炬，名为滚火"，又将开垦的林地用于种植苦荞。因苦荞是一年一季的作物，"不能于此处再种"，而"树不能复生"，如此粗放的生产行径导致"深林化为黄山，龙潭变为焦土"。[186]林木的砍伐缩减了森林面积，破坏了其蓄水的功能，太极山及其附近的泉水因此枯竭，再加上降雨量的减少，该地区屡屡庄稼歉收。

在今巍山县巍宝乡自由村保存着一块"黑龙潭封山碑"，该碑立于光绪十一年（1885年）。碑文曰："禁砍树木，禁放牲畜，倘敢故违，罚银壹佰。"[187]碑文内容虽未直接说明该地存在砍伐树木、放养牲畜等破坏山林资源的行为，但就一般而言，正是因为先有某种不良行为的存在，人们才会用乡规民约去禁止，故我们可以推测在黑龙潭一带曾经有砍伐林木、放养牲畜等行为，否则，碑文不必强调严厉的惩罚。清代后期以降，蒙化砍伐林木行为普遍存在，山林植被受到严重破坏，致使民国初年有人发出"蒙化四面皆山，树木砍伐殆尽，近十年来，或三年一旱，或间年一旱"[188]的慨叹。

4. 洱海以东地区

清代的云南县在今文峰村一带有一片山林为"县属山场"。由于山场内松树长势良好，一些"贪得之徒"入山"将松株砍伐售卖"，还有一批附近居民盗砍松树枯枝。道光五年（1825年），官府认识到山林"若频频砍伐，日渐凋零，不数年间即成旷土"的危害，遂加强管理，令文峰村立"劝谕植树禁伐林木碑"，劝谕村民要广种树木，严禁砍伐松树及其枯枝，若有违背，"准许业主即行送官究治"。碑文还规定"凡坟茔树木，固属例禁砍伐；即官民山场，亦不得轻易芟除"等。[189]这表明，当时盗砍松树的行径已经不是个别行为，有的甚至会影响到当地经济、民风和社会发展等，所以官府重视并加强管理。

综上，至清末民初，洱海区域昔日的林木等资源已经为满足人们的种种需要而遭受明显破坏。

（二）林地的保护

明清时期，洱海区域出现了不少护林碑。护林碑的存在，一方面反映出碑刻所在地曾经出现比较严重的破坏山林的人为因素；另一方面则说明了时人已经意识到保护林木和生态环境的重要性。关于护林碑，学界已有收集和研究，笔者现将洱海区域有关的碑刻做一汇总，详见下表10。

表 10　明清时期洱海区域护林碑统计表

碑　名	立碑时间	立碑地点	资料来源
护松碑	乾隆四十五年（1780年）	赵州	杨世钰、赵寅松主编：《大理丛书·金石篇》卷3，云南民族出版社2010年版，第1249页
保护公山碑记	乾隆四十八年（1783年）	剑川	杨世钰、赵寅松主编：《大理丛书·金石篇》卷3，云南民族出版社2010年版，第1260页
永护凤山碑	嘉庆十三年（1808年）	赵州	大理市文化丛书编辑委员会编：《大理古碑存文录》，云南民族出版社1996年版，第564页
于斯万年·永禁野火烧人以护山林以厚民生碑记	道光元年（1821年）	鹤庆	李荣高等编注：《云南林业文化碑刻》，德宏民族出版社2005年版，第267~268页
劝谕植树禁伐林木碑	道光五年（1825年）	云南县	李荣高等编注：《云南林业文化碑刻》，德宏民族出版社2005年版，第286~288页
*乡规碑记	道光十五年（1835年）	浪穹	杨世钰、赵寅松主编：《大理丛书·金石篇》卷3，云南民族出版社2010年版，第1336页。
*长新乡乡规民约碑	道光十七年（1837年）	云龙	杨世钰、赵寅松主编：《大理丛书·金石篇》卷3，云南民族出版社2010年版，第1341—1342页
*蕨市坪乡规碑记	道光二十一年（1841年）	剑川	李荣高等编注：《云南林业文化碑刻》，德宏民族出版社2005年版，第351~354页
*栽种松树碑记	光绪九年（1883年）	浪穹	杨世钰、赵寅松主编：《大理丛书·金石篇》卷3，云南民族出版社，2010年，第1522页

续表

碑　名	立碑时间	立碑地点	资料来源
黑龙潭封山碑	光绪十一年（1885年）	蒙化	李荣高等编注：《云南林业文化碑刻》，德宏民族出版社2005年版，第429—430页
护林碑	光绪十八年（1892年）	云南县	李荣高等编注：《云南林业文化碑刻》，德宏民族出版社2005年版，第438页
*新仁里乡规碑	光绪二十三年（1897年）	剑川	李荣高等编注：《云南林业文化碑刻》，德宏民族出版社2005年版，第444—448页
合村公山松岭碑记	光绪二十六年（1900年）	浪穹	李荣高等编注：《云南林业文化碑刻》，德宏民族出版社2005年版，第449—454页
观音山护林碑	光绪二十八年（1902年）	浪穹	李荣高等编注：《云南林业文化碑刻》，德宏民族出版社2005年版，第467—470页
封山告示碑	光绪二十九年（1903年）	赵州	杨世钰、赵寅松主编：《大理丛书·金石篇》卷3，云南民族出版社2010年版，第1626—1627页
大水渼护林石碑	光绪二十九年（1903年）	鹤庆	李荣高等编注：《云南林业文化碑刻》，德宏民族出版社2005年版，第475—482页
永卓水松牧养利序	光绪三十二年（1906年）	大和县	杨世钰、赵寅松主编：《大理丛书·金石篇》卷3，云南民族出版社2010年版，第1643页

说明：标"*"的碑刻因有明确涉及封山育林的内容，故纳入统计范围。

关于表 10，有几点需要说明：

1. 表中所列全部为清代的护林碑刻，尚不能断言明代没有此类碑刻，很可能是尚未发现而已。

2. 就表中碑刻刊立的时间看，年份最早的碑刻立于乾隆年间，分别为乾隆四十五年（1780 年）的赵州《护松碑》、乾隆四十八年（1783 年）的剑川《保护公山碑记》。这说明至少自乾隆中后期开始，赵州和剑川两地的部分山区已经存在比较严重的毁林行为。

3. 乾隆以后，护林碑分布的地域和数量不断增加。道光以降，护林碑几乎存在于洱海区域的每个府、州、县。另外，咸同兵祸对当地山林影响巨大。

这说明至少自道光年间开始，洱海区域山林的破坏已经相当普遍。根据《封山告示碑》以及《栽种松树碑记》等碑刻内容所载，咸丰、同治年间的战乱对洱海区域的影响极大，碑刻所在地区正是兵祸重灾区之一。这次战乱不仅使得百姓流离失所，很多山林也在战乱中或被肆意砍伐，或被放火烧毁。社会稳定后人们重建家园等需要大量建材，山林植被进一步遭到破坏。

4. 光绪时期，洱海区域的护林碑越来越多，仅表中的统计就有 9 块，已经超过统计总数的一半。碑刻的数量既与发现和留存情况有关，也能在一定程度说明，光绪年间洱海区域的山林资源面临着巨大的破坏。

简言之，至少自清乾隆年间开始，洱海区域比较严重的林木砍伐现象已经出现。到了晚清，毁林愈演愈烈，山林资源遭到的破坏越来越大。就这些护林碑所在地区来看，赵州、浪穹、剑川等地较多，说明在这些地区，人们破坏山林资源的行为更加普遍。

　　进一步分析可知，洱海区域护林碑的发展变化跟人口的发展
变化息息相关。明末的战乱和吴三桂之乱对明末清初的洱海区域
影响较大，清初洱海的人口有所减少。乾隆中后期，总人口比明
末有所增加，护林碑开始出现。此后直到道光年间，洱海区域的
人口呈不断增长之势。这一时期，洱海区域各地区都出现了护林
碑。咸丰、同治年间的战乱致使光绪初年的人口骤然减少，而护
林碑却有增无减，说明毁林在当时已经成为一种普遍行为。

　　综合这些护林碑的内容来看，时人主要采取了植树造林、封
山育林、禁止盗砍山林、禁止砍樵、限制放牧以及禁止放火毁林
等措施来保护山林。护林碑的存在，一定程度上反映时人已经看
到树木砍伐的恶果，初步意识到山林资源的开发应该是有步骤、
有计划的良性利用模式。

第四节　明清洱海区域土地资源的开发利用与
生态环境的变迁

　　人类的社会经济活动离不开土地，但人类的土地利用也会影
响生态。明清时期随着人口的增加，人地矛盾逐渐显现，洱海区
域的土地资源得到进一步开发和利用。土地的开发利用一方面缓
解了日益增长的人口对粮食蔬果等物资的需求，另一方面，由于
人们对土地资源的开发利用更多地带有无计划甚至是粗暴的掠夺
方式，致使明清以来尤其是晚清以降洱海区域的生态环境发生了
变化。这种变化主要体现在以下几个方面。

一、可利用土地资源日益减少

　　明清时期，随着土地资源的持续开垦，洱海区域可利用土地

资源的日益减少，这表现在两个方面：一是可供继续开发利用的土地资源越来越少，二是已开垦利用的土地有的荒废，有的被水淹没，有的被沙石掩埋，无法持续利用。

由于人口压力等因素，明清洱海区域的人们加快了对土地开发利用的步伐，不仅平坝地区，山区和滨河湖地区，甚而凡是可以开垦的地方均分布有大量耕地。其结果必然是土地可供开发的空间越来越小，所以明末清初洱海区域的土地开垦已经达到一个高峰，至清代中后期，虽然人口在不断增加，但耕地总数的变化却不大。

另一方面，在人们不断开荒的同时，有些已开垦的土地又成了荒地。在坝区土地资源越来越紧张的情况下，人们的垦辟活动向山区推进。资料显示，明清时期洱海区域的人们对山区的开发多是破坏性的，开发出来的土地难以持续利用。

那些坡度较大的山地被开发后，很难维系较好的种植效果。赵冈先生早有分析："只有密集的天然植被可以保护其地表土壤不被雨冲刷。树木被砍伐后，坡面完全裸露；即令是种了玉米、靛青等作物，仍然无法保护地表。由于坡度很大，雨水的冲刷为极强，凡是被开垦的山区农地，多则五年，少则三年，表土损失殆尽，岩石裸露，农田便不堪使用"。[190]这一论断同样适用于洱海区域。时人耕作方式粗放，有的地方还实行刀耕火种；再加上大量森林被砍伐，山地坡度较大，一遇大雨，水土流失严重，土地肥力下降，当地的土地资源和生态系统都遭到了破坏，山地农业的可持续发展必然受到严重影响。

在坝区，也有农田因水患被泥沙冲刷而荒废的。如洱海南面的赵州双马槽厂，自明嘉靖年间"开采淘金"，其后"金沙淘尽，淘金之人散去"。史载，清康熙年间那里是"水在中行，田列两岸，沙填河底，冲没田地"。据当地官员的勘察，原本可以灌溉此地良田的"双马槽冲"已是"河沟淤阻"，"田地渐成沙洲，垄亩尽为荒坏"。[191] 可见，矿地的开发利用对生态环境造成的负面影响比较大。所以，康熙年间，当有人再度提议开采双马槽厂金矿的时候，因其"利小害大"，遭到当地人的极力反对。[192]

此外，还有很多近山近水的耕地，时常遭受水患，或被沙石掩埋，或被大水淹没。如浪穹县在明嘉靖年间有"湖田三万余亩鞠为蒲草"[193] 的记载。嘉庆八年（1803 年）浪穹遭遇严重水灾，沿湖田亩被淹没。[194] 清代，洱海"每当大雨水涨，海口子河不无沙石冲塞，兼之河边各沟，冲沙成埂，海水至此，往往泛溢倒流，以致太和、赵州、邓川三州、县及浪穹、宾川等处沿海田亩不免淹浸"。[195]

据《道光云南通志稿》卷 58《食货志·田赋二》以及《新纂云南通志》卷 150《财政考一·岁入一》的记载，清代以来洱海区域历年荒废的耕地数量较大：如乾隆三十五年（1770 年），浪穹县被水冲压田地 901 亩；乾隆五十年（1785 年），太和县、赵州不能垦复田地 127 亩；嘉庆八年（1803 年），蒙化厅被水冲没田 748 亩；嘉庆十二年（1807 年），浪穹县被水冲淹不能垦复田 11507 亩；道光元年（1821 年），邓川州山水冲压不能垦复田 71 亩；道光四年（1824 年）太和、浪穹、丽江县被水豁除田 1287 亩；道光七年（1827 年），太和、邓川、浪穹、丽江等州县被水冲淹不能垦复田 2639 亩。历年来，少至几顷，多至上百顷的土地荒废，其数可观。有时全年新开垦的土地数还没有荒地多，如乾隆三十五年（1770 年），云南全省新开垦耕地共 349 亩，然仅浪穹一地的荒地就有 901 亩。[196]

从现有记载看，洱海区域人们的活动向山地半山地、河湖所在地拓展时，大多是以牺牲环境为代价的，这必然会带来相应的后果。世人也认识到了这点："夏、秋河流浑浊，泥沙并下……年深日久，海口堙而河尾亦滞，是以三十年前，锁水阁下即系河水入海之处，今已远距五六里许。沧海桑田，固于附近，居民有益而于上流有损，何则贪淤田之利而不加疏。"[197]

可以说，自明末清初以降，洱海区域的土地资源已非明初模样，土地可利用资源减少，人地矛盾突出，生态环境不平衡问题显现。

二、山林资源的破坏

明清时期，随着不合理的经济活动的增加，山林资源破坏明显，最突出的表现就是森林植被的减少。

如前文所述，明清以来，洱海区域人们在山区半山区的农耕活动越来越多。在将山地开垦为地的过程中，人们忽视了生态发展的自然规律，多采取掠夺式的开发，对环境造成较严重的破坏。在一些生态环境比较脆弱的地方，生态一旦遭到破坏，在短期内很难恢复，后果严重。因为山地开垦，必然铲除地面的林木杂草，造成森林破坏与消失。赵冈先生的研究认为，"人类破坏森林主要有两大方式：第一，人们为了垦殖而铲除林木。在不生长天然植被的地面上，是不能种植农作物的。要种植农作物，只能找有天然植被的地面，将天然植被铲除，辟为农田，种植农作物。所以这两者是互相取代，有竞争性的，此消然后彼长。这种方式，大体上可称之为一次性的破坏。将地上的天然植被消除，改为农田，以后就经常如此使用。另外一种破坏森林的方式是人类为了生活而不断采伐林木，以取得薪炭和木材。这是经常性的活动，年年月月不断进行。被清除砍伐的林区，有的以后可以自我更新，长出再生林木；有的因采伐过度，或方法不对，以致林木无法再生，森林便永久消失了。这两种方式对森林的破坏，都是人口的函数，人口愈多，消耗量也就愈多，破坏的程度与范围也愈甚"。[198]

明清时期的洱海区域就是这样。在坝区土地有限的情况下，人们披荆斩棘，砍树烧山，将山地变为耕地，用庄稼取代原有的植被。这些被开发的山区森林植被急速减少，这在山地开发较多的地区表现尤为明显。如洱海以南的蒙化，明清以来人们砍伐林木的行为普遍存在，严重破坏了山林植被，以致到了民国初年有人发出"蒙化四面皆山，树木砍伐殆尽"的慨叹。[199]

山区矿产的开采也会对山林造成破坏。据史书记载，明清时期洱海区域的矿产开采有所发展，如洱海南面的赵州白崖产铜、锡、黑铅；[200]洱海西面的云龙州产盐矿；[201]洱海北面的邓川青索鼻山产铁矿，"岁输铁四万五千斤"。[202]由于洱海区域缺乏天然气、煤等燃料，对矿产品的煎炼主要依赖薪柴，因此木柴的砍伐更甚。又如前文提到的大理石开采，百姓建屋造宇及日常燃料所需对木材的消耗等，都会对山林资源造成破坏。尽管有人已经意识到森林植被对人类生活的重要性，且努力培种树木，但人们对山林掠夺式的开发有增无减，森林砍伐愈演愈烈。晚清以降，植被破坏已经成为洱海区域普遍存在的环境问题。

三、水资源的枯竭

洱海区域的水资源十分丰厚。在苍洱之间及洱海南北，百姓世代享受着上苍赐予他们的苍山十八溪溪水、洱海湖等，用其灌溉自己的土地和满足日常用水。但是，明清以来，由于人们的垦殖活动，洱海区域一些水源充沛的地方逐渐出现缺水的问题，有的水资源甚至开始枯竭。

如蒙化太极山，原是"老树参天，泉水四出"。清末民初，有人在此毁林开荒，致使"深林化为黄山，龙潭变为焦土"。[203] 林木的砍伐缩减了森林的面积，破坏了其蓄水功能，太极山附近的泉水因此枯竭，再加上降雨量的减少，当地庄稼歉收。又如洱海北面剑川州的老君山在康熙年间还是"层峦叠嶂，摩霄插汉，林树蒙茸，倏忽万状，人迹罕至"的景象。[204] 到了乾隆年间，有人在老君山一带滥砍滥伐，毁林开荒，"盘踞数十年之久，践踏数十里之宽"，最终导致"水源枯竭，栽种维艰"。[205] 这些记载表明，随着人们对山区开发的深入，洱海区域水资源短缺和枯竭的问题越来越突出。

此外，人们对湖田的不断开发也会导致水体的萎缩。最典型的是剑川的西湖。在明万历年间，人们还只是在西湖湖畔开发农田。[206] 到了天启年间，人们的农耕活动已经从湖畔延伸至整个湖地，史载西湖"溢为湖，涸为田"。[207] 从万历到天启不过几十年的光景，人们就能在整个湖地种植庄稼，最合理的解释应该是西湖水体大为缩减，露出了陆地。

由此可见，明清时期洱海区域的水资源出现了问题。

四、自然灾害的频发

明清时期，尤其是清代以来洱海区域水灾、旱灾、泥石流等自然灾害不断发生。可以说，这与明代人类活动关系密切。洱海区域的人口随着明朝大军的进入而迅速增加，大规模的军屯又使荒地得以垦辟，农业进一步发展。到 17 世纪时，人口增长迅速与山多田少的矛盾凸显，人们向山麓、河滨地带开垦荒地成为必然。其结果是，当人们将山地与河滨改造为耕地，解决了基本生存问题的同时，又为自己及后代埋下新的隐患。

据史书记载，明清以降洱海区域水灾比较多，其中又以清代居多。如流经浪穹和邓川的弥苴河，在史书中不乏水患的记载。弥苴河在明成化十四年（1478年）发生过水灾。入清以后，水灾更为频繁、严重。从康熙二年（1663年）至嘉庆二十二年（1817年）有较大水患18次。[208]有学者统计，嘉庆二十五年（1820年）后清代云南（不包括土司地区）针对各种自然灾害共进行了92次赈灾、蠲免和缓征，其中有18次涉及弥苴河的水患。[209]据光绪《浪穹县志》的记载，明代水患仅有1次；入清以后的乾隆、嘉庆、道光、光绪年间，在白汉洞、三江口、凤羽河等地先后发生10次较大的水患。[210]水灾毁坏了良田家园，给百姓带来深重的灾难。

由于人们破坏了山区植被，致使水土流失，山体被破坏，容易诱发泥石流等灾害。随着山区开发的推进，洱海区域常发生泥石流的情况史书不乏记载。如咸丰《邓川州志》记载："邓之患在水，所以滋患实在山。山皆金气重，多不毛，不毛则山面童赤易剥落。浸淫而岩谷虚豁。雨潦降，则连冈接岭，驱沙走石，急流崩洪，争道而下。此大川所以泛滥，支川所以垫淤也。"[211]光绪《浪穹县志略》记载白汉洞源出塔盘山，乾隆二十三年（1758年）以后，"塔盘山前后诸山渐次开垦，山无草木障蔽，一经大雨，沙石横下。压毁旱坝，充塞河身"；[212]"河源山上有沙场、白鹤二村保民，每将山峡挖松，土性轻活，遇雨刷下，填满旱河，实受其害。"[213]通常情况下，上段河流若发生水患，至河流的下段，河患会表现得更为肆虐。在经白汉洞等诸水汇合后的弥苴河，连年泛滥，对两岸的居民、耕地和房舍造成严重破坏，文献对此多有记载。

在洱海区域内那些山林植被遭到破坏的地方，森林对气候调节的功能被大大削弱，又不断出现旱灾。随人口增长，森林资源遭受破坏程度越来越大时，森林没有足够的时间自我恢复，生态系统紊乱失衡，必然影响到人类的生产和生活。以蒙化为例，清代蒙化的山林资源遭到破坏的程度严重，人们对山林的肆意砍伐，严重破坏了植被，失去森林的调节气候的作用，以致清末民初的蒙化"或三年一旱，或间年一旱"，旱情严重。[214]

总之，明清时期洱海区域的人们对土地资源开发利用最初是为了解决自身生存和发展，但是在此过程中过度开发使用，对整个生态环境造成严重破坏，最终又影响到人类的生存和发展。如何实现人类社会与自然和谐发展，不仅是历史上人们需要面对和思考的问题，也是当今人类需要面对和思考的现实问题。

注　释

1　《明太祖实录》卷 177，洪武十九年四月癸丑，"中央研究院"历史语言研究所 1962 年校勘本，第 2689 页。

2　《明太祖实录》卷 179，洪武十九年九月庚申，"中央研究院"历史语言研究所 1962 年校勘本，第 2709 页。

3　《清高宗实录》卷 764，乾隆三十一年七月癸酉，中华书局 1986 年版，第 393 页。

4　方国瑜：《中国西南历史地理考释》，中华书局 1987 年版，第 1222—1223 页。

5　（清）鄂尔泰等修，靖道谟纂：乾隆《云南通志》卷 10《田赋》，江苏广陵古籍刻印社 1988 年版，第 61、81、92 页。为计算方便，本文所有关于耕地的数据省去了亩以下的数字，1 顷换算为 100 亩。

6　11　（清）鄂尔泰等修，靖道谟纂：乾隆《云南通志》卷 10《田赋》，江苏广陵古籍刻印社 1988 年版，第 61、63、81、83、92、94 页。

7　（清）昆冈等修：《钦定大清会典事例》卷 164《户部·田赋》，光绪二十五年（1899 年）八月石印本。

8　9　（清）昆冈等修：《钦定大清会典事例》卷164《户部·田赋》，光绪二十五年（1899年）八月石印本。

10　龙云、卢汉修，周钟岳纂，李春龙等点校：《新纂云南通志七》卷138《农业考一·田制》，云南人民出版社2007年版，第2页。

12　《清高宗实录》卷59，乾隆二年十二月乙巳，中华书局1986年版，第956页。

13　张培爵修，周宗麟纂：民国《大理县志稿》卷6《社交部·社会教育》，载凤凰出版社编选：《中国地方志集成·云南府县志辑》第73册，凤凰出版社2009年版，第250页。

14　（明）陈文纂修：景泰《云南图经志书》卷5《大理府》，载杨世钰、赵寅松主编：《大理丛书·方志篇》卷1，民族出版社2007年版，第95页。

15　（明）刘文征撰，古永继点校，王云、尤中审订：天启《滇志》卷7《兵食志·大理卫》，云南教育出版社1991年版，第257页。

16　《龙首关奎星阁碑记》，载杨世钰、赵寅松主编：《大理丛书·金石篇》卷3，云南民族出版社2010年版，第1329页。

17　18　21　张培爵修，周宗麟纂：民国《大理县志稿》卷3《建设部·户籍》，载凤凰出版社编选：《中国地方志集成·云南府县志辑》第73册，凤凰出版社2009年版，第68—69、66、73页。

19　《清高宗实录》卷79，乾隆三年十月戊申，中华书局1986年版，第252页。《新建营田碑记》（载大理市文化丛书编辑委员会编：《大理古碑存文录》，云南民族出版社1996年版，第521—522页）即为纪念此事而立。

20　《题奏营田文》，载大理市文化丛书编辑委员会编：《大理古碑存文录》，云南民族出版社1996年版，第524—526页。

22　张培爵修，周宗麟纂：民国《大理县志稿》卷6《社交部·生活程度》，载凤凰出版社编选：《中国地方志集成·云南府县志辑》第73册，凤凰出版社2009年版，第250页。

23　24　《龙首关奎星阁碑记》，载杨世钰、赵寅松主编：《大理丛书·金石篇》卷3，云南民族出版社2010年版，第1329页。

25　（清）陈希芳纂修：雍正《云龙州志》卷2《沿革》，载杨世钰、赵寅松主编：《大理丛书·方志篇》卷7，民族出版社2007年版，第223页。

26　云龙县志办编：《云龙县志稿》，1983年铅印本，第74页。

27　30　（清）陈希芳纂修：雍正《云龙州志》卷6《赋役》，载杨世钰、赵寅松主编：《大理丛书·方志篇》卷7，民族出版社2007年版，第240、241页。

28　（清）陈希芳纂修：雍正《云龙州志》卷7《物产》，载杨世钰、赵寅松主编：《大理丛书·方志篇》卷7，民族出版社2007年版，第247页。

29　（清）陈希芳纂修：雍正《云龙州志》卷5《风俗》，载杨世钰、赵寅松主编：《大理丛书·方志篇》卷7，民族出版社2007年版，第238页。

31　（明）庄诚修，王利宾纂：万历《赵州志》卷1《地理志·沿革论》，载《云南大理文史资料选辑》（地方志之二），大理白族自治州文化局翻印1983年版，第12页。

32　（明）刘文征撰，古永继点校，王云、尤中审订：天启《滇志》卷7《兵食志·大理卫》，云南教育出版社1991年版，第257页。

33　34　（明）李元阳纂：嘉靖《大理府志》卷2《地理志·山川》，载《云南大理文史资料选辑》（地方志之一），大理白族自治州文化局翻印1983年版，第70页。

35　（明）庄诚修，王利宾纂：万历《赵州志》卷1《地理志·沟洫附堤闸塘坝》，载《云南大理文史资料选辑》（地方志之二），大理白族自治州文化局翻印1983年版，第27页。

36　（清）陈钊镗修，李其馨等纂：道光《赵州志》卷1《民俗》，载杨世钰、赵寅松主编：《大理丛书·方志篇》卷4，民族出版社2007年版，第307页。

37　（明）陈文纂修：景泰《云南图经志书》卷5《蒙化府》，载杨世钰、赵寅松主编：《大理丛书·方志篇》卷1，民族出版社2007年版，第103页。

38　（明）刘文征撰，古永继点校，王云、尤中审订：天启《滇志》卷7《兵食志·蒙化卫》，云南教育出版社1991年版，第267页。

39　（清）蒋旭纂修：康熙《蒙化府志》卷3《赋役志·田赋》，载杨世钰、赵寅松主编：《大理丛书·方志篇》卷6，民族出版社2007年版，第75—76页。

40　（清）鄂尔泰等修，靖道谟纂：乾隆《云南通志》卷10《田赋》，江苏广陵古籍刻印社1988年版。

41　（清）刘坥等修，吴蒲等纂：乾隆《续修蒙化直隶厅志》卷3《赋役志·田赋》，载杨世钰、赵寅松主编：《大理丛书·方志篇》卷6，民族出版社2007年版，第290—291页。

42　（清）梁友檍纂辑：民国《蒙化县志稿》卷 9《地利部·户籍志》，载杨世钰、赵寅松主编：《大理丛书·方志篇》卷 6，民族出版社 2007 年版，第 464 页。

43　（清）梁友檍纂辑：民国《蒙化县志稿》卷 9《地利部·水利志》，载杨世钰、赵寅松主编：《大理丛书·方志篇》卷 6，民族出版社 2007 年版，第 441 页。

44　（明）敖泫贞修，艾自修纂：隆武《重修邓川州志》：《重修邓川州志》卷 1《地理志·族类》，洱源县志办公室翻印 1986 年版，第 9 页。

45　（明）敖泫贞修，艾自修纂：《重修邓川州志》卷 1《地理志·坊里》、卷 8《赋役志》，洱源县志办公室翻印 1986 年版，第 9、51 页。

46　（清）钮方图修，侯允钦纂：咸丰《邓川州志》卷 4《风土志·民类》，载杨世钰、赵寅松主编：《大理丛书·方志篇》卷 7，民族出版社 2007 年版，第 503 页。

47　（清）钮方图修，侯允钦纂：咸丰《邓川州志》卷 3《村户志》，载杨世钰、赵寅松主编：《大理丛书·方志篇》卷 7，民族出版社 2007 年版，第 502 页。

48　51　（清）周沆纂修：光绪《浪穹县志略》卷 4《赋役志·田赋》，载杨世钰、赵寅松主编：《大理丛书·方志篇》卷 8，民族出版社 2007 年版，第 40、39 页。

49　（清）周沆纂修：光绪《浪穹县志略》卷 4《赋役志·水利》，载杨世钰、赵寅松主编：《大理丛书·方志篇》卷 8，民族出版社 2007 年版，第 43 页。

50　方国瑜主编：《云南史料丛刊》第 13 卷，云南大学出版社 2001 年版，第 93 页。

51　（明）陈文纂修：景泰《云南图经志书》卷 5《鹤庆军民府》，载杨世钰、赵寅松主编：《大理丛书·方志篇》卷 1，民族出版社 2007 年版，第 105 页。

52　（明）刘文征撰，古永继点校，王云、尤中审订：天启《滇志》卷 7《兵食志·鹤庆御》，云南教育出版社 1991 年版，第 258 页。

53　龙云、卢汉修，周钟岳纂，李春龙等点校：《新纂云南通志三》卷 31《地理考十一·历代建置三》，云南人民出版社 2007 年版，第 213 页。

54　56　（明）刘文征撰，古永继点校，王云、尤中审订：天启《滇志》卷 7《兵食志·鹤庆御》，云南教育出版社 1991 年版，第 258 页。

55　（明）李元阳纂修：万历《云南通志》卷 7《兵食志第四》，载杨世钰、赵寅松主编：《大理丛书·方志篇》卷 1，民族出版社 2007 年版，第 371 页。

57　（清）佟镇修，李倬云、邹启孟纂：康熙《鹤庆府志》卷 9《赋役》，载杨世钰、赵寅松主编：《大理丛书·方志篇》卷 8，民族出版社 2007 年版，第 211 页。

58　（清）鄂尔泰等修，靖道谟纂：乾隆《云南通志》卷10《田赋》，江苏广陵古籍刻印社 1988 年版，第 83 页。

59　（明）李元阳纂：嘉靖《大理府志》卷2《地理志·风俗》，载《云南大理文史资料选辑》（地方志之一），大理白族自治州文化局翻印 1983 年版，第 81 页。

60　61　62　（明）李元阳纂：嘉靖《大理府志》卷2《地理志·堤坝陂塘附》，载《云南大理文史资料选辑》（地方志之一），大理白族自治州文化局翻印 1983 年版，第 105 页。

63　（清）项联晋修，黄炳堃纂：光绪《云南县志》卷4《食货·田赋》，载杨世钰、赵寅松主编：《大理丛书·方志篇》卷5，民族出版社 2007 年版，第 390—391 页。

64　（清）周钺纂修：雍正《宾川州志》卷1《地图》，载杨世钰、赵寅松主编：《大理丛书·方志篇》卷5，民族出版社 2007 年版，第 518 页。

65　66　67　（明）李元阳纂：嘉靖《大理府志》卷2《地理志·风俗》，载《云南大理文史资料选辑》（地方志之一），大理白族自治州文化局翻印 1983 年版，第 81、82 页。

68　（清）周钺纂修：雍正《宾川州志》卷11《风俗》，载杨世钰、赵寅松主编：《大理丛书·方志篇》卷5，民族出版社 2007 年版，第 565 页。

69　（清）周钺纂修：雍正《宾川州志》卷6《田赋》，载杨世钰、赵寅松主编：《大理丛书·方志篇》卷5，民族出版社 2007 年版，第 535—537 页。

70　（清）周钺纂修：雍正《宾川州志》卷4《疆域山川》，载杨世钰、赵寅松主编：《大理丛书·方志篇》卷5，民族出版社 2007 年版，第 531 页。

71　（清）周钺纂修：雍正《宾川州志》卷11《风俗》，载杨世钰、赵寅松主编：《大理丛书·方志篇》卷5，民族出版社 2007 年版，第 565 页。

72　《清高宗实录》卷 764，乾隆三十一年七月癸酉，中华书局 1986 年版，第 393 页。

73　（明）庄诚修，王利宾纂：万历《赵州志》卷1《地理志·沟洫附堤闸塘坝》，载《云南大理文史资料选辑》（地方志之二），大理白族自治州文化局翻印 1983 年版，第 28 页。

74　（明）李元阳纂：嘉靖《大理府志》卷2《地理志·堤坝陂塘附》，载《云南大理文史资料选辑》（地方志之一），大理白族自治州文化局翻印 1983 年版，第

103 页。

75　《建立赵州东晋湖塘闸口记》，载杨世钰、赵寅松主编：《大理丛书·金石篇》卷
　　2，云南民族出版社 2010 年版，第 716 页。

76　79　82　83　（明）李元阳纂：嘉靖《大理府志》卷 2《地理志·堤坝陂塘附》，
　　载《云南大理文史资料选辑》（地方志之一），大理白族自治州文化局翻印 1983
　　年版，第 104、108 页。

77　80　（明）庄诚修，王利宾纂：万历《赵州志》卷 1《地理志·沟洫附堤闸塘
　　坝》，载《云南大理文史资料选辑》（地方志之二），大理白族自治州文化局翻
　　印 1983 年版，第 27 页。

78　80　《建立赵州东晋湖塘闸口记》，载杨世钰、赵寅松主编：《大理丛书·金石
　　篇》卷 2，云南民族出版社 2010 年版，第 716—717、716 页。

84　85　（明）李元阳纂修：万历《云南通志》卷 3《地理》，载杨世钰、赵寅松主
　　编：《大理丛书·方志篇》卷 1，民族出版社 2007 年版，第 288 页。

86　（明）刘文征撰，古永继点校王云、尤中审订：天启《滇志》卷 2《地理志》，
　　云南教育出版社 1991 年版，第 90 页。

87　《寂光寺田产碑》，载杨世钰、赵寅松主编：《大理丛书·金石篇》卷 2，云南民
　　族出版社 2010 年版，第 967 页。

88　89　95　《张允随奏稿》，乾隆八年闰四月初七日，载方国瑜主编：《云南史料丛
　　刊》第 8 卷，云南大学出版社 2001 年版，第 645、645—646 页。

90　《湖塘碑记》，载杨世钰、赵寅松主编：《大理丛书·金石篇》卷 3，云南民族出
　　版社 2010 年版，第 1211 页。

91　（清）程近仁修，赵淳等纂：乾隆《赵州志》卷 2《水利》，载凤凰出版社编选：
　　《中国地方志集成·云南府县志辑》第 77 册，凤凰出版社 2009 年版，第 51 页。

92　（清）陈钊镗修，李其馨等纂：道光《赵州志》卷 5《艺文志》，载杨世钰、赵
　　寅松主编：《大理丛书·方志篇》卷 4，民族出版社 2007 年版，第 423 页。

93　94　（清）刘慰三撰：《滇南志略》卷 2《大理府·邓川州》，载方国瑜主编：
　　《云南史料丛刊》第 13 卷，云南大学出版社 2001 年版，第 91 页。

96　98　99　（清）钮方图修，侯允钦纂：咸丰《邓川州志》卷 3《村户志》，载杨
　　世钰、赵寅松主编：《大理丛书·方志篇》卷 7，民族出版社 2007 年版，第 499、
　　497 页。

97 （清）钮方图修，侯允钦纂：咸丰《邓川州志》卷 2《地舆志·胜览》，载杨世钰、赵寅松主编：《大理丛书·方志篇》卷 7，民族出版社 2007 年版，第 492 页。

100 （清）鄂尔泰等修，靖道谟纂：乾隆《云南通志》第卷 13《水利》，江苏广陵古籍刻印社 1988 年版，第 46 页。

101 （清）周沆纂修：光绪《浪穹县志略》卷 11《杂体文》，载杨世钰、赵寅松主编：《大理丛书·方志篇》卷 8，民族出版社 2007 年版，第 133 页。

102 103 （清）周沆纂修：光绪《浪穹县志略》卷 4《赋役志·水利》，载杨世钰、赵寅松主编：《大理丛书·方志篇》卷 8，民族出版社 2007 年版，第 45、44 页。

104 105 （清）张泓：《滇南新语·挖河》，丛书集成初编本，商务印书馆 1936 年版，第 15 页。

106 （清）杨金和、杨金鉴等纂修：光绪《鹤庆州志》卷 16《田赋》，载杨世钰、赵寅松主编：《大理丛书·方志篇》卷 8，民族出版社 2007 年版，第 463 页。

107 （清）傅天祥等修，黄元治等纂：康熙《大理府志》卷 5《沟洫》，载杨世钰、赵寅松主编：《大理丛书·方志篇》卷 4，民族出版社 2007 年版，第 78 页。

108 《大理白族自治州概况》编写组：《大理白族自治州概况》，民族出版社 2017 年版，第 1 页。

109 矿业用地也是明清时期土地资源开发利用的形式之一。本文之所以没有将其纳入讨论范围，主要基于以下两个因素：一是矿产的开采主要是对地下资源的开发利用，在地表所占面积不大；二是杨伟兵已经对清代云贵高原的矿业用地做了比较系统、深入的梳理和分析，详见杨伟兵：《云贵高原的土地利用与生态变迁（1969—1912）》第三章，上海人民出版社 2008 年版。

110 吴应枚：《滇南杂记》，载方国瑜主编：《云南史料丛刊》第 12 卷，云南大学出版社 2001 年版，第 52 页。

111 《重修龙王庙记》，载杨世钰、赵寅松主编：《大理丛书·金石篇》卷 2，云南民族出版社 2010 年版，第 569 页。

112 《净乐庵碑记》，载大理市文化丛书编辑委员会编：《大理古碑存文录》，云南民族出版社 1996 年版，第 426 页。

113 （明）李元阳纂：嘉靖《大理府志》卷 2《地理志·风俗》，载《云南大理文史资料选辑》（地方志之一），大理白族自治州文化局翻印 1983 年版，第 81 页。

114　李荣高等编注：《云南林业文化碑刻》，德宏民族出版社 2005 年版，第 518—519 页。

115　（清）蒋旭纂修：康熙《蒙化府志》卷 1《风俗》，载杨世钰、赵寅松主编：《大理丛书·方志篇》卷 6，民族出版社 2007 年版，第 50 页。

116　《鸡足山石钟寺常住田记》，载杨世钰、赵寅松主编：《大理丛书·金石篇》卷 1，云南民族出版社 2010 年版，第 351 页。

117　118　120　123　（明）李元阳纂：嘉靖《大理府志》卷 2《地理志·堤坝陂塘附》，载《云南大理文史资料选辑》（地方志之一），大理白族自治州文化局翻印 1983 年版，第 108、104 页。

119　（明）刘文征撰，古永继点校，王云、尤中审订：天启《滇志》卷 3《地理志·堤闸》，云南教育出版社 1991 年版，第 123 页。

121　（清）刘慰三撰：《滇南志略》卷 1《云南府》，载方国瑜主编：《云南史料丛刊》（第十三卷），云南大学出版社 2001 年版，第 42 页。

122　（清）鄂尔泰等修，靖道谟纂：乾隆《云南通志》卷 13《水利》，江苏广陵古籍刻印社 1988 年版，第 43 页。

124　（清）项联晋修，黄炳堃纂：光绪《云南县志》卷 3《建置志·水利》，载杨世钰、赵寅松主编：《大理丛书·方志篇》卷 5，民族出版社 2007 年版，第 379 页。

125　《重修水目寺记》，载邱宣充主编：《水目山志》，云南科学技术出版社 2003 年版，第 151 页。

126　《弥祉八士村告示碑》，载李荣高等编注：《云南林业文化碑刻》，德宏民族出版社 2005 年版，第 516—517 页。此碑虽立于民国二年（1913 年），但其碑文记载的内容却是清末民初的事情。

127　（清）陈钊镗修，李其馨等纂：道光《赵州志》卷 1《山川》，载杨世钰、赵寅松主编：《大理丛书·方志篇》卷 4，民族出版社 2007 年版，第 303 页。

128　（清）陈钊镗修，李其馨等纂：道光《赵州志》卷 1《城池》，载杨世钰、赵寅松主编：《大理丛书·方志篇》卷 4，民族出版社 2007 年版，第 305 页。

129　（清）陈钊镗修，李其馨等纂：道光《赵州志》卷 1《民俗》，载杨世钰、赵寅松主编：《大理丛书·方志篇》卷 4，民族出版社 2007 年版，第 308 页。

130 （清）梁友檍纂辑：民国《蒙化县志稿》卷 14《地利部·物产志》，载杨世钰、赵寅松主编：《大理丛书·方志篇》卷 6，民族出版社 2007 年版，第 467 页。

131 （清）蒋旭纂修：康熙《蒙化府志》卷 2《沟洫》，载杨世钰、赵寅松主编：《大理丛书·方志篇》卷 6，民族出版社 2007 年版，第 442 页。

132 133 （清）梁友檍纂辑：民国《蒙化县志稿》卷 9《地利部·水利志》，载杨世钰、赵寅松主编：《大理丛书·方志篇》卷 6，民族出版社 2007 年版，第 441、442 页。

134 （清）王世贵修，张伦等纂：康熙《剑川州志》卷 2《山川》，载杨世钰、赵寅松主编：《大理丛书·方志篇》卷 9，民族出版社 2007 年版，第 574 页。

135 《保护公山碑记》，载杨世钰、赵寅松主编：《大理丛书·金石篇》卷 3，云南民族出版社 2010 年版，第 1260 页。

136 （清）杨金和、杨金鉴等纂修：光绪《鹤庆州志》卷 16《田赋》，载杨世钰、赵寅松主编：《大理丛书·方志篇》卷 8，民族出版社 2007 年版，第 463 页。

137 （清）周沆纂修：光绪《浪穹县志略》卷 4《赋役志·水利》，载杨世钰、赵寅松主编：《大理丛书·方志篇》卷 8，民族出版社 2007 年版，第 45 页。

138 （清）周沆纂修：光绪《浪穹县志略》卷 13《种人》，载杨世钰、赵寅松主编：《大理丛书·方志篇》卷 8，民族出版社 2007 年版，第 157 页。

139 （清）钮方图修，侯允钦纂：咸丰《邓川州志》卷 4《风土志·民类》，载杨世钰、赵寅松主编：《大理丛书·方志篇》卷 7，民族出版社 2007 年版，第 503 页。

140 （清）钮方图修，侯允钦纂：咸丰《邓川州志》卷 3《村户志》，载杨世钰、赵寅松主编：《大理丛书·方志篇》卷 7，民族出版社 2007 年版，第 499 页。

141 （清）范承勋等修，吴自肃等纂：康熙《云南通志》卷 8《城池·堤坝附》，康熙三十年（1691 年）刻本。

142 （清）周钺纂修：雍正《宾川州志》卷 4《山川》，载杨世钰、赵寅松主编：《大理丛书·方志篇》卷 5，民族出版社 2007 年版，第 530 页。

143 （清）周钺纂修：雍正《宾川州志》卷 12《艺文志》，载杨世钰、赵寅松主编：《大理丛书·方志篇》卷 5，民族出版社 2007 年版，第 586 页。

144 《鸡足山石钟寺常住田记》，载杨世钰、赵寅松主编：《大理丛书·金石篇》卷 1，云南民族出版社 2010 年版，第 351 页。

145　146　（清）项联晋修，黄炳堃纂：光绪《云南县志》卷3《建置志·水利》，载杨世钰、赵寅松主编：《大理丛书·方志篇》卷5，民族出版社2007年版，第379页。

147　（清）项联晋修，黄炳堃纂：光绪《云南县志》卷3《建置志·水利》，载杨世钰、赵寅松主编：《大理丛书·方志篇》卷5，民族出版社2007年版，第379页。

148　田怀清：《试论白族开采大理石的历史》，载赵怀仁主编：《大理民族文化研究论丛》，民族出版社2006年版，第347页。

149　杨慎：《滇程记》，载方国瑜主编：《云南史料丛刊》第5卷，云南大学出版社1998年版，第809页。

150　《明世宗实录》卷107，嘉靖八年十一月壬子，"中央研究院"历史语言研究所1962年校勘本，第2536页。

151　（明）诸葛元声撰，刘亚朝校点：《滇史》卷13，德宏民族出版社1994年版，第353页。

152　（清）于敏中：《日下旧闻考》，《笔记小说大观（四十五编）》第7册，台北新兴书局1987年版，第524页。

153　龙云、卢汉修，周钟岳纂，李春龙等点校：《新纂云南通志七》卷142《工业考·建筑业》，云南人民出版社2007年版，第81页。

154　张培爵修，周宗麟纂：民国《大理县志稿》卷2《地理部·地质》，载凤凰出版社编选：《中国地方志集成·云南府县志辑》第72册，凤凰出版社2009年版，第507页。

155　156　张培爵修，周宗麟纂：民国《大理县志稿》卷1《地志部·山川》，载凤凰出版社编选：《中国地方志集成·云南府县志辑》第72册，凤凰出版社2009年版，第478页。

157　张培爵修，周宗麟纂：民国《大理县志稿》卷11《秩官部·循吏》，载凤凰出版社编选：《中国地方志集成·云南府县志辑》第73册，凤凰出版社2009年版，第532页。

158　《永卓水松牧养利序》，载杨世钰、赵寅松主编：《大理丛书·金石篇》卷3，云南民族出版社2010年版，第1643页。

159　（清）陈希芳纂修：雍正《云龙州志》卷6《盐政》，载杨世钰、赵寅松主编：

《大理丛书·方志篇》卷7，民族出版社2007年版，第243页。

160 （清）陈希芳纂修：雍正《云龙州志》卷3《山川》，载杨世钰、赵寅松主编：《大理丛书·方志篇》卷7，民族出版社2007年版，第230页。

161 《长新乡乡规民约碑》，载杨世钰、赵寅松主编：《大理丛书·金石篇》卷3，云南民族出版社2010年版，第1342页。

162 （清）王世贵修，张伦等纂：康熙《剑川州志》卷2《山川》，载杨世钰、赵寅松主编：《大理丛书·方志篇》卷9，民族出版社2007年版，第574页。

163 《保护公山碑记》，载杨世钰、赵寅松主编：《大理丛书·金石篇》卷3，云南民族出版社2010年版，第1260页。

164 《蕨市坪乡规碑记》，载李荣高等编注：《云南林业文化碑刻》，德宏民族出版社2005年版，第354页。

165 《新仁里乡规碑》，载李荣高等编注：《云南林业文化碑刻》，德宏民族出版社2005年版，第448页。

166 《于斯万年·永禁野火杂人以护山林以厚民生碑记》，载李荣高等编注：《云南林业文化碑刻》，德宏民族出版社2005年版，第267页。

167 《大水渼护林石碑》，载李荣高等编注：《云南林业文化碑刻》，德宏民族出版社2005年版，第477—481页。

168 《乡规碑记》，载杨世钰、赵寅松主编：《大理丛书·金石篇》卷3，云南民族出版社2010年版，第1336页。

169 《栽种松树碑记》，载杨世钰、赵寅松主编：《大理丛书·金石篇》卷3，云南民族出版社2010年版，第1522页。

170 《阁村公山松岭碑记》，载李荣高等编注：《云南林业文化碑刻》，德宏民族出版社2005年版，第451—454页。

171 《观音山护林碑》，载李荣高等编注：《云南林业文化碑刻》，德宏民族出版社2005年版，第468—469页。

172 173 （清）钮方图修，侯允钦纂：咸丰《邓川州志》卷3《村户志》，载杨世钰、赵寅松主编：《大理丛书·方志篇》卷7，民族出版社2007年版，第498、499页。

174 （明）李元阳纂：嘉靖《大理府志》卷2《地理志·山川》，载《云南大理文史资料选辑》（地方志之一），大理白族自治州文化局翻印1983年版，第70页。

175　郭松年：《大理行记》，载方国瑜主编：《云南史料丛刊》第6卷，云南大学出版社2000年版，第377页。

176　《仪山种树记》，载李荣高等编注：《云南林业文化碑刻》，德宏民族出版社2005年版，第135页。

177　178　《永护凤山碑》，载大理市文化丛书编辑委员会编：《大理古碑存文录》，云南民族出版社1996年版，第564页。

179　（清）陈钊镗修，李其馨等纂：道光《赵州志》卷6《艺文志》，载杨世钰、赵寅松主编：《大理丛书·方志篇》卷4，民族出版社2007年版，第472页。

180　（明）李元阳纂：嘉靖《大理府志》卷2《地理志·山川》，载《云南大理文史资料选辑》（地方志之一），大理白族自治州文化局翻印1983年版，第70页。

181　《护松碑》，载杨世钰、赵寅松主编：《大理丛书·金石篇》卷3，云南民族出版社2010年版，第1249页。

182　（清）蒋旭纂修：康熙《蒙化府志》卷1《山川》，载杨世钰、赵寅松主编：《大理丛书·方志篇》卷6，民族出版社2007年版，第43页。

183　（明）庄诚修，王利宾纂：万历《赵州志》卷1《山川》，载《云南大理文史资料选辑》（地方志之二），大理白族自治州文化局翻印1983年版，第19页。

184　《封山告示碑》，载杨世钰、赵寅松主编：《大理丛书·金石篇》卷3，云南民族出版社2010年版，第1626页。

185　《弥祉八士村告示碑》，载李荣高等编注：《云南林业文化碑刻》，德宏民族出版社2005年版，第515页。

186　《黑龙潭封山碑》，载李荣高等编注：《云南林业文化碑刻》，德宏民族出版社2005年版，第429—430页。

187　（清）梁友檍纂辑：民国《蒙化县志稿》卷9《地利部·水利志》，载杨世钰、赵寅松主编：《大理丛书·方志篇》卷6，民族出版社2007年版，第442页。

188　《劝谕植树禁伐林木碑》，载李荣高等编注：《云南林业文化碑刻》，德宏民族出版社2005年版，第286—288页。

189　（美）赵冈：《清代的垦殖政策与棚民活动》，《中国历史地理论丛》1995年第3期。

190　191　《封闭双马槽厂永禁碑记》，载杨世钰、赵寅松主编：《大理丛书·金石篇》卷3，云南民族出版社2010年版，第1094页。

192　（明）李元阳纂：嘉靖《大理府志》卷2《地理志·堤坝陂塘附》，载《云南大理文史资料选辑》（地方志之一），大理白族自治州文化局翻印1983年版，第108页。

193　（清）周沆纂修：光绪《浪穹县志略》卷4《赋役志·水利》，载杨世钰、赵寅松主编：《大理丛书·方志篇》卷8，民族出版社2007年版，第45页。

194　《张允随奏稿》，乾隆八年闰四月初七日，载方国瑜主编：《云南史料丛刊》第8卷，云南大学出版社2001年版，第645页。

195　（清）阮元等修，王崧等纂：道光《云南通志稿》卷57《食货志·田赋二》，清道光十五年（1835年）刻本。

196　龙云、卢汉修，周钟岳纂，李春龙等点校：《新纂云南通志七》卷140《农业考三·水利二》，云南人民出版社2007年版，第38页。

197　[美]赵冈：《中国历史上生态环境之变迁》，中国环境科学出版社1996年版，第69页。

198　（清）梁友檍纂辑：民国《蒙化县志稿》卷9《地利部·水利志》，载杨世钰、赵寅松主编：《大理丛书·方志篇》卷6，民族出版社2007年版，第442页。

199　（明）陈文纂修：景泰《云南图经志书》卷5《大理府·赵州》，载杨世钰、赵寅松主编：《大理丛书·方志篇》卷1，民族出版社2007年版，第99页。

200　（清）陈希芳纂修：雍正《云龙州志》卷6《盐政》，载杨世钰、赵寅松主编：《大理丛书·方志篇》卷7，民族出版社2007年版，第242页。

201　（明）陈文纂修：景泰《云南图经志书》卷5《大理府·邓川州》，载杨世钰、赵寅松主编：《大理丛书·方志篇》卷1，民族出版社2007年版，第101页。

202　《弥祉八士村告示碑》，载李荣高等编注：《云南林业文化碑刻》，德宏民族出版社2005年版，第515页。

203　（清）王世贵修，张伦等纂：康熙《剑川州志》卷2《山川》，载杨世钰、赵寅松主编：《大理丛书·方志篇》卷9，民族出版社2007年版，第574页。

204　《保护公山碑记》，载杨世钰、赵寅松主编：《大理丛书·金石篇》卷3，云南民族出版社2010年版，第1260页。

205　（明）李元阳纂修：万历《云南通志》卷3《地理》，载杨世钰、赵寅松主编：《大理丛书·方志篇》卷1，民族出版社2007年版，第288页。

206　（明）刘文征撰，古永继点校，王云、尤中审订：天启《滇志》卷2《地理志》，云南教育出版社 1991 年版，第 90 页。

207　（清）钮方图修，侯允钦纂：咸丰《邓川州志》卷 5《灾祥志》，载杨世钰、赵寅松主编：《大理丛书·方志篇》卷 7，民族出版社 2007 年版，第 510—512 页。

208　杨煜达：《中小流域的人地关系与环境变迁——清代云南弥苴河流域水患考述》，载曹树基主编：《田祖有神：明清以来的自然灾害及其社会应对机制》，上海交通大学出版社 2007 年版，第 29 页。

209　（清）周沆纂修：光绪《浪穹县志略》卷 1《天文志·祥异》，载杨世钰、赵寅松主编：《大理丛书·方志篇》卷 8，民族出版社 2007 年版，第 12—13 页。

210　（清）钮方图修，侯允钦纂：咸丰《邓川州志》卷 9《河工志》，载杨世钰、赵寅松主编：《大理丛书·方志篇》卷 7，民族出版社 2007 年版，第 566—567 页。

211　212　213　（清）周沆纂修：光绪《浪穹县志略》卷 4《赋役志·水利》，载杨世钰、赵寅松主编：《大理丛书·方志篇》卷 8，民族出版社 2007 年版，第 45 页。

214　（清）梁友檍纂辑：民国《蒙化县志稿》卷 9《地利部·水利志》，载杨世钰、赵寅松主编：《大理丛书·方志篇》卷 6，民族出版社 2007 年版，第 442 页。

第五章　明清洱海区域水资源的利用与变迁

　　洱海区域河流众多，水系发达，分布着大大小小的湖泊和龙潭，[1]它们皆是区域经济发展的重要条件。在明清，对水资源的利用方式有一些变化：明中期以前，水资源的利用主要处于听任自然的方式（即自然利用），人工兴修水利、疏浚河道、筑堤建坝的情况不多，明中期以后上述活动增多，水资源的利用方式增添了人为改造自然的特点。明清洱海区域水资源利用方式的变化是人类社会发展与自然环境变迁相互关系发生变化的结果。

第一节　洱海区域水资源及其自然利用

一、洱海区域中心区及以西地区

　　在洱海区域中心区，最重要的水资源即洱海湖和苍山十八溪。洱海湖的水源主要来自明清浪穹县罢谷山，湖体即是澜沧江支流西洱河上游一个很好的天然水库，水能利用较好。十八溪水来自苍山十九峰，是中心区农田灌溉的主要资源。其利用方式主要为自然利用，即指没有人为或极少人为的利用方式。

由于洱海本身产鱼虾，湖中心的小洲可资耕种少量田地，明代曾规定"凡泽国多鱼，其渔者有税，曰鱼课"，[2]故朝廷在大理府设有河泊所，一直延续至清朝。[3]另外，洱海湖中有洲，"可田可庐"，[4]这表明洱海湖本身具有部分利用价值。不过，洱海对当地最大的贡献是它对农业灌溉和经济所发展发挥的作用；这主要通过与之相关的河流、小溪来实现。从文献资料看，在洱海区域中心区或说洱海西岸，真正可资生活和农田灌溉的水能多与洱海有关，那就是发源于苍山，最终注入洱海的十八溪水。

明朝初年，洱海区域中心区的大部分土地属太和县管辖，不仅苍洱之间土地属之，"洱河东沃土皆属焉，颇称富饶"。[5]土壤肥沃是洱海区域中心区农耕发展的重要条件，而水资源丰沛也是必然条件。据史料记载，苍山"凡十九峰……峰各夹涧，自山椒悬瀑，注为十八溪"，最终十八溪水又注入洱海湖。[6]史料明确记载十八溪"各溪夹于十九峰中，所经皆有灌溉之利"[7]，"太和田亩尽于两关之间，自北而南所资灌溉者惟十八溪之水耳"。[8]在太和城内，十八溪水又分流成穿城三渠，即"北曰大马江，中曰卫前江，南曰白塔江。此三渠穿城而东出，一以防备火灾，一以灌溉城东之田"。[9]这是十八溪水为城内居民所用的记载。在城北，还有四里、塔桥、上阳、湾桥、喜洲、峨崀、周城七沟，史称"自北门至周城凡六十余里之田尽寄命于七沟"。[10]由此可知，十八溪水对当地生产生活具有重要的利用价值。

虽然十八溪水为农田耕作和灌溉、城市居民生活用水带来便利，但从明清记载中我们看到，在洱海西岸即上下两关之间，百姓劳作时的水资源利用方式却不甚先进，有听任自然的特点，即"力田者悉听其自然，非独无桔槔之劳，并无水车之用"。[11]这显然是指当地人仅靠山高而溪水下流的自然态势，将流动的溪流用于生产与生活。由于这种方式依赖自然地势，依赖自然的赐予，故容易出问题，即"一遇荒旱水涸难周"。[12]明代太和县的穿城三渠就出现"经年久不浚，往往壅塞，坐令百顷膏腴变为斥卤"的记录。[13]城北七沟、城南十里沟等也有"岁复一岁，所没渐多"，亟待疏浚，"不然则泛漫之患日益甚矣"的记录。时人已经认识到"府西为点苍山，东为叶榆泽，山之十八溪东注于泽，灌溉之利他县所不及。百年之内沃土变为沙石，人民大窘，水利不讲之故也"。[14]

洱海以西有云龙州，发源于青藏高原的澜沧江水流经云南，其支流沘江在云龙境内。[15]尽管如此，但自然环境制约了农业发展。史称其地"山深谷奥。可耕之土寥寥无几，溪河之水足以灌溉而有余。澜沧为壑，众水视以为归。又无冲堤突岸之患，事耕耘者诚可高枕矣"。[16]这条史料对明清云龙州的自然环境，特别是水资源的利用是一高度概括。由于云龙地方山高谷深，故其水资源利用又有一个突出的山区特点，即山有多高，水有多高，如天池在"州署东北山顶"，可"灌白汉登场田，菱蒲茂密，居人利之"。[17]史书记载云龙州的河流不仅可资农业灌溉，对当地的盐、矿业等皆有帮助，如顺江（即盪井）"结诸溪涧，环绕雏马，历州境三百余里合于澜沧，两岸之田资以灌溉"；而且"灶户伐柴于山，冬春之际顺流放至井前，大省搬运之工，煎办咸取给焉"。[18]由此可见，云龙州水资源利用也主要是自然方式，这点明清大体相同。

从洱海区域中心区对水资源利用的情况看，明代前期人们可以依赖水之自然流势生活和生产，农田灌溉可享其利。但是，随人口增加和土地开发扩大，"人不识桔槔"的水资源利用方式必然被人工干预水环境及水利兴修取代。洱海区域中心区对自然水资源利用的演变情况，大致可折射出整个区域水资源利用的大势。

二、洱海以北地区

洱海以北依次分布有邓川州及其所领的浪穹县，其东北是鹤庆，其西北为鹤庆所领的剑川。这一地区水资源丰富，河流、龙潭众多，是推动经济发展的重要条件，但在现实生产生活中，各地的水资源利用多有差异。

在这一地区，文献记载有洱海的发源地——洱源，即洱海"源自浪穹罢谷山下，是为宁湖；宁湖南行，鹤庆、凤羽二水注之；下蒲陀崆，迳邓川为弥苴佉江；又南行罗时江注之，入太和苍山十八溪"，[19]各水汇流最终注入洱海。[20]洱海以北地区水资源的具体分布：浪穹有弥茨河、弥苴河、凤羽河；在邓川以弥苴佉江为主，罗时江次之，另有东湖和西湖；它们最终皆注入洱海。鹤庆有漾弓江（又名鹤川），其水发自丽江雪山，各支流在鹤庆汇集后"南入象眠山石窟，伏流三里而出名腰江，东流入金沙江"。[21]剑川有崖场水、合惠江、剑海等。

河湖众多是这一地区的水资源特色。但是，这一地区虽然河湖众多，但有的水流湍急、水性多变、河高地低，并不适于灌溉，有时甚至易生水患，严重影响百姓的生产与社会。如邓川州最重要的弥苴佉江，"自下山口至赵邑村三十余里，河身渐高，水与地平"；若无淫潦则安，一遇大雨河流暴涨则灾；"鹤庆、凤羽诸水会浪穹之宁湖，倒泻平川"，有淫潦之患。[22]所以，在明清农业开发之际，洱海以北地方的农田灌溉更多是依赖对当地的泉、潭、湖、涧、洞、渠、水等水资源进行自然利用。

如浪穹县有九龙泉，"在佛光山下，泉有九孔，俱自石窍中涌出，灌溉赖之"；[23]溪登渠，"源出溪登村下，顺涧而北则□头、小果二村之田赖之"，[24]还有"大涧水灌溉"等。[25]明清的相关记录不多，但可说明当地的水资源利用方式。

鹤庆的大小龙潭、泉水可谓星罗棋布，农田灌溉受益颇多。李元阳载西龙潭、黑龙潭、白龙潭"在府西北八里，灌溉罗尾邑等村田地。又有南漾潭、北漾潭、大小漾潭、石寨子龙潭、龙公潭俱利灌溉，军民赖之"。[26]其他如逢密、黑龙潭"均在城北山麓，……二水合灌军民田地十有一村屯"；又如香米潭、日龙潭、石龙寨潭、羊龙潭、温水潭等，分布在州之四方山麓，皆有灌溉周边村屯田地之利；像溪鲁水"发源马耳山，溉松桂街、南北大营、衍庆、积福各村田亩"。[27]又如长康河，源出黑龙潭，"郡南民田多资灌溉"。[28]像打磨水、上波罗水、下波罗水、仙女井、望月潭、水仙潭、品泉潭等直至清末仍然发挥着灌溉农田的作用。[29]

在剑川，西湖"水已与东湖通，至冬水落，民始为秧田"；其连汉墩水塘、甸头和水塘有"军民注水灌田"。[30]

洱海以北地区除了上述水资源自然灌溉农田外，河湖还可提供鱼虾、林木之利，它们也属于民生之计。明代剑川州设有河泊所，"岁办鱼课"，主管罗牧社海、剑湖、潘浦海等渔利。[31]史有"湖中渔人夜静捕鱼，火光如星丽天"的记载，[32]这反映出剑川州渔利丰富的一面。剑川的崖场水，自"金华左腋绕山流出，迎水有水磻数十，州人采樵率多由此"，[33]这是当地百姓采樵一景，也是水资源利用的途径之一。

上述都是洱海以北地区利用地势高差以及水资源自然形态灌溉农田、发展农林渔业的例子，自然利用的情况多集中在明中期以前。

三、洱海以南地区

洱海以南依次为赵州和蒙化，两地的水资源条件略有不同，虽然皆与洱海湖有关，与澜沧江关系密切，但也与红河等水系相关。

赵州水资源较丰富，大致可以定西岭（即昆弥岭）为界区分南北，波罗江（又名大江）、玉峞水，属定西岭北之水。它们皆向北流，"合出龙尾关"（今谓之西洱河一段河流），最终"会漾濞而注于澜沧"。定西岭西南有赤水、礼社江和毗雌江三江。它们"出白崖，浮弥渡，迳大庄，汇苴力，合定边县水"，南流注入澜沧江。[34]其中礼社河就是红河上游之水，源出蒙化，最终注入越南，是发源于云南境内的唯一一条国际河流。

文献记载，赵州"大河……灌溉通州之田"；[35]州东有龙伯山，"其巅有龙泉，溉田可百余顷"等。[36]由于赵州土地和水资源分布不同，故水资源利用有明显的南北差异：在定西岭北，虽"土田少，齿稠"，主要靠定西岭北至下关的二十五个沟坝灌溉农田，它们"或灌本村，或灌及数村，上之分流者足以各给，而不病于旱；下之合者悉归洱河，而不病于潦"，人们总结认为"北流诸水诚有利无害者"，[37]清代仍享其利。[38]在定西岭之南，有赤水、礼社、毗雌江三江，它们"总纳各箐沟之水以为大泽二十四箐沟"，多可灌溉农田。但是"归墟、弥渡以上水有利无害。迷渡至大庄水势与地平，利害交半。大庄而下或水高于田，遇涨则有冲扫之忧，或田高于水，遇旱则无浇灌之利，利不能三四而害常居其六"。[39]这些资料说明定西岭以南的水资源利用有一定的局限。不过，尽管岭南"田多人稀"，但人们"皆知勤生力本",以至于像白崖、迷渡这些虽距州治较远的地方,农耕依然发展,在明代文献中称其"聚落如一小县"。[40]

总体而言,赵州境内的水资源利用虽然有定西岭南北不均之分,但总体上讲可自然利用程度较高。应该说,这是明清赵州经济发展的一个重要原因(当然,还有明代赵州是军屯重地,开发力度大等原因)。

赵州以南的蒙化,有较大的河流过境,主要有漾濞江、阳江和浪沧江(即澜沧江)。漾濞江是澜沧江在云南境内最大的支流,源出浪穹罢谷山,一支经邓川入洱,西洩至蒙化为濞水;另一支出剑川,绕苍山后南流入蒙化;有一支出吐蕃,经云龙南汇蒙化境内曰漾水,三水合流为漾濞江。阳江源出蒙化甸北花判诸涧,纳东西诸箐之水,南流甸尾,东泻定边,受弥渡礼社江,绕镇南界,又入沅江、交趾。文献记载浪沧江自"吐蕃鹿石山出,从丽江经云龙州东南流入蒙化境,受漾濞江水",最终入南海。[41]

史载蒙化"四围皆山,中不百里,又无大川巨浸",[42]说明其境虽然有大河,但是除了阳江流经腹地外,漾濞江和澜沧江距蒙化中心区较远;阳江又有"河低,无灌溉之利"等缺点。[43]可见几条大河对当地农业发展的水资源供给是有局限的。明清时期,蒙化的农田自然灌溉主要依靠五道河和东西山诸涧水。五道河源自巍宝、鸡鸣和玉屏三箐之水,使"郡南一带田亩赖焉"。[44]东西山诸涧水先是自然利用,经改造成东山十六渠、西山十二渠,那是后话。[45]

总的来说,洱海以南赵州和蒙化水资源及其自然利用的差异,是两地经济发展差异的原因之一。

四、洱海以东地区

洱海以东主要有云南县和宾川州,两地的水资源主要属于金沙江水系，水资源条件较差，可利用资源较洱海区域的其他地区明显不足。

云南县的水资源主要是梁王山和宝泉山下的龙潭和各箐水，以及合流而成的海子如青龙海、品甸海、叶镜湖等，它们多流入一泡江而总汇入金沙江。[46]明清时期，狮子山龙泉、天华山龙泉、火龙眼泉、天马山温泉、塘子山温泉等诸多龙泉都有灌溉之功能。[47]虽然云南县各山箐之水"其出无穷"，但"平壤周回百余里，以百余里之田取给于一沟之水，其不能普济也明矣"，[48]说明云南县水资源匮乏是不争的事实。我们知道，明代云南县曾有"云南熟，大理足"之美誉，[49]但"平壤千顷，而阙水利"成为该地农业发展的最大瓶颈。[50]直至清代，缺水利的情况依然存在。

宾川州"水少土燥，其热为独盛"，其作物与洱海区域的其他地方有所不同，即所谓"农事东作西成较早，花事亦早于他处，腊月草亦青"等等。[51]而且，水资源有限，东西有别。史载："宾川水利皆在大河之西，故上川下川田土皆赖各箐，各溪自西流灌，而人民庐舍亦于西焉聚之。州治在东，东山左右溪既浅，水源因稀，如钟英山下钟良溪淫雨则涨，雨止则涸，故自南迄北，边东之地旷然而未垦者，水竭而人不聚也"。[52]

虽然自然条件有所不足，但"宾川州诸水以纳六溪为经"，[53]是农田灌溉的主要资源。明嘉靖方志记，宾川"有河曰纳六，自分山峡入境，北行九十里入金沙江，平原万顷，皆资灌溉"。又有钟良、银、石宝、通洱、赤龙、寒玉、丰乐溪等，"皆有灌溉之利，而丰乐为最"。[54]清康熙《大理府志》仍然体现出各溪的重要作用，谓源出鸡足山的各涧之水，汇于炼洞，流为丰乐溪，其所灌溉之地仍"为沃壤"；其余六溪仍使"州西南平川之田尽赖浇灌"。[55]可说明，明代就发挥重要作用的水资源至清代仍被利

用。以前在明方志中简单提及的"金漱水",至清代记录中明确
言其灌溉洱东田亩,在宾川南面仍有各潭水可资利用等。[56]

综上,洱海区域水资源丰富,但资源分布及水能利用有地区
差异。除洱海以东地区少大河外,洱海其他地区多有较大的江河
过境。不过,人们在生产生活中,特别是区域土地开发利用的前
期(明代中期以前),更多的是利用山涧、龙潭、洞、渠、湖等
水性温和的资源。在明代中期以前,人们在农业生产中对水资源
的利用主要呈现出一种自然方式,即顺应水的自然潴存和水的自
然流势灌溉土地。但是明立国约百年后,随着人口增加、土地开
发力度加大,自然水资源更多地出现干涸、水竭、水道壅塞、水
流泛滥等现象,于是,人们大兴水利,改造并利用自然水资源成
为发展趋势,也更多地见于文献记载。

第二节　洱海区域水资源的人为改造及利用

早在明初的洪武(1368 年—1398 年)、永乐间(1403 年—
1424 年),人们对洱海区域水资源的改造利用就已经开始,这是
水利初兴的阶段。至明代中后期及清代,洱海区域各地兴修水利
的活动极其普遍,而且越来越频繁。这些活动在方志的《沟洫》
《坝塘》等目中有丰富的记载。对于人类兴修水利的活动,从积
极方面可以评价说是社会生产的进步;但从另一方面评价,我们
似乎看到洱海区域的自然水资源利用出现问题,自然环境已经发
生变化,或不能满足人类发展需要,或是向人类发出警示。在这
种形势下,人类需要积极应对并解决问题,这也是明建国百余年
后,洱海区域官民必须面对的现实。

一、洱海西岸及以西地区

前文提到，洱海西岸人们生产生活的水资源利用主要是依赖苍山十八溪水。但在明嘉靖年间（1522 年—1566 年）起，各灌溉沟渠多壅塞、生水患，频频告急：大理府城北四里沟"大雨时行，则覆没田畴，宜及冬浚之"；塔桥沟"覆没田地，岁复一岁，所没渐多。若及冬月疏浚，犹可救也"；湾桥沟"覆没田地已久，若每岁及冬浚之，可免后患"；喜洲沟"覆没田地甚多，若每岁及冬浚之，可救十一"；峨崀沟"此沟所没既不可垦，亦宜浚之"；周城沟"覆没田地已不可救"。府城南十里沟、鹤桥沟等皆提出"每岁宜一浚"，否则"泛漫之患日益甚矣"。[57]穿城三渠"岁久淤壅，每遇大雨街巷如溪，急宜深浚"；府城西面的麻黄涧"近年故道壅塞"等等。[58]那些曾经养育一方百姓的水资源频发灾患，或"覆没田地"，或"冲没田地并损城脚"，甚至"覆没田地已不可救"。特别是明弘治五年（1492 年）、十四年（1501 年），十八溪发大水，毁坏房屋数百间，人口伤亡众多，人民的生命财产损失重大。[59]

自然环境恶化形势如此严峻！对时人而言，前此利用自然水势、自然水道供给城市生活、农田灌溉的形式已不再适用，故人们反复强调对自然水道"每岁宜浚之""急宜深浚"等，同时，建堤筑坝也成为当务之急。自明弘治年（1488 年—1505 年）后，洱海西岸军民兴修水利的活动一直延续至清朝，且制度化趋向明显。

据记载，明弘治大水后，"府卫共谋作堤。于农隙时令军筑三之二，县民之为上军者筑三之一，每岁以十一月二十五日兴工，加高一尺为常规"，建成府城西"御患堤"。在下关德胜驿之西河尾处，人们制定了疏浚方案："例以三年一浚，导沙泥之淤塞，改山潦之冲射"，保证"滨河之田不至淹没"；至正德年间，通判喻河对其"处置有方，用力少而成功多"，百姓享数十年之利。[60]另外苍山玉溪水涨后，会形成大缺口，水势有危害百姓之患，故正德年间大纸坊的百姓自发行动，"每年于缺处堆垛大石以杀水势"；至嘉靖间，水患严重，又立规矩，加强治理，规定"凡城中之人皆宜役之，为一劳永逸之计"。[61]又，中和峰马独涧之水平时可资灌溉，为合理用水，人们建三板闸分水，多村田地受益。但该水遇大涨则危害县城并淹没田地，至康熙年间，知县张泰交又重修之，质量"较前此为更坚"，百姓受益。[62]

尽管明中后期官府、军民已对洱海西岸沟渠疏浚十分重视并有践行，但至清初，一些水利工程已经老化圮坏，如明代的城西御患堤至康熙年有"已废"的记载，麻黄涧在康熙年也言"疏浚故渠，于今为急"等，许多水利不足问题基本沿袭明代。[63]从兴修水利方面看，明人早对洱海西岸的水资源利用方式提出批评，认为即使有苍山之十八溪水和洱海湖，"灌溉之利他县所不及"等自然条件，但在明朝立国后的"百年之内，沃土变为沙石，人民大窘"，其主要原因就是"水利不讲之故也"。[64]至清初，康熙《大理府志》的作者更明确地指出当地水资源利用方式的不足，他认为"太和田亩尽于两关之间，自北而南所资灌溉者惟十八溪之水耳。力田者悉听其自然，非独无桔槔之劳，并无水车之用，一遇荒旱水涸难周，辙束手矣"。又提出了很好的解决办法："今诚于田之高处令为陂塘，雨则蓄之，旱则车之其低者即以车挽洱河之水，轮递逆灌，如此则有荒年无荒民矣。"[65]正是由于洱海西岸兴修水利以及疏浚河道的力度不够，清人会有"宜循旧修治，预杜之"等怀旧、赞赏明人治理的言辞。[66]而清代十八溪水多次涨决，超过明代，尤集中在清晚期的道光、咸丰、同治、光绪四朝。[67]

　　洱海以西的云龙州境内的沘江在清代多次发生水患，但受资料限制，几乎未见兴修水利的记录。仅在雍正《云龙州志》中，我们看到雒马山河"近河之□路开蓄水"，"蓄水"二字依稀可见人为的作用。[68]

　　总体看来，清及民国，洱海西岸的水资源利用和改造并未超出前朝的格局。

二、洱海以北地区

　　前文提到，洱海以北虽是一个自然水资源丰富的区域，但各州县仍然有差异。有的地方虽然江河众多，但因其不适于灌溉，故明清时期人们会更多地依靠龙潭、山涧、湖渠等资源生产与生活。与此同时，这一地区人们改造和利用水资源的活动较多，特别是修筑或稳固江堤河坝方面推进较大，明初就有，明中后期更甚，清朝一直延续。值得注意的是，入清以后，这一区域水患较其他地区突出。

（一）邓川

　　邓川州是一个土地肥饶的地方，但水资源自然利用条件有限，故明初就有兴修水利的记录。我们知道，弥苴佉江是一条不羁的河流，其"自下山口至赵邑村三十余里，河身渐高，水与地平，沿江之堤半皆沙筑"，严重影响到当地的经济发展。因此，时人早知"深浚河身，坚筑河堤，俾正流归壑则傍流不溢"，方可获"田亩岁收丰盈之利"的道理。[69]早在永乐年间，同知李福率众修筑江堤，"东堤军屯修筑，西堤里民修筑"；州北又修"横江堤"，军民受益。[70]此后，正德间同知曾奇瑞、嘉靖间巡抚高蒙鲍等均有率军民合力重修加筑的记录。如果弥苴佉江堤稳固，河水安流，两岸生产生活得以正常进行，否则反之。[71]像罗时江，弘治间知州阿骥"令各里村长自领伙夫开挖修筑"；正德三年（1508 年），在州人杨南金的倡导下，众人"筑石为堤"，建成上下登堤；嘉靖三年（1524 年），兵备副使姜龙率众筑大长水堤；不惟官员率众修堤筑坝，"居人引水成渠"，即罗甸渠，等等。[72]这些都反映出邓川州官民、军民共修堤坝，保证水能利用的事实。

至清代，邓川州水利兴修不断，人工水网密布，但该地"山少纡徐而水苦泛滥，民力之疲于防疏者常十之七焉"。[73]而且，从史料记载的灾患看，明代虽有水患但不甚严重，至清代则明显不同，次数多、危害大远远超过前代。据载，清立国至康熙年间，邓川州河堤决口等水患就有 14 次；嘉庆间又发生 4 次，且有特大水灾等，这些灾患严重影响了人们的生产生活。[74]咸丰《邓川州志》卷9《河工志》专门记载了弥苴河治理工程，对各河段水势治理章程和经费有详细分析和记录，整个文本就是一个较完整的治水规章制度。弥苴河治理工程号称"全滇未有之钜"，"挑浚之夫，岁以六万"。[75]经过治理，弥苴河堤自嘉庆特大水灾之后"安澜"三十余年。[76]

（二）浪穹

浪穹县水资源丰富，"然利之所依害之相伏，其间蓄洩诸法较他邑尤要"。[77]诸水"总视三江口、巡检司两处之水，通塞以为一县之利害。三江口腹心也，腹心不涨则两腋之田可保，尾闾不淤则上游之波直洩，一年一浚庶免其灾"，是为经久之计。[78]所谓三江，即指弥茨河、凤羽河和茈碧湖三水，它们是明清以来浪穹县人工兴修水利、疏浚河渠的重中之重。

对三江口渠，明中期就有人提出修建堤坝，并强调应根据人户占有田亩多少，由官府来收取资金组织修建。这种解决经费多少和负担轻重的办法体现出时人的智慧。又如山根渠"每岁三四月起，得利人夫开挖"，[79]所谓要"得利人"开挖体现的是多得多劳原则，相对公平。另有红山渠"每岁三四月间合起屯军开挖"，这是军民合力兴修水利的例子。明嘉靖以后，疏浚河渠、修筑堤坝等记录较多，如溪登渠，本有"大涧水灌溉"农田，但"水少不足以供数村之用"，嘉靖间官民共修之；又如三水陂，嘉靖间"浚导"之；[80]大波渠是万历间知县"引大营河水"而成，至清后期百姓仍享其利等等。[81]

如果说明代浪穹县的水资源出现问题大多表现为河道壅塞，至清代则表现为水患更加频发，其发生的频率、危害程度及治水等史不绝书。不仅三江口水患严重，依然是官民治理的重点，其他一些地方也随土地开发的深入，出现"山无草木障蔽"的状况。如白汉涧等地，据史料记载，白汉涧自乾隆以后年年修浚；嘉庆年间，白汉涧发大水，冲毁了乾隆年间兴筑的"旱坝"，且发生泥石流。于是，官府"集民夫千余人，挑去沙泥，辟破巨石"，疏通了水道。[82]凤羽河也是"砂石渐积，南北冲决，伤毁民田，比岁截然"，于是"每岁挖沙培堤，工程最为紧要"。[83]金龟山涧旧时"颇为民利"，"后因砂石横下，壅压民田"，光绪间水之利不再。[84]这些都说明，清代浪穹水资源环境向不利的方向发展，而时人治理水环境是当务之急。

浪穹其他一些溪渠由于适时疏浚治理，仍然可以服务人类。像南涧（原大涧河）水不足，百姓设法分水，轮流分灌土地。

溪登渠、红山渠、沂水河等因为疏浚有时，民享其利。[85]

（三）鹤庆

如前文所述，鹤庆的天然龙泉甚多，百姓生产生活多享其利（直至今日，像新华村民户家中仍多有泉眼，泉水涌冒不歇，泉水清澈无比）。尽管鹤庆泉潭密布，但全靠自然利用仍多有不足，兴修水利明初不多，但明代中期以后趋于重要。

据万历《云南通志》记载，[86]鹤庆堤、坝、闸等水利工程甚多，有龙宝堤、南供渠、小柳场闸、漾工江坝、西墩泉堤、温水河渠等；对原有龙潭再做改造，加强其水利功用，如青龙潭、大水潭、西龙潭、黑龙潭、白龙潭等。在这些水利工程中，犹能表现明正德、嘉靖以来地方官多重视水利的史实，像张廷俊、马卿对鹤庆水利兴修贡献最为突出。如城西北的西龙潭，正德初有"耆民杨寿延议开渠引水，知府刘珏允其议，乃于潭之东南开二渠"，虽然有利于民，但仍显不足。[87]至嘉靖间"渠少田多，利尚未溥。明知府马卿念军民乏水，乃躬诣潭堤而增修之。更凿一大潭于其下，名龙宝堤，用石闸以蓄洩，计田亩以分流。于是，旱涝有备而水利兴焉"。[88]城西南有黑龙潭，明代早期就有百姓"架水槽"引水灌溉农田，但"逢雨水不无冲塌"；又有逢密等潭，虽有堤坝，但"堤坝俱坏，深为民患"。面对水资源出现的问题，正德间同知张廷俊、嘉靖年间知府马卿不断维修，或开沟筑堤，或甃石为坝，百姓"俱受其利"；其他如美龙潭、北青龙潭、小柳场龙潭、西登泉、灵济渠等水利，多为张廷俊、马卿所为，后人增修。[89]如小柳场闸，"知府马卿筑，嘉靖间知府周集增筑"。[90]直至清代晚期，张、马二人兴修水利的事迹仍为民间记颂。[91]这是明代兴修水利的基本情况。

清代以来，鹤庆水利兴修更加频繁，一是修筑旧有但圮坏的水利工程，这种情况多集中在清前期；二是兴建水利以适应新的变化，工程多集中在道光至光绪间。如康熙末年，土通判高浤对西登泉圮坏的旧坝"改沟筑堤"、乾隆年间知府姚应鹤对溪鲁水"重修沟渠"。又如道光年间，在波南河至太平村开"北新河"，经光绪间两次疏浚而"河水流畅"。再如，清中期之后，"前明以来诸洞日渐淤塞"，故嘉庆、同治、光绪年间地方官将明代曾经多次建议开挖新河，但最终未果的事宜提上议事日程。据史料记载，同治十一年（1872年）兴工至光绪二年（1876年）开挖南新河，"用三万余金，六十余万夫"。至光绪三年（1877年），地方官朱某到任"以开河为己任"，"率水军数百，民夫千余"奋力兴工，全民协同，历时五六年，最终是"里沟外洫，井井有条，南亩东郊，芃芃其麦乃欢"。民为之作记。[92]水利修建有效保障了当地的生产生活。

（四）剑川

剑川州受地理环境的限制，水资源相对薄弱，故明代早期就有水利工程，明中期以后有的已经圮坏，后代虽有修复等，但成效不大。一些兴修的工程，百姓享其利。

如州南有石来渠，万历间仍然"灌溉甚溥"；州西有老君水坝，万历《云南府志》载"旧有上下二坝……今废不修"。[93]像崖场水坝，"在州西十里。干旱之年，近城田园赖其灌溉。古以哨兵守之，一有渗漏即行修补；后因口粮奉裁，看守无人，遂至倾圮"。"古以哨兵守之"的水坝应当就是明代所修的水利工程，在清初废弃后曾有"协镇马声捐修，不从又废"的记录，经费不足是其废圮的原因之一。[94]还有百节水槽，主要在山涧之间用多段木槽相接引水，原可灌溉多村田地，但至清康熙年间却有"各村因艰于水"的记载，说明其水利已经不如以前。比较有效的水利工程如雍正年间，居民于山脊凿石洞20余丈，疏通沙登渠以资灌溉。[95]剑湖尾淤塞，康熙年间知州王世贵等率众"合力疏浚"。[96]又因海岸常被淹没，故康熙年间"州牧张国卿亲督村民沿海筑堰"，并在海边植柳，使得"水患渐息""海防始固"。[97]

对水资源的治理和利用，一直是洱海以北地区民生之要务。若治理有效则经济发展，反之则经济逐渐衰落。

三、洱海以南地区

洱海以南地区的水资源不如洱海西岸和洱海以北地区丰富，文献中就有明初兴修水利的记载，至明中后期，水利兴修的活动更为突出。由于水资源的局限，人们对水的利用更多地依赖对环境的改造，文献记载多为渠、塘、沟、泉、池等。入清以后，水资源利用虽然出现问题，但人们或利用前朝水利，或新修水利，仍有一定的发展。

（一）赵州

赵州水资源不如洱海西岸及洱海以北地区充足，故官民改造自然、兴修水利的活动自洪武年就已开始。至明代中期，有的水利工程出现老化衰败之象，故而官民疏浚、兴修的活动再兴高潮。明清重视水资源的改造利用，其管理有制也十分突出。

明洪武年是赵州兴修水利的一个高峰期，其间知州潘大武发挥了重要作用。赵州州治东8里有双塘，"洪武初年军民以砖筑堤，其利甚溥"。[98]甘陶水塘是洪武间"知州潘大武筑石为渠，穿孔分水，豪右不得专其利"，[99]至清代仍然发挥作用。著名的东晋

湖古已有之，明洪武年随屯军的进入作用更为突出；对水的管理
也形成制度。据《建立赵州东晋湖塘闸口记》载赵州州治东 15
里"有陂堰一区，南北亘十里，东西曰五里"，此即"东晋湖
塘"。其"在古为潞水之湖，冬蓄夏泄，以灌栽插。军田则大理
卫后所资之，民田则草甸里三村资之"。[100]尽管万历《赵州志》
明确记载东晋湖是"知州潘大武建"，[101]但即有"古为潞水之湖"
之说，可证在明代充分利用之前，其水资源已经存在；自明洪武
年后，才为屯驻军民充分利用。为合理分配水源，使更多百姓受
益，潘大武制定了较详细的用水规则，[102]各方志皆有记载，即
"湖有闸，以时启闭，灌溉湖外之田"等。[103]

　　明中期以后，水利工程圮坏的问题日渐突出，官府组织民众
疏浚修筑力度加大。为保障资金和人力，地方官员采取居家占有
田亩多少以及水资源获利程度确定人力多少和银两数额。嘉靖时
期，双塘已是"岁久堤圮潞水不多，田畴日为茂草"，分巡安如
山于嘉靖二十五年（1546 年）组织修浚，规定"每岁暑月，使
得利之家量亩出力，预为修筑。民甚便之"。[104]又如，"西城中无
水井，明时里人少尹冯嵌于城外掘地，作地龙引入城中"，人称
"冯氏义泉"，至清代道光年间仍享其利。[105]人们主动兴修或续修
水利的活动保障了当地经济的发展。

　　至清前期，赵州的水利兴修仍然继续，或疏浚或筑坝。康雍
年间地方官对"大河"（即波罗江）"江腹逼隘，易为霪涝崩
决"之患积极应对，或"捐修"或"续修"，"稍得安堵"。雍
正初年，云南县知县张汉牵头，与赵州人一同疏浚洱河尾，其
"处置有方，可为后法"。[106]清人对原有堤坝进一步整饬的活动较
多，如在弥渡境内曾建观音山坝、白马庙坝、水患坝，光绪年间
"知州史建中重经疏浚"。[107]此外，雍正间知州徐树闳等修筑塘

坝，民间还为其建祠立碑，以示敬意。[108]在定西岭之北，有 25 个
沟坝；岭之南明代有"二十四箐沟"，至清道光则发展为"沟坝
二十八"。[109]如果从字面上理解，明代的"二十四箐沟"还是以
自然利用方式为主，那清代的二十八沟坝则是对水资源进行人为
改造并加以利用了。定西岭南的白崖，在雍正年间平地突然冒水
形成二泉，当地百姓遂"拓为巨塘"，并"开沟分灌"，赵州及
其属县云南农田千余亩多受益。[110]

　　从清代史料对东晋湖的记录来看，其水资源利用发生变化：
在明代，有征税"湖内田"的记载；至清雍正年间，官员则进
一步认可对东晋湖的开垦并课税。由此可以看出东晋湖的水资源
管理渐弱，其水利功能在逐渐萎缩。

　　从赵州水资源的管理看，不惟东晋湖用水有制，定西岭南多
地的军民田地"水利各有规定"，如西河；北箐沟"有铜牌轮
次"灌溉；黄草坝圣母塘水以"轮放"的方式灌溉田地等等。[111]
定西岭北如牧棕村沟，道光志言其"旧分有水例"，不同村落灌
溉有时日之别；城北冲水，对军家、民家的放水时间也各有不
同。[112]"水利各有规定"既体现出水资源管理有序，生产有所保
障，但常常又是水资源不足的表现。另一方面，从赵州的资料
看，明代水资源管理记载较多，但在清道光《赵州志》中却不
见记录，或言"旧有"水例等。据此，我们不能因分水制不见
记载而简单推定是水资源条件有所改善。根据水权发展的路径
看，应是赵州水权逐渐稳定的表现。

　　（二）蒙化

　　蒙化受地理环境的局限，大河的水能利用不足，故农业发展
的水资源多依赖人工渠、塘、陂池等。据载，明有东溪渠十六，

分别"灌附郭之田"和"甸中及甸头之田"。还有甸头大圩，岣
屿大塘以及郑家塘、淑人塘、南庄塘、团山塘等，虽"远近不
一，皆利灌溉"。对这些大塘，明人清醒地认识到"益增其高，
阙利益多"。[113]水资源人工改造利用的水平，在一定程度上影响
了蒙化的发展。

据民国资料记载，蒙化"东西山诸壑，细流涓滴，设坝成
渠，农田筱赖"。此处东西山渠即明朝东溪十六渠和西溪十二
渠，说明这些溪渠仍然发挥着灌溉的功用。即便如此，资料记载
仍然有蒙化"旱常八九，涝者百无一二"之说。[114]在更多的地
方，蒙化百姓依赖的仍然是陂塘。所谓陂塘即"潴为泉，蓄为
池，积潦以待"的水资源，[115]明代已经有之。清康熙年间"各溪
陂池甚多"的局面发生变化，一方面一些陂塘已废而不用，另
一方面又有增加如郭家塘等。[116]特别是到民国年间则是"乡里约
村皆有之，亦不知几许也"。[117]除原有的岣屿塘外，民国较清初又
增加塘子口、危家、柳、左家、黄龙等大塘。这些陂塘弥补了当
地水资源不足的缺憾，即所谓"塘愈多则蓄水愈广，蓄水广则
分溉者自众"。但因清晚期后种植大烟利润大，"改塘为田者
甚"；连年"不治沟洫"终使陂塘水利废弛。[118]

水资源窘迫的情况在清初已经出现，有清一代陂塘废止及新
建的变化，说明蒙化的水资源利用已不如明代。为适应水资源环
境的变化，地方官员对水资源利用及管理采取了较前代不同的方
式。从史料记载看，清人努力改变环境的活动不多，但仍有些许
记录，如"临安人彭正贵，由岣屿山麓之塔湾开渠，引阳江
水"，沿途十余里，"灌田数百亩，旧时荒芜悉成沃壤"。[119]又如，
康熙年间同知蒋旭平息民间的水资源纷争后，在水磨坪、芭蕉冲
水流经的下坝实行"按日分定"的水制。[120]这条史料反映出，在

水资源不足且导致纷争的情况下地方官员加强管理，从原来"水无定例"到人为"按日分定"、"各溪分流"，百姓"俱受其利"的过程，[121] 即是蒙化地方水资源管理的进步，也是蒙化地方水权逐步确立的一个表现。在水资源不足的情况下实施分水制，是一种行之有效的办法。

从赵州和蒙化的文献记载看，明朝与清朝的水资源利用略有差别：明代人为改造和利用水资源的力度较大，清代则显得有所不足。水资源利用足与不足，必然影响当地的经济发展。清人水资源改造和利用的活动不如明代，或许是清代蒙化地位下降的原因之一。

四、洱海以东地区

如前文所述，这一地区的水资源在洱海区域中最为不足，除有限的自然利用外，明清重视水利、兴修水利一直是这一地区水资源利用的特点。

（一）云南县

明方志中记载，云南县有周官㟽海、连华渠、溪沟（万花溪）、龙池（清湖）、珍珠泉、叶镜湖等水资源，[122] 但如清人所言："云南县水利总源于宝泉山下，虽合各箐之水其出无穷，然平壤周回百余里，以百余里之田取给于一沟之水，其不能普济也明矣"。[123] 这是云南县水资源的实际状况。

从文献记载看，明代兴修水利较早，但至景泰以后线索才逐渐清晰；嘉靖间水利兴建较集中。水利兴建与疏浚、对水资源的合理分配和利用，对确保云南县洱海区域"粮仓"地位发挥了重要作用。

　　梁王宝泉山下有龙泉，"诸水南流至九鼎山下，次平村前"，人们"筑坝而三分之，即团山坝"。团山坝又名宝泉坝，建石闸三道，分水注入青龙海、品甸湾陂中，[124]宝泉坝（即团山坝）的工程始于何时记载比较杂乱，但对明景泰年间军事长官周公监等、崇祯年间军事长官何闳中等或重修、或疏浚均有记录，而且及至康熙年"军民有赖"，说明该项工程的兴建及适时维修到位，故水利功效可延续至清代。[125]天泉坝建于成化十六年（1480年），系军民"于东山箐内筑二堰，例于霜降后收水灌溉二麦"。[126]此外，还有云南县还有段家坝，史书言其在景泰、成化年间得到修复，[127]说明该工程兴建较早。

　　明代的水利兴修在嘉靖年间到达高潮。如云南驿前有荒田陂渠，此陂渠修建前"四面平壤，一望数十里，中无潴水之陂"。嘉靖间"分守参政石简倡之、刘伯罗继之，以塘以渠，遂成膏腴"。[128]此外，嘉靖间知县宋希文对云南县水利工程多有作为：他率众兴建了县南70里的新兴坝（又名丰乐坝），"周广八里，民享其利"；当县东北十里品甸湾陂出现"沟道壅塞"的现象时，他又率众"开通故道，以待潴蓄，军民利焉"。[129]

　　至清朝康熙年，明代兴修的水利多有圮坏，时人不断呼吁并提出解决办法。在文献中，新兴坝已经"壅为平地，今改为田"、云南驿前荒田也有"缺水利"等记载。[130]面对荒芜壅塞的水利工程，人们呼吁"拓开之责，正在今日"，[131]看到"沟渠塘堰之利尤为民之所最急者"[132]"海塘闸坝需人力之兴修者尤多"等问题所在。[133]可知，水资源不足、水利工程亟待修复等问题的解决对云南县而言已迫在眉睫。在明人的基础上，清人提出水资源利用应该"蓄泄必因乎时，沟闸必定其制"。[134]这种选择，能使水资源分配和供给相对合理，只有改善水环境，才能保障生产生活的正常进行。

云南县最为重要且明清一直发挥功用的是团山坝。团山坝为明人所建，设石闸三道以管理水资源的分配。清代继之且深刻认识到"该闸启闭，为一县灌溉利源"。[135] 据清志载，该闸"立坝长、沟头，司其启闭，春冬轮水，分均放。……遇涸则闭闸，水归境灌溉；水汛则启闸，泄入溪沟宣泄。盖无此水则邑为旷土不可以城，非设闸则邑为泽国不可以耕"。时人由衷地赞叹前人"三闸之设计尽善而利溥！"[136] 团山坝的修筑及其施行的一套管理制度，至清末仍为人们所坚守。

又如青龙海，清朝年间多有修浚。清初，它已经有"岁久淤塞"的记录，至雍正间得到地方官员王璐的重视并加以疏通；乾隆以后再度淤塞，至道光初年，民间贤达再度修复。[137]

云南水资源匮乏，故有一种特殊的田地即雷鸣旱田。当地官民想方设法解决田亩缺水的问题以保障谷物产量。如周官岁海本无水源，"惟天雨受各山箐灌雷鸣田亩"。面对这种情况，雍正间知县张汉"开沟十余里，引团山坝水，逾品甸山阜注其中。又于下流浚沟浍二十余里"；后又有知县王璐加修。[138] 经他们的努力，周官岁海的灌溉功能大大增强。县城东也有雷鸣旱田，雍正间知县王璐率众买田31亩，在其地"开为五塘，由东中沟引团山坝水贮其中，灌两村田亩"，即史书中的香果城海。[139] 不唯有官员组织，民间力量也尽其力投入兴修水利的活动中，同治六年（1867年）有"村民邹李二姓倡众公修"刘官厂堰塘，使"附近田亩赖以灌溉"。[140]

明清云南县人为改造并利用水资源的活动，基本满足了当地生产生活的用水需求。

（二）宾川州

宾川的气候与洱海区域其他地方不同，"水少土燥，其热为独盛"；[141] 水资源分布有东西差别，水利不均：宾川"水利皆在大河之西，故上川下川田土皆赖各箐，各溪自西流灌，而人民庐舍亦于西焉聚之。州治在东，东山左右溪既浅，水源因稀。……故自南迄北，边东之地旷然而未垦者，水竭而人不聚也"。[142] 面对这样的环境，人们改造和利用自然的活动出现较早，且多是渠、坝、堤的形式，分水制在清初出现。

明嘉靖《大理府志》记载，宾川有乌龙坝"在乌龙山顶，居民潴水灌田"；荍村坝也是"居民所筑，蓄水灌溉"；炼洞渠，人们"或自山脊分泉，或横山腰引水，其凸凹硗确之处，凿石为坝，不使断续"；州西北的大场曲村，"其地旧有陂池潴水备旱"。[143] 这些，应当农耕发展，人们改造自然的记录，虽然嘉靖志没有明确说是明人所为，但从宾川农耕发展的历史看，其中有的应当是明前期的史实。

明中期以后，原有水利出现壅塞老化等情况，兴修水利的记载越来越多的出现在地方志中，如大场曲村的大场曲堤，原有陂池潴水备旱，"后为豪右利陂底之土可田，遂酾水别流，决堤不潴，陂外之田半为废壤"。明嘉靖二十三年（1544 年）"知州朱官历其地，因改水筑堤修之，岁乃收"。[144] 从"陂池潴水""决堤不潴"我们看到前人人为改造水环境的痕迹，而知州朱官"改水筑堤修之"的行动则是对水环境变迁后的积极应对，该堤至清康熙年间仍然发挥功用。[145] 嘉靖《大理府志》还记载龟山之东有"新渠"，以及炼洞、甸头、甸尾诸渠等，[146] 虽然没有详细记载"渠"的形成过程，但它们应当是人为改造自然水环境的产物。

至清代，人们仍然沿用明代功能较好的水利，如乌龙坝、茹村坝以及大场曲堤（清雍正志中又叫济民堤）等，与明代方志不同的是，清方志中对上苍湖水资源利用有较为突出的记载。据载，上苍湖"周可十里，滨湖之田为清明、上下二洞及白荡坪用水车逆灌。由湖而下注为下苍，为三家村，为子古一带之田……皆赖此水以为利"。[147]作为水资源，上苍湖在明嘉靖《大理府志》中有记载，但是列于"山川"目之下，言其产莲花菜，鱼肥美等，未提及灌溉。[148]对上苍湖人为利用的现象初见于康熙《大理府志》，雍正《宾川州志》续记之。从几部方志的记录和比较中我们看到一个现象，即清代宾川志书抄录明代方志言辞较多，若有新变化则是寥寥数语，多采用一笔带过的方式进行描述，但对上苍湖的记载却着墨较多。康熙志载上苍湖时曰："今好事者欲决此水为田，水既洩则上下皆石田矣"。担忧"湖中之田又岂得为利乎！现在之田而异将来不可必之利，其害大焉！"[149]这说明至清康熙年间，上苍湖水资源水利呈衰败之象。从雍正《宾川州志》记载中我们看到，人们对上苍湖的利用方式发生一些变化。其中记"由湖而下"灌溉土地的方式古已存在，我们要注意的是时人"用水车逆灌"、"皆赖此水以为利"的记载。这或许是明中后期至入清以来人们改进水资源利用、提高功效的例子。我们知道，在洱海西岸那样经济较发达地区，有人倡议应将水车视为兴水利，保障农耕的重要手段，然未果。宾川的水资源条件、经济发展皆不如洱海西岸，"水车逆灌"方式出现，体现当地水资源利用的手段有所增加，有利于农业的发展。

此外，清人对原有潭泉、山涧的利用也有更多的人工痕迹，分水利用尤为突出。据史料记载，出水量甚微的积水潭"冬腊月并纳河水以积"，"夏至前五日开潭"灌溉土地；"至于南北箐及大小沟所细出之水合为一股，自芒种前五日起至夏至后十日，合为一月。前半月为名庄之水例，后半月为玉龙村之水例。其外，每以五日轮流以资灌溉"，并在乾隆四十年（1775 年）勒石为证。[150]这反映出由明入清，宾川水资源利用方式一方面出现了进步和变化，但另一方面用水也面临艰辛和无奈。

　　本章通过对洱海区域整体的分析阐述，我们清楚地看到区域内部不同地区的水资源分布、水资源利用方式、水利发展速度与水平等存在空间和时间差异；人们对水资源利用方式会随资源充足与否、社会发展程度差异有自然利用为主及人为改造利用为主的不同。从水资源分布看，洱海西岸及以西地区、洱海以北地区的水资源较充足，洱海以南地区次之，洱海以东地区再次之。在水资源丰富的地区，洱海西岸及以西地区的自然利用方式较为突出，人为改造利用较其他地区有限；洱海以北地区限于江河汹涌、水患较多等自然条件，人为改造水环境的活动频繁，史载更多。在水资源不够充足的洱海以南以及水资源匮乏的洱海以东地方，自明初以来，兴修水利、疏浚河道一直是当地官民的主要任务。根据水资源利用方式变化及各地水利发展的时间分析，大体线索是：自明立国后的八十年左右，人们对水资源的利用多是自然利用；在明中后期至清代，人为改造并利用活动较集中于明中期和清前期。从水资源管理角度看，除组织兴建水利工程外，主要表现为对水利的定期治理，以及对水资源的合理分配，即分水制实施。水资源管理明初就有，明中期更为重视并普遍实施；清有延续。其中，分水制实施在清代尤为明确。可以看到，水资源的人为改造及加强管理确实可以保障一时之用；若重视并持续投人人力物力则可使水利维持较长时间。不过，人为的活动难以改变水资源的整体面貌，我们可以今天一些地区水资源依然缺乏的困境中看出这一点。

水利兴修和水资源利用方式的变化体现人类生产活动的进步，社会的进步，但同时也反映出自然环境的变化。人与自然的互动是否和谐，在一定程度上也决定了人类社会的发展。

注　释

1　在当地，民间称湖为海，或称海子，或称湖，面积小一些的多称龙潭。

2　（清）伊桑阿等纂：《大清会典》卷17《户部·杂赋》影印文渊阁四库全书本。

3　（明）李东阳纂、申时行重修：《大明会典》卷32《大理府》，影印文渊阁四库全书本。

4　（明）李元阳纂修：万历《云南通志》卷2《地理》，载杨世钰、赵寅松主编：《大理丛书·方志篇》卷1，民族出版社2007年版，第249页。

5　（明）李元阳纂：嘉靖《大理府志》卷2《地理志·风俗》，载《云南大理文史资料选辑》（地方志之一），大理白族自治州文化局翻印1983年版，第80页。

6　（明）李元阳纂：嘉靖《大理府志》卷2《地理志·山川》，载《云南大理文史资料选辑》（地方志之一），大理白族自治州文化局翻印1983年版，第56页。

7　（明）李元阳纂修：万历《云南通志》卷2《地理》，载杨世钰、赵寅松主编：《大理丛书·方志篇》卷1，民族出版社2007年版，第249页。

8　（清）傅天祥等修，黄元治等纂：康熙《大理府志》卷5《沟洫》，载杨世钰、赵寅松主编：《大理丛书·方志篇》卷4，民族出版社2007年版，第77页。

9　（明）李元阳纂：嘉靖《大理府志》卷2《地理志·堤坝陂塘附》，载《云南大理文史资料选辑》（地方志之一），大理白族自治州文化局翻印1983年版，第103页。

10　（清）傅天祥等修，黄元治等纂：康熙《大理府志》卷5《沟洫》，载杨世钰、赵寅松主编：《大理丛书·方志篇》卷4，民族出版社2007年版，第76页。

11　12　（清）傅天祥等修，黄元治等纂：康熙《大理府志》卷5《沟洫》，载杨世钰、赵寅松主编：《大理丛书·方志篇》卷4，民族出版社2007年版，第77页。

13　（明）李元阳纂：嘉靖《大理府志》卷2《地理志·堤坝陂塘附》，载《云南大理文史资料选辑》（地方志之一），大理白族自治州文化局翻印1983年版，第103页。

14　（明）李元阳纂：嘉靖《大理府志》卷2《地理志·沟洫》，载《云南大理文史资料选辑》（地方志之一），大理白族自治州文化局翻印1983年版，第102页。

15　（明）李元阳纂：嘉靖《大理府志》卷2《地理志·堤坝》，载《云南大理文史资料选辑》（地方志之一），大理白族自治州文化局翻印1983年版记澜沧江有澜沧水、鹿沧江、浪沧等名。

16　（清）傅天祥等修，黄元治等纂：康熙《大理府志》卷5《沟洫》，载杨世钰、赵寅松主编：《大理丛书·方志篇》卷4，民族出版社2007年版，第79页。

17　18　（清）陈希芳纂修：雍正《云龙州志》卷3《山川》，载杨世钰、赵寅松主编：《大理丛书·方志篇》卷7，民族出版社2007年版，第230页。

19　（清）傅天祥等修，黄元治等纂：康熙《大理府志》卷5《沟洫》，载杨世钰、赵世瑜主编：《大理丛书·方志篇》卷4，民族出版社2007年版，第75页。

20　（明）李元阳纂：嘉靖《大理府志》卷2《地理志·山川》，载《云南大理文史资料选辑》（地方志之一），大理白族自治州文化局翻印1983年版，第56页。

21　（清）佟镇修，李倬云、邹启孟纂：康熙《鹤庆府志》卷6《山川》载杨世钰、赵寅松主编：《大理丛书·方志篇》卷8，民族出版社2007年版，第200页。

22　（清）傅天祥等修，黄元治等纂：康熙《大理府志》卷5《沟洫》，载杨世钰、赵寅松主编：《大理丛书·方志篇》卷4，民族出版社2007年版，第78页。

23　（明）李元阳纂：嘉靖《大理府志》卷2《地理志·山川》，载《云南大理文史资料选辑》（地方志之一），大理白族自治州文化局翻印1983年版，第65页。

24　（清）傅天祥等修，黄元治等纂：康熙《大理府志》卷5《沟洫》，载杨世钰、赵寅松主编：《大理丛书·方志篇》卷4，民族出版社2007年版，第78页。

25　（明）李元阳纂：嘉靖《大理府志》卷2《地理志·堤坝陂塘附》，载《云南大理文史资料选辑》（地方志之一），大理白族自治州文化局翻印1983年版，第107页。

26　28　30　31　（明）李元阳纂修：万历《云南通志》卷3《地理》，载杨世钰、赵寅松主编：《大理丛书·方志篇》卷1，民族出版社2007年版，第291、288页。

27　29　（清）杨金和、杨金鉴等纂修：光绪《鹤庆州志》卷12《水利》，载杨世钰、赵寅松主编：《大理丛书·方志篇》卷8，民族出版社2007年版，第390、444页。

32　（清）王世贵修，张伦等纂：康熙《剑川州志》卷2《图考·名景》，载杨世钰、赵寅松主编：《大理丛书·方志篇》卷9，民族出版社2007年版，第575页。

33　（清）王世贵修，张伦等纂：康熙《剑川州志》卷2《图考·山川》，载杨世钰、赵寅松主编：《大理丛书·方志篇》卷9，民族出版社2007年版，第575页。

34　（明）李元阳纂：嘉靖《大理府志》卷2《地理志·山川》，载《云南大理文史资料选辑》（地方志之一），大理白族自治州文化局翻印1983年版，第62页；（清）傅天祥等修，黄元治等纂：康熙《大理府志》卷5《山川》，载杨世钰、赵寅松主编：《大理丛书·方志篇》卷4，民族出版社2007年版，第75页。

35　（清）傅天祥等修，黄元治等纂：康熙《大理府志》卷5《沟洫》，载杨世钰、赵寅松主编：《大理丛书·方志篇》卷4，民族出版社2007年版，第78页。

36　（明）李元阳纂：嘉靖《大理府志》卷2《地理志·山川》，载《云南大理文史资料选辑》（地方志之一），大理白族自治州文化局翻印1983年版，第62页。

37　（清）傅天祥等修，黄元治等纂：康熙《大理府志》卷5《沟洫》，载杨世钰、赵寅松主编：《大理丛书·方志篇》卷4，民族出版社2007年版，第77页。

38　（清）陈钊镗修，李其馨等纂：道光《赵州志》卷1《水利》，载杨世钰、赵寅松主编：《大理丛书·方志篇》卷4，民族出版社2007年版，第318页。

39　（清）傅天祥等修，黄元治等纂：康熙《大理府志》卷5《沟洫》，载杨世钰、赵寅松主编：《大理丛书·方志篇》卷4，民族出版社2007年版，第77页。

40　（明）李元阳纂：嘉靖《大理府志》卷2《地理志·山川》，载《云南大理文史资料选辑》（地方志之一），大理白族自治州文化局翻印1983年版，第62页；（清）傅天祥等修，黄元治等纂：康熙《大理府志》卷5《沟洫》，载杨世钰、赵寅松主编：《大理丛书·方志篇》卷4，民族出版社2007年版，第77页。

41　（清）蒋旭纂修：康熙《蒙化府志》卷1《山川》，载杨世钰、赵寅松主编：《大理丛书·方志篇》卷6，民族出版社2007年版，第45页。

42　（清）梁友檍纂辑：民国《蒙化县志稿》卷9《地利部·水利志》，载杨世钰、赵寅松主编：《大理丛书·方志篇》卷6，民族出版社2007年版，第441页。

43　44　（清）蒋旭纂修：康熙《蒙化府志》卷1《山川》，载杨世钰、赵寅松主编：

《大理丛书·方志篇》卷6，民族出版社2007年版，第45页。

45　（清）梁友檍纂辑：民国《蒙化县志稿》卷9《地利部·水利志》，载杨世钰、赵寅松主编：《大理丛书·方志篇》卷6，民族出版社2007年版，第441页。

46　48　（清）傅天祥等修，黄元治等纂：康熙《大理府志》卷5《沟洫》，载杨世钰、赵寅松主编：《大理丛书·方志篇》卷4，民族出版社2007年版，第78页。

47　（清）李世保修，张圣功等纂：乾隆《云南县志》卷3《水利》，载杨世钰、赵寅松主编：《大理丛书·方志篇》卷5，民族出版社2007年版，第325—327页。

49　（明）李元阳纂：嘉靖《大理府志》卷2《地理志·风俗》，载《云南大理文史资料选辑》（地方志之一），大理白族自治州文化局翻印1983年版，第81页。

50　（明）李元阳纂：嘉靖《大理府志》卷2《地理志·堤坝陂塘附》，载《云南大理文史资料选辑》（地方志之一），大理白族自治州文化局翻印1983年版，第105页。

51　（清）周钺纂修：雍正《宾川州志》卷2《气候》，载杨世钰、赵寅松主编：《大理丛书·方志篇》卷5，民族出版社2007年版，第522页。

52　53　（清）傅天祥等修，黄元治等纂：康熙《大理府志》卷5《沟洫》，载杨世钰、赵寅松主编：《大理丛书·方志篇》卷4，民族出版社2007年版，第79、78页。

54　（明）李元阳纂：嘉靖《大理府志》卷2《地理志·山川》，载《云南大理文史资料选辑》（地方志之一），大理白族自治州文化局翻印1983年版，第66页。

55　（清）傅天祥等修，黄元治等纂：康熙《大理府志》卷5《沟洫》，载杨世钰、赵寅松主编：《大理丛书·方志篇》卷4，民族出版社2007年版，第78页。

56　李文浓纂：民国《宾阳志书·水利》，载杨世钰、赵寅松主编：《大理丛书·方志篇》卷5，民族出版社2007年版，第605页。

57　（明）李元阳纂：嘉靖《大理府志》卷2《地理志·沟洫》，载《云南大理文史资料选辑》（地方志之一），大理白族自治州文化局翻印1983年版，第101—102页。

58　（明）李元阳纂：嘉靖《大理府志》卷2《地理志·堤坝陂塘附》，载《云南大理文史资料选辑》（地方志之一），大理白族自治州文化局翻印1983年版，第103页。

59　（清）傅天祥等修，黄元治等纂：康熙《大理府志》卷28《灾祥》，载杨世钰、赵寅松主编:《大理丛书·方志篇》卷4,民族出版社2007年版,第178页。

60　61　(明)李元阳纂:嘉靖《大理府志》卷2《地理志·堤坝陂塘附》,载《云南大理文史资料选辑》(地方志之一),大理白族自治州文化局翻印1983年版,第103页。

62　63　65　66　(清)傅天祥等修,黄元治等纂:康熙《大理府志》卷5《沟洫》,载杨世钰、赵寅松主编:《大理丛书·方志篇》卷4,民族出版社2007年版,第76、76—77页。

64　(明)李元阳纂:嘉靖《大理府志》卷2《地理志·沟洫》,载《云南大理文史资料选辑》(地方志之一),大理白族自治州文化局翻印1983年版,第102页。

67　民国《大理县志稿》张培爵修,周宗麟纂:民国《大理县志稿》卷1《地志部·山川》、卷3《建设部·交通》等,载凤凰出版社编选:《中国地方志集成·云南府县志辑》(第72、73册),凤凰出版社2009年版,第483、84—85页。

68　(清)陈希芳纂修:雍正《云龙州志》卷3《山川》,载杨世钰、赵寅松主编:《大理丛书·方志篇》卷7,民族出版社2007年版,第230页。

69　(清)傅天祥等修,黄元治等纂:康熙《大理府志》卷5《沟洫》,载杨世钰、赵寅松主编:《大理丛书·方志篇》卷4,民族出版社2007年版,第78页。

70　71　72　(明)李元阳纂:嘉靖《大理府志》卷2《地理志·堤坝陂塘附》,载《云南大理文史资料选辑》(地方志之一),大理白族自治州文化局翻印1983年版,第106、107页。

73　75　(清)钮方图修,侯允钦纂:咸丰《邓川州志》卷2《山川》,载杨世钰、赵寅松主编:《大理丛书·方志篇》卷7,民族出版社2007年版,第491、543页。

74　(清)钮方图修,侯允钦纂:咸丰《邓川州志》卷5《灾祥》,载杨世钰、赵寅松主编:《大理丛书·方志篇》卷7,民族出版社2007年版,第510—512页。

76　(清)钮方图修,侯允钦纂:咸丰《邓川州志》卷9《河工志》,载杨世钰、赵寅松主编:《大理丛书·方志篇》卷7,民族出版社2007年版,第566页。

77　(清)周沆纂修:光绪《浪穹县志略》卷4《赋役志·水利》,载杨世钰、赵寅松主编:《大理丛书·方志篇》卷8,民族出版社2007年版,第43页。

78　(清)傅天祥等修,黄元治等纂:康熙《大理府志》卷5《沟洫》,载杨世钰、赵寅松主编：《大理丛书·方志篇》卷4，民族出版社2007年版，第78页。

79　80　（明）李元阳纂：嘉靖《大理府志》卷2《地理志·堤坝陂塘附》，载《云南人理文史资料选辑》（地方志之一），大理白族自治州文化局翻印1983年版，第107—108、107页。

81　82　83　84　85　（清）周沆纂修：光绪《浪穹县志略》卷4《赋役志·水利》，载杨世钰、赵寅松主编：《大理丛书·方志篇》卷8，民族出版社2007年版，第43页。

86　87　88　（明）李元阳纂修：万历《云南通志》卷3《地理》，载杨世钰、赵寅松主编：《大理丛书·方志篇》卷1，民族出版社2007年版，第290页。

89　91　92　（清）杨金和、杨金鉴等纂修：光绪《鹤庆州志》卷12《水利》，载杨世钰、赵寅松主编：《大理丛书·方志篇》卷8，民族出版社2007年版，第444—446页。

90　93　（明）李元阳纂修：万历《云南通志》卷3《地理》，载杨世钰、赵寅松主编：《大理丛书·方志篇》卷1，民族出版社2007年版，第290、291页。

94　（清）王世贵修，张伦等纂：康熙《剑川州志》卷4《塘坝水利》，载杨世钰、赵寅松主编：《大理丛书·方志篇》卷9，民族出版社2007年版，第582页。

95　96　（清）鄂尔泰等修，靖道谟纂：乾隆《云南通志》卷13《水利》，江苏广陵古籍刻印社1988年版，第58、57页。

97　（清）王世贵修，张伦等纂：康熙《剑川州志》卷4《塘坝水利》，载杨世钰、赵寅松主编：《大理丛书·方志篇》卷9，民族出版社2007年版，第582页。

98　（明）李元阳纂：嘉靖《大理府志》卷2《地理志·堤坝陂塘附》，载《云南大理文史资料选辑》（地方志之一），大理白族自治州文化局翻印1983年版，第104页。

99　（清）陈钊镗修，李其馨等纂：道光《赵州志》卷1《水利》，载杨世钰、赵寅松主编：《大理丛书·方志篇》卷4，民族出版社2007年版，第317页。

100　《建立赵州东晋湖塘闸口记》，载杨世钰、赵寅松主编：《大理丛书·金石篇》，卷2，云南民族出版社2010年版，第716页。

101　（明）庄诚修，王利宾纂：万历《赵州志》卷1《沟洫》，载《云南大理文史资料选辑》（地方志之二），大理白族自治州文化局翻印1983年版，第27页。

102　（清）陈钊镗修，李其馨等纂：道光《赵州志》卷1《水利》，载杨世钰、赵寅松主编：《大理丛书·方志篇》卷4，民族出版社2007年版，第317页。

103　104　（明）李元阳纂：嘉靖《大理府志》卷2《地理志·堤坝陂塘附》，载《云南大理文史资料选辑》（地方志之一），大理白族自治州文化局翻印1983年版，第103、104页。

105　106　108　109　112　（清）陈钊镗修，李其馨等纂：道光《赵州志》卷1《水利》，载杨世钰、赵寅松主编：《大理丛书·方志篇》卷4，民族出版社2007年版，第317、319、318页。

107　宋文熙等撰：民国《弥渡县志稿》卷14《各志记载摘抄·水利》，载杨世钰、赵寅松主编：《大理丛书·方志篇》卷9，民族出版社2007年版，第836页。

110　（清）鄂尔泰等修，靖道谟纂：乾隆《云南通志》卷13《水利》，江苏广陵古籍刻印社1988年版，第42页。

111　（明）庄诚修，王利宾纂：万历《赵州志》卷1《地理志·沟洫》，载《云南大理文史资料选辑》（地方志之二），大理白族自治州文化局翻印1983年版，第27—30页。

113　（明）李元阳纂修：万历《云南通志》卷3《地理》，载杨世钰、赵寅松主编：《大理丛书·方志篇》卷1，民族出版社2007年版，第285页。

114　（清）梁友檍纂辑：民国《蒙化县志稿》卷9《地利部·水利志》，载杨世钰、赵寅松主编：《大理丛书·方志篇》卷6，民族出版社2007年版，第441页。

115　（清）梁友檍纂辑：民国《蒙化县志稿》卷9《地利部·水利志》，载杨世钰、赵寅松主编：《大理丛书·方志篇》卷6，民族出版社2007年版，第441页。

116　（清）蒋旭纂修：康熙《蒙化府志》卷1《地理志·沿革》，载杨世钰、赵寅松主编：《大理丛书·方志篇》卷6，民族出版社2007年版，第71页。

117　118　119　（清）梁友檍纂辑：民国《蒙化县志稿》卷9《地利部·水利志》，载杨世钰、赵寅松主编：《大理丛书·方志篇》卷6，民族出版社2007年版，第441、441—442页。

120　121　（清）蒋旭纂修：康熙《蒙化府志》卷2《沟洫》，载杨世钰、赵寅松主编：《大理丛书·方志篇》卷6，民族出版社2007年版，第71页。

122　（明）李元阳纂：嘉靖《大理府志》卷2《地理志·山川》，载《云南大理文史资料选辑》（地方志之一），大理白族自治州文化局翻印1983年版，第63页。

123　（清）傅天祥等修，黄元治等纂：康熙《大理府志》卷5《沟洫》，载杨世钰、赵寅松主编：《大理丛书·方志篇》卷4，民族出版社2007年版，第78页。

124 （清）傅天祥等修，黄元治等纂：康熙《大理府志》卷5《沟洫》，载杨世钰、赵寅松主编：《大理丛书·方志篇》卷4，民族出版社2007年版，第77页；（清）项联晋修，黄炳堃纂：光绪《云南县志》卷3《建置·水利》，载杨世钰、赵寅松主编：《大理丛书·方志篇》卷5，民族出版社2007年版，第378页。

125 （清）伍青莲纂修：康熙《云南县志》卷2《地理志·沟洫》，载杨世钰、赵寅松主编：《大理丛书·方志篇》卷5，民族出版社2007年版，第246页。

126 127 （清）项联晋修，黄炳堃纂：光绪《云南县志》卷3《建置志·水利》，载杨世钰、赵寅松主编：《大理丛书·方志篇》卷5，民族出版社2007年版，第379页。

128 （清）傅天祥等修，黄元治等纂：康熙《大理府志》卷5《沟洫》，载杨世钰、赵寅松主编：《大理丛书·方志篇》卷4，民族出版社2007年版，第77页。

129 （明）李元阳：嘉靖《大理府志》卷2《地理志·堤坝陂塘附》，载《云南大理文史资料选辑》（地方志之一），大理白族自治州文化局翻印1983年版，第104页。

130 132 （清）伍青莲纂修：康熙《云南县志》卷2《地理志·沟洫》，载杨世钰、赵寅松主编：《大理丛书·方志篇》卷5，民族出版社2007年版，第246页。

131 （清）傅天祥等修，黄元治等纂：康熙《大理府志》卷5《沟洫》，载杨世钰、赵寅松主编：《大理丛书·方志篇》卷4，民族出版社2007年版，第77页。

133 134 135 （清）李世保修，张圣功等纂：乾隆《云南县志》卷3《水利》，载杨世钰、赵寅松主编：《大理丛书·方志篇》卷5，民族出版社2007年版，第325页。

136 137 138 （清）项联晋修，黄炳堃纂：光绪《云南县志》卷3《建置志·水利》，载杨世钰、赵寅松主编：《大理丛书·方志篇》卷5，民族出版社2007年版，第378、379页。

139 140 （清）项联晋修，黄炳堃纂：光绪《云南县志》卷3《建置志·水利》，载杨世钰、赵寅松主编：《大理丛书·方志篇》卷5，民族出版社2007年版，第379、380页。

141 （清）周钺纂修：雍正《宾川州志》卷2《气候》，载杨世钰、赵寅松主编：

《大理丛书方志篇》卷5，民族出版社2007年版，第522页。

142　（清）傅天祥等修，黄元治等纂：康熙《大理府志》卷5《沟洫》，载杨世钰、赵寅松主编：《大理丛书·方志篇》卷4，民族出版社2007年版，第79页。

143　144　（明）李元阳纂：嘉靖《大理府志》卷2《地理志·堤坝陂塘附》，载《云南大理文史资料选辑》（地方志之一），大理白族自治州文化局翻印1983年版，第108页。

145　147　（清）傅天祥等修，黄元治等纂：康熙《大理府志》卷5《沟洫》，载杨世钰、赵寅松主编：《大理丛书·方志篇》卷4，民族出版社2007年版，第78页。

146　（明）李元阳纂：嘉靖《大理府志》卷2《地理志·堤坝陂塘附》，载《云南大理文史资料选辑》（地方志之一），大理白族自治州文化局翻印1983年版，第108页。

148　（明）李元阳纂：嘉靖《大理府志》卷2《地理志·山川》，载《云南大理文史资料选辑》（地方志之一），大理白族自治州文化局翻印1983年版，第67页。

149　（清）傅天祥等修，黄元治等纂：康熙《大理府志》卷5《沟洫》，载杨世钰、赵寅松主编：《大理丛书·方志篇》卷4，民族出版社2007年版，第78页。

150　李文浓纂：民国《宾阳志书·水利》，载杨世钰、赵寅松主编：《大理丛书·方志篇》卷5，民族出版社2007年版，第604页。

第六章　地方政府与明清洱海区域环境治理

生态环境变迁会带来显著的社会效应。明清以来洱海区域的生态环境变迁，一方面影响和改变着民众利用自然资源的方式，另一方面也对地方社会治理提出了全新的要求，生态环境治理成为社会治理的重要内容。明清以来，地方政府和卫所机构强化了生态环境的社会治理能力，协调社会关系，动员社会力量，制订生态环境法规，裁决自然资源纠纷，防治和应对生态灾害，在自然资源管理和生态治理中发挥了主体性作用。

第一节　水资源管理与水患防治

明代以后，洱海区域开发迅速推进，农业灌溉体系和防洪排涝体系逐渐形成，明清地方政府的水利管理职能得到凸显。一方面，官府行政力量对民间水资源分配和水利纠纷介入，促进了水资源管理和利用的法制化。另一方面，地方官府围绕兴水和治水两大要务，推进了洱海区域水利工程的修建和水患防治体系的建立，在一定程度上降低了生态环境变迁的负面影响，促进了洱海区域的水利化。

一、水资源分配与管理

洱海区域水资源丰富，《肇域志》中就记载，大理府城"四水入城中，十五水流村落，大理民无一陇半亩无过水者，古未荒旱，人不识桔槔"。[1]明清以来，区域开发的深入导致了水资源利用矛盾的加剧；与此同时，官府水利管理职能强化，地方政府在水资源分配和水利纠纷解决中发挥了主导作用。

（一）明代水资源分配与水权制度构建

水资源分配是农业垦殖扩大及水资源短缺的必然结果。明代以后，大规模的移民和卫所军户进入洱海区域，垦田数量上升。新的水利设施大量修建。然而，在水资源配置方面，由于产权缺位或产权不明晰，用水矛盾突出，水资源配置效率低下。地方政府通过界定和明晰水权，有效发挥了政府的资源配置职能，保证了水资源配置的公平和效益，维护了用水秩序。

明代洱海区域军屯已具相当规模，军田与民田犬牙交错，在灌溉用水问题上常常发生争夺和矛盾。洪武年间，为协调军民用水，大理卫指挥使司与大理府商定军民田放水则例。立于宣德年间的《洪武宣德年间大理府卫关里十八溪共三十五处军民分定水例碑文》记载了水例分定的情况：[2]

> 　　一处，河尾西山涧水，军左所三日三夜，民二日二夜。
> 　　一处，杨南村沟水，军前所二分，左前所五分，民水三分。

一处，杨皮村西涧水，军左所二分，左前所一分，民七分，昼夜放。

一处，马蝗沟涧水，军前所三分，中左所二分，后所二分，民三分。

一处，大龙潭水，军前所一分，左所一分，后所一分，民一分。

一处，感通寺涧水，军前所三分，中右、中左所一分，民三分。

一处，十里铺潭水，军中后所一分，民一分。

一处，七里桥涧水、阳和村沟水，军左所三分，中所一分。阳和禄各庄民六分。

一处，五里桥涧水，军左所二分，民八分。

一处，城南厢苍山涧水，军本卫秧田四分，前所二分，民四分。

一处，古城涧水，军秧田四分，前所三分，右所一分，后所二分，民一分。

一处，五里桥涧水，军后所五分，民五分。

一处，江心庄涧水，军后所五分，民五分。

一处，黑桥涧水，军后所三分，右所一分，中所一分，民五分。

一处，塔桥涧水，军左所四分，民二分。

一处，古城外摩用涧水，军右所三分，左所一分，民四分。

一处，上洋溪涧水，军左所五分，民五分。

一处，作揖铺涧水，军左所四分，民六分。

一处，小邑庄泉水，军左所三分，中所二分，民五分。

一处，西山观音寺涧水，军中所三分，民七分。

一处，灵会寺泉水，军中所五分，民五分。

一处，大院塝村下水，军中所五分，民五分。

一处，峨崀涧水，军中所四分，民六分。

一处，三舍邑涧水，军五分，民五分。

一处，沙坪村涧水，军中所三分，民七分。

一处，白石涧水，分开三分，周城民七分，军中所二分，牧马邑民水七分，军中无。峨崀里民水七分，军水三分。

一处，周城涧水，军中所四分，中前所二分，民四分。

一处，周城泉水，军中所四分，民四（？）六分。

一处，神摩洞涧水，军中所四分，民六分。

一处，白花涧水，军中所三分，中前所二分，中右所一分，民四分。

一处，草脚屯西山下泉水，军中前所四分，中所二分，民四分。

一处，波罗塝大路下泉水，军六分，民四分。

明清时期，洱海西岸"田亩尽于两关之间，自北向南所资灌溉者，惟十八溪之水耳"。[3]碑文所列 32 处（碑文题为 35 处）水源，涉及范围涵盖了整个洱海西岸农业区，水源分配对屯戍和民生的影响很大。为避免"临期争夺"，经大理卫指挥使司与大理府商定，水源分配依照洪武年间所定水例，并委派官员对水例实施进行监督。碑文载：

今照得即日农忙在迩，各执碑（牌）面，将所呈原分水例于上，逐一明白开写。如遇栽秧之时，照旧分水灌田，毋容争夺。今置坎字号牌面开发，委官收掌，军民务在遵守。所委官员，至期会同有司，委官亲议。各屯军民相参田处，常川点闸，毋致失误农时。敢有互相争夺水例者，就便踏勘看问明白，将犯人严枷痛治，毋致偏徇，取罪不便。

官方"置坎字号牌面开发，委官收掌"作为分配水源的依据，而"所委官员"需要"常川点闸"，如遇争夺水例还要"踏勘看问明白，将犯人严枷痛治"。十八溪军民水例的分定是卫所与地方互相协调与合作的结果，充分反映出军地双方对水资源分配的重视。

明代初期，屯垦初设，洱海区域的农业开发尚处于推进过程中。从洱海区域的情况看，水权制度还未确立，水权归属尚不清晰。针对十八溪用水这样关系重大，涉及利益主体复杂的水资源分配问题，由官府出面协调并依靠行政力量分定水权是一种最具效率的分配方式。从水例分定的结果看，军民田地用水的比例约为1.07:1,[4]在偏重军屯用水的同时，水源分配数额总体维持均衡，既提高了水资源使用效率，又保证了水资源配置的公平。十八溪水例分配显示，官方在水资源配置中已经形成了平衡利益各方的协调沟通机制以及与土地占有和水源形态相适宜的分配管理机制，水资源配置向制度化方向推进，推动了洱海区域水权制度的建立。

到明代中后期，特别是嘉靖、万历年间，一些地区长期以来水权不清，无法用水的情况发生了改变。在官方的介入和推动下，军民田灌溉的用水规范形成，水权制度在洱海区域各地逐步建立。明代中期以后，官府在督修水利和裁决民间用水纠纷的同时，通过颁制水册，佥选水利老人等方式，推进民间水资源分配法制化和用水秩序合理化，确立了水权制度在水资源配置中的地位。

行政干预是官府介入水权配置的主要形式。明代天顺八年（1464 年），太和县庆洞庄辟南沟引洋溪涧水灌田。《庆洞庄观音寺南沟洋溪涧水记》记载：[5]

> 天下大利必归农，故历朝首重水利。明制，民间新辟水道必奏请以闻，奉旨勘验定夺而后施行，所以杜权势侵占也。……明天顺八年，礼部监赵公荣奏辟南沟一道，凿山十五里这遥，引洋溪涧水，北达小红圭山下而止，以灌村田。惟时颁请圣旨，贮奉村中。其分水也，则洋溪水源，设沟有七，分水为十，本甸沟头为第二道，用水二分，毋庸溢制；连乡六沟，得水八分。……其杜弊也，则夏至后柯黎庄甸，得用水尾，岁有赏助。附近各田，漏沟水外，不能波及。……自时厥后，丞民乃粒。

从碑文可以看出，为防止权势侵占，新修水道必须颁请圣旨，对水沟的受益范围和水例用度进行规定。颁请圣旨的过程，也就是水资源分配法制化的过程。明代鹤庆修筑的小柳场龙潭，潭分三闸，但用水"任其出入，每多不均"。嘉靖时期，知府周集增筑百尺，"计田之多少，准乎闸之浅深，沿而不改，民其永利也哉"。[6]从用水无制到计田分水，行政力量的介入，推动了水资源分配方式的改变和水权制度的确立。

裁决水权纠纷是官府介入水权配置的契机。在部分地区，水资源的分配虽然并非是全然无制可循，但民间的自发形成的灌溉习惯在公平性和约束力上存在缺陷，水利纠纷在所难免。嘉靖三十年（1551 年），洱海东岸大小场曲和栓廊三村发生了水利纠纷和土舍霸水事件，官府在查照旧规的基础上，为三村分定放水日期。为保证水规的有效运行，"佥水利老人一名"，"印给水簿一本"，将轮放日期"并南北山形沟势于上印刷"。[7]水利老人须将放水日期"办置格眼文簿填注"，"如有豪强之人倚势霸占，许令管水老人指名呈来，提问不恕"。[8]官府在水利纠纷的处置中，不仅颁制了水册，指示绅耆"刻石立碑，永为遵守"，还在民间佥选水利老人负责水利的分配和管理，从中已经可以窥见近代水权制度的雏形。

在确立水权制度的同时，官府还在水利纠纷裁决中，维持业已形成的水利规则，通过行政力量保障水权制度的运行。万历三十年（1602 年），蒙化府南庄十三村军民因水利旧规紊乱引发争控。经蒙化府踏勘，裁定："自今为始，遵照旧规，仍为拾昼夜，周而复始，轮流分放。其加增新水，悉行除革，不许侵占霸阻。如有似前紊乱旧规者，严拏解府，定行重治不恕"，并"为此立碑，永为遵守"。具体的分水方案为："下厂水一昼夜，宗住等官下水一昼夜，葛登等队伍一昼夜，探金等桥头水一昼夜，李方等□古城水贰昼夜，杨北赵涧等抄漠一昼夜，华拱于等机民水一昼夜，张希晋等寄庄水一昼夜，李永等下南庄一昼夜。"[9]蒙化府南庄十三村军民田相杂，土地灌溉需求大，经官府裁决，规定遵照旧规"周而复始，轮流分放"，基本实现军民用水均平。

在水利纠纷中，官府还对民间的用水习惯进行纠正和规范，促进了水资源分配的科学性和公平性。明代，鹤庆溪鲁村"有活水一道"，在满足本村灌溉的同时又引灌 20 里外的松桂田亩，而与溪鲁村土地相连、沟道所及的羊捲村却不能分用，因而引发村民上控。万历三十九年（1611 年），官府审理此案认为："天地自然之利，凡地土切近，宜得均沾也。"最终裁定："每年水利自十月至二月，每月先尽溪鲁放二十日，余十日听羊捲分用，余俱松桂灌田，如有溪鲁人民不遵公断，仍前阻滞，许执帖赴府陈告，定以抗违宪断重治不贷。"[10]鹤庆军民府的裁决弥补了民间水利分配的缺陷，保障了沟渠沿线村落的取水权，在合理分定水源的基础上重新确定了水权。

在官府的介入和推动下，明代嘉靖、万历时期以后，水权制度在洱海区域各地相继建立起来。在赵州，由于军民田相参，龙泉、沟坝众多，"或灌本村，或灌及数村"，[11]水权制度的发展较为充分，水权制度较其他地区也更为典型。甘陶水塘，"旧有堤防，然用水无法，利为豪右所专"，嘉靖年间"知州潘大武议夹石为渠，穿孔分水，其利始均"。[12]东晋湖闸，嘉靖四十三年（1564 年）"经抚按详允，据依拟，水利照旧军人民灌溉，仍抄详立石于本州大门，后永为遵守定例。……军民田地，俱有次序"。[13]牧棕村沟，灌溉本村及敬天、甘陀、富乐、东山等村田地，"明万历年间，民以争水互讼，水利道断定放水次序，俾民世守，均享其利。"[14]万历年间，北箐沟已有"铜牌轮次"，城北冲水规定"鸡鸣后军家放水，戌后民家放水"，西河亦"水利各有定规"。[15]方国瑜先生指出，云南各处通渠灌溉，农忙时多有分班轮次，就是明代的成规。[16]明代官府、卫所行政力量的介入，在推动水权制度建立方面显然发挥了主要作用。

（二）清代水利管理的法制化与水利纠纷裁决

明代至清初，由于洱海区域卫所屯田制的持续，保障屯田用水和协调军民用水是卫所和地方官员的一大职责。宾川州东山龙王庙箐水的用水纠纷从明代弘治时期持续至清康熙三十一年（1692年）前后。清康熙三十一年（1692年），在宾川州的裁决下，确定了照"旧册旧例"分水的原则，规范了水利的分配和用度。据《本州批允水例碑记》记载：

> 奉本州太爷甘批：仰张昌会同各乡约矜士，查明旧册旧例，秉公勒石，务令均沾水利，两无偏枯。奉批，当即查照旧额回报。本州遵奉勒石，庶册坏石存，水例不紊。一均放水，军民人等不致抗违。须至勒石者。所有各沟钜口开列于后：
> 第一钜口：周能村，八寸。第二钜口：卜伍军水，两尺八寸，折钜一尺四寸，职水四寸，送戚家庄水两寸。第三钜口：张伍南沟军水，一尺七寸，折钜八寸五；租米水四寸，折钜二寸；送圆觉寺供佛水二寸。第四钜口：散波浪水，一尺二寸，折钜六寸，送食水二寸。第五钜口：张伍北沟军水，一尺七寸，折钜口八寸五；职水一尺，折钜口五寸，黄甫水八寸，折钜四寸；邝表挖沟水一寸。第六钜口：老人沟白岗水八寸，折钜四寸，送食水二寸。[17]

清代前期，军屯衰落，屯军用水多被侵占。前引宾川东山龙王庙箐水在顺治年间开始被"众恶霸水二十五年"，致使"三伍田地荒芜，完纳不前，军皆逃散"。即便如此，政府仍竭力保证军屯用水，"务令均沾水利，两无偏枯"。[18]康熙年间，洱海区域卫所相继裁并，与卫所屯田相关的水利纠纷消失而不复见。清代中期以后，个人、村社乃至州县之间的水利纠纷不断增多并成为官府裁决的重点。

清代洱海区域水利纠纷频发，主要由争水或水权不清等因素导致。其中，争水、盗水引致的水利纠纷在清代社会有较高的发生率，主要表现为既有用水秩序的破坏。对这一类水利纠纷的处理，官府大多重申"旧规""旧例"，以维护水权制度及用水秩序。北沟阱水利是弥渡重要的灌溉水源，曾于万历年间发生水利纠纷，后经官府判决，勒有分水碑。乾隆元年（1736 年），有村民孙杨焕罔顾万历时期的分水成规违例霸水，捏造古碑合同，"倏生过沟水之新例"，"于过水沟中，欲分水以济耽田"，官府审理认为"自古水利，上关国赋，下系民生，轮放各照日期，古规实难紊乱"，"水利固系公物，灌溉则有定规"，着令"仍照古制行水，勿得混争"。[19]乾隆四十六年（1781 年），海东名庄、蕨涧两村发生互控水例案，争水的一方"将古合同上涂洗改换，属行妄控"，地方官员裁定"古合同存卷"并按古合同"再立合同，公私均有案据实"，双方"不得涂改换讼端"，用水遵循"乾隆四十五年以前放水古例"。[20]可见，古规旧例既是民间藉以主张水权的凭据，也是官府处理水利纠纷的依据。这种裁决原则体现了官方在纠纷调解中对民间习惯法、乡规民约的认可。

为预防和解决水利纠纷，官府一方面重视推进水资源管理的法制化，另一方面则专门对原有水利"旧规"进行调整，以适应新的农业生产环境。祥云禾甸五村龙泉从明代后期就立有明确的"崇祯水则"，雍正年间当地官员督修一沟三坝，在明代水则的基础上对用水规则进行了调整和修改。新颁订的水册由主要官员撰写序言并钤盖官府印信，成为具有法律约束性的用水规范。云南县知县张汉在水册"序言"中指出：

> 从来有治法而无人治者，未有能治人而无治法者。盖法有一宝，变通在人，因时因地，宜缓宜急，罔弗有利于民。……明钟李曦等会同居民公计田亩多寡之数，分析用水多寡之份，悉无偏私。又恐利在而起争端，宝花水册，开载姓名，各注水份于下，请予钤印，并取一言，刻于册首。[21]

当地官员为水册撰写水册序言，不仅被抄录于现存的同治年间水册之中，而且被垂成石碑，现仍立于禾甸许长本主庙内。在光绪（1877 年）太和县批准勒立的"阳南村水例碑"中，官府同样强调了水例条规在消弭纠纷中作用：

> 天下有利必有争，水利关国赋民生，争尤莫免，故水例所在必定水例。例者，有规有条，利利息争之常道也。顾无论历古不逾之例、随时济变之例出之必公，不然时移世易，私胜争起，利反为害。

可见，制订符合现实的用水规则并赋予其法律效力，是地方官府预防和减少水利纠纷的重要手段。

水利纠纷一方面多与用水人户破坏用水秩序，逾制占水、霸水有关；另一方面，水权制度不合理也是水利纠纷发生的一个重要原因。民间自发形成的用水规范在实践中对生产环境变化的反应具有滞后性，一旦水情、地情发生变化而不加以改易，水利纠纷就在所难免。对这一类水利纠纷，官府裁决的关键是重新划定水例、水权。赵州小西庄、栗树庄和矣者蓬三村共用波罗湾之水，立有分水成规。雍正年间，"栗树庄里民将山地改为水田"，因用水不敷从而盗挖小西庄之水，引致水利纠纷。官府"带同各约，逐一确勘"，经过酌议，制订了兼顾各方的分水方案，"各已允服"。[22]清代，大理阳南营头、营尾二村持续发生水利纠纷，"乾隆讼矣，嘉庆复屡讼；同治争矣，光绪丙子复大争，遂背约紊规"。光绪三年（1877年），官府调查后认为："二村田粮不能古今如一，嫌隙现已聚讼有年，难照古规不分畛域肆贰同挖。谨于古碑旧约中拟就各条，所谓酌盈以济虚，少分者不为让，哀多以益寡，足用而不争，息争以让，似属便安也。虽非历古不逾之例要，亦随时济变之例矣。"[23]通过对旧规的"随时济变"，官府重订水例，解决了纠纷。

在水利纠纷中，还有一类是由于各方利益诉求不一而引发的。乾隆时期，云南县莲花曲七村因在莲花海加埂蓄水而导致大溯头村频遭水患，双方"互控不休"。官府裁定："每年夏秋之交栽插完毕，余令莲花曲坝长，积水以济来岁春禾，大溯头不得阻挠，至得收积。如积水泛涨之时，莲花曲减水满，不得阻遏，至使大溯头遭受水患，着坝长常川看守"，双方设立鳌头界石。[24]光绪三十年（1904年），赵州知州熊辰昶听信绅民妄谈风水，以振兴水利为名，更改弥城河道，引起了蒙化厅和云南县士民的反对和上控。蒙化厅和云南县官员认为"改修河道有碍云、蒙、赵三属粮田"，且"新河纡曲，纵可藉言以杀水势，而河自窄小，堤用沙筑，又无大树以保护之，且为道路所必经，民居粮田设遇水冲堤溃，不堪回首。是今日之所得所失者尚小，将来之宜

顾宜虑者甚大，此厅县两员之所不得不争，厅州县百姓之所不得
不阻也。"经大理府勘查核实，责令填平新河，恢复旧河道，并
勒石永远禁止开挖。[25]这类纠纷由于牵涉不同利益群体，具有一
定的复杂性，官府协调各方、统筹大局，妥善化解了纠纷。

　　明清官府对水利纠纷已有一套较为成熟的裁决机制。咸丰时
期，云南县梁王山龙泉用水发生纠纷，立于咸丰五年（1855 年）
的《均平水例碑》记载了纠纷的起因及官府解决纠纷的经过：[26]

　　　　照得县属梁王山有龙泉水一道，自古定有成规，灌
溉县属田亩，相安数百余年之久，士民等毫无争放等
弊。今接年以来，有华严村棍□恃强由山沟截放，其四
沟之水稀少，中坝田亩每被荒芜，士民等苦赔钱粮，难
于上纳，今于本年二月内与华严村互控争论，蒙县主张
协同学师汛厅土司亲临山沟勘明，断令四大沟之水肆拾
分，其山沟之水一分定平，照此灌放至西门外智光寺
止，以免争论。士民等允服，禀请给示勒石，以垂永等
情。据此，除给示外，合行给示，勒石为此示。仰县属
士庶军民人等知悉。其有水规勒石竖立各村，以昭平
允。尔等自此之后遵照四大沟肆拾分，山沟壹分灌放，
勿得再行恃强紊规霸放，再攘争端，各宜照示禀遵，如
敢故违，定行重究，决不姑宽。各宜禀遵勿违，特示。

从这一碑刻和其他洱海区域的水利诉讼碑来看，地方官员解决水
利纠纷主要有三个程序：第一，亲临踏勘，了解纠纷的实际情
况。如雍正时期，云南县水目山普贤寺水利诉讼中，官府多次实
地勘察，"及到此地，前后细观"，最后做出判决。[27]道光时期，

剑川上下沐邑发生争水案，当地官员多次踏看沟道，最后"秉大公断"。[28]第二，裁定。官府或参照民间古规，或斟酌制订新例，以均平用水为原则进行纠纷的裁定。对此前文已有论述。第三，将判决结果出示民间，民间书立合同，勒石遵守。鹤庆羊龙潭历来"照例分水，立有石闸"，光绪年间有村民"凿挖水道，屡坏古规"，以致演引发械斗，后经当地官绅调解，"断讫，俾两造书立合同，盖印存照，再取结存案，以息讼端。为此事由，批仰两造，即便照合同立碑，以永久各宜遵守"。[29]

二、水利设施修护与水患治理

云南高原水利环境的特点是水资源分布的不平衡。乾隆时期，云贵总督张允随就指出："滇省山多坡大，田号'雷鸣'，形如梯磴，即在平原，亦鲜近水之区。"[30]虽然洱海水资源丰富，但田高水低难于利用，主要依靠溪流、龙泉以及堰潭储水灌溉。如洱海西岸，虽然有十八溪以资灌溉，但是"力田者悉听其自然，非独无桔槔之劳，并无水车之用，一遇荒旱，水涸难周，辄束手无策矣"。[31]在洱海东岸一些远离溪涧的地方，"虽滨于洱海，又难逆灌，此限于地势，非人力所不到也"。[32]在其他地区也存在大量的"雷鸣田"，如蒙化府"山外江外崑仑各里，皆有涧溪之水，资其灌溉。然或田多水少，或天旱则竭，其田亩谓之'雷鸣'"。[33]总体来看，工程性缺水是洱海区域水资源利用中的核心问题。时人经常呼吁，"沟渠塘堰之利，尤民之所最急者"。[34]

另一方面，农业屯垦及山地开发引起的生态退化，导致了水利工程淤塞，河流砂石淤积，水患频发。特别在洱海北部的浪穹、邓川一带，水利淤塞的情况尤为明显。弥苴河，长期泥沙淤积，"试于春冬水涸睉之，则巨石蹲踞于上游，碎石铺列于节次，积沙累块垒垒然、烂烂然填塞于河身，较以地平，约岁淤高三四尺、五六尺不等"，"海口湮而河尾亦滞，是以三十年前锁水阁下即系河水入海之处，今已远距五六里许"。[35] 三江口，"昔时江口极深，河流陡峻，舟行至此，稍不经意，旋即驶下。今则淤积平衍，摄衣可渡矣。缘凤羽河泥沙甚盛，最易阻塞，水不顺流，满溢为害。"[36] 洱海区域其他地区也存在水利设施失修，水利淤塞、水患频发的情况。太和县城北七沟，"山涧淫雨，沙石奔流，沃壤良畴在在淤淤"，"其水弥高，其田弥下，今淤淤百余年矣"。[37] 由于水利淤塞和水利失修，清代前期一些地方已经是"平川沃壤非没于沙石，即沦于波涛……沟坝渐失其迹"。[38] 因此，地方官府将水利建设和水患治理作为水利工作的两大核心。

（一）水利设施建设与维护

水利设施的修建与维护是农业和民生的基础，也是洱海区域社会经济发展的客观需要。明代李元阳在《大理府志》中强调水利对大理坝子的重要性说："府西为点苍山，东为叶榆泽，山之十八溪东注于泽，灌溉之利，他县所不及，百年之内，沃土变为沙石，人民大窘，水利不讲之故也。"[39] 祥云坝子也面临着同样的问题。祥云坝子是著名的旱坝子，"水利总于宝泉山下，虽合各箐之水，其出无穷，然平壤周回百余里。以百余里之田取给于一沟之水，其不能普济也明矣"，"苟无陂塘以蓄之，旱则束手无灌溉之泽，淫雨则又潴漫而有沉溺之忧"。[40] 随着洱海区域开发的逐渐深入，水利工程失修、水利设施不足的问题突出，"海塘闸坝需人力之兴修者尤多"。[41]

水利设施的修建与维护是官府重要的行政职责。与民间组织相比，官府在水利建设方面具有无法比拟的行政优势。明代，大理府水利工程需由官府组织方能实施。罗甸渠，"其源出东山，居人引水成渠，垦田自给，然必在官倡之其工始集。"[42]和鹤桥沟，"每岁宜·浚，此必在位者董率居民，方克济事"。[43]清末，蒙化人梁友檍总结明清水利建设经验得失，专门强调官府应该在地方水利事务中发挥核心作用：

> 凡民可与乐成，难与图始，已成者尚改为田，况本无者而欲创成之乎？然有官守者，如慨然以此事为己任，饬谕各约乡保甲，将境内有无川泽及建渠引灌系用何水，某渠灌田若干顷亩，坝长水头若何分日用水，某里共有几陂，某陂是否修废，并有无古堰可以复兴，有无源泉可以挹注，凡于宜修宜创之故，莫不了如指掌，则全局在握。不惟遇疏浚之工指据有方，即或以争渠致讼者，亦可以按图立断也。[44]

在梁友檍看来，民众难与图始而乐于观成，因此只有发挥官府和良吏的作用，才能在水利事务中做到"全局在握"，在疏浚工程中做到"指据有方"，同时也能在水利纠纷中"按图立断"。

区域性和民生性水利工程是官府水利建设的核心。依据不同地域农业用水需求和水资源分布特点，官府在洱海区域主持修建了大批关系国赋民生的水利工程。在明清以来洱海区域的水利化进程中，官府始终是水利建设的核心力量。根据水利工程类型的不同，兹举数例。

宝丰坝是明清时期云南县兴修的重要水利工程，始建于明景泰六年（1455 年）。据大学士彭时《游峰坝碑记》记载：

游峰坝距云南县西北二十里，乃云南宪副麻城周公鉴与参政连江赵公雍之所倡而为之者也。盖二公行部至县，守法勤政，协德一心，进文武诸司，询民所利害而罢行之。于是洱海卫镇抚孙谦进曰：“民事莫重于农，而农之所忧，惟旱为甚，不可无以备之。县境有地曰“游蜂场”，四山环列，而中有巨浸者三，俗呼为“海子”，“其源深以长，其流散漫而广衍，非筑坝堰以时启闭，则水不为利。”二公愕然相顾曰：“此急务也！”因集文武官属，激之以义，命指挥同知张盘、县令赵彦亨辈庀材，指挥佥事吴瑾、千户丁晟董役。垒石为坝，高三十余丈，长二百五十尺，广半其长之数，中为斗门，视水之大小以节启闭。又作亭立祠，名之曰“宝泉”，因宝泉山之名也。然水之所注，可以灌田万顷，而利民于无穷，其实与名亦克称矣。[45]

宝泉坝灌溉弥渡、洱海卫和云南驿的大片田地，并不断增修。“崇祯间，兵备道何闳中相继重修，久复淤圮。雍正八年，知县王璐加修。”[46]经过明清两代不断加修，宝泉坝“灌田万顷”，成为祥云境内重要的水利工程，奠定了“云南（县）熟，大理（府）足”的水利基础。

东晋湖水利工程是明代赵州影响较大的一项陂塘水利工程。东晋湖“南北亘十里，东西约五里，中有九泉，冬夏不涸”，湖内蓄水可灌湖外之田，湖内水涸而其田可耕。明洪武初，知州潘大武建闸，蓄聚成湖，“例以湖中谷尽闭闸，湖外麦尽启闸，灌溉上下草甸，红山千户营，犁头湾、石鼻头、华营班庄七村田地，设闸夫两名，立石遵守。”[47]嘉靖年间，在知州潘坤泉支持下，大理卫后所掌印管屯千户宋胤改建石闸，凿石为孔，三孔各置一椿，上为锁钥以扃之，由是水无漏泄，启闭有时"。[48]据宋胤所立《大理卫后千户所为申明旧制水利永为遵守事碑》载：

> 卑职既叨管屯责任，须要处于将来。乘今于农隙之时，本官比照先委勘筑洱海卫青龙坝湖塘，修砌闸口，下锭石篆，依期起落闭放事规，每岁咸揭，余丁二名看守，督匠会估，共用银一十八两。本官将本州赃罚，动支一十一两二钱，责令旗军田章、马相等，收买木植砖石灰瓦等项，其不敷工食银六两八钱，卑职将俸粮借措，供应匠作。[49]

东晋湖闸为湖水蓄放及湖内外田亩的经营提供了工程性保障，解决了"湄田之利"与"灌溉之利"的矛盾，成为泽被"军民田千万余亩"的关键性工程。

黑龙潭堤和西龙潭堤是明代鹤庆府的重要水利工程。黑龙潭"泉出郡西南宣化山下，经行溪涧有泉进出"，时人称其"利物居多"，"灌溉半川，利莫大焉"。[50]为提高灌溉效率，正德十一年（1516年），同知张廷俊，沿山开沟，"沟开广五尺，深三尺许，绕山之曲二十有四，约三十余里"。[51]知府马卿继而"督各村屯民高其堤防，筑其散漫，而水亦加倍，更阔深其制"。[52]西龙潭，泉出鹤庆覆盆山。嘉靖年间，知府马卿"念民军民乏水，乃躬诣潭堤而增修之，更凿一大潭于其下，名曰'龙宝'，用石闸以蓄泄，计田亩以分流，于是旱涝有备，而水利溥焉。"[53]整个水利工程由潭、堤、闸组成，"西龙潭为上潭，东北为石闸以通流，曰'普利闸'；分一小闸为湄流闸，别出新开之闸为下潭，名曰

'龙宝'，深二丈余，周五百余丈。堤曰'万年'，高一丈有五尺，阔二丈，长六十有一丈"。工程竣工后，"春夏之交，莳秧者水具足"。[54]

除了明清方志中记载的重要水利工程外，还有大量官府主持的小型水利工程。明代赵州巧邑旧有惠渠，但"嘉靖年来，日久圮坏，恶以水势冲突，旋修旋坏"。万历年间，知州庄诚主持修建水坝，"垒石为坝，出土为堤，高十余丈，长广五里许"，"为闸门二，以时启闭"。工程建成以后，"旱则资之，栽插无失期，高下沾足，向所谓荒原，今皆为沃壤矣"。从规模上看，虽只是"灌溉田二十余顷"的小型工程，但被当地民众称道为"泽之被民者彰彰"并可比李冰、郑国的"民生工程"。[55]

在修建水利工程的同时，官府还对地方豪右破坏和霸占水利设施的行为予以打击，修复受破坏的水利设施。赵州东晋湖自明代以来不断有豪右壅塞闸口，阻霸水源。嘉靖年间，豪民杨求等人，"捏报升租，用船载土，填筑高埂成田种食，阻塞水道"，至湖内积水之期，"特称有粮，又不容填塞，以致水积微少，军民不能栽种，田荒粮累寒苦，外移不可胜数"，继而"军舍吴凤翔、李润等各于塘口水源，起盖碓硙，图利窃水"。知州潘坤泉"不畏势豪，将各犯枷号责治"，官府还批示"敢有将闸暗挖，起盖碓硙，霸阻侵占，及杨求、吴凤翔等仍肆偷占者，许指名申道，以凭拿问重治"。[56]南供河是鹤庆南甸田亩的主要灌溉水源，因有龙泉挹注，"南甸之田咸资溉焉"。明代以来，势家窥利，"欲横截泉水而用之。在正统中，为土酋，成化中，为守御，弘治中，为豪民某某"。正德年间，又有豪强窥利，"伪报开垦，以输赋为名，意欲从中途邀截，不几以数家之利，亢千万亩之良，恣一二夫之奸，贻千万人之戚"，知府王昂"追帖削册以杜奸谋，刻石为制，南甸诸民雍流之患绝矣"。[57]宾川大场曲，"有陂池储之备旱，为豪右利陂底之土肥美，决堤泄水，欲以为田，而陂外之田遂涸。嘉靖间，知州朱官复堤之，至今为利"，名曰"济民堤"。[58]

　　总的来看，明代中后期以后洱海区域水利化进程得以迅速推进，卫所机构和地方官府在其中发挥了主导性作用。在洱海区域水利化的过程中，出现了很多以治水著称的官吏。正德年间，浪穹知县杜翱"凿渠溉田以兴水利，民德之，有去思碑。"[59]前引明代鹤庆府同知张廷俊、知府马卿先后开沟筑堤引黑龙潭水灌溉江屯、刘屯、新生邑等处田地，民众"俱受其利"，清代"犹颂张马二公于不衰，并设祀龙潭立庙。"[60]清乾隆二年，鹤庆知府姚应鹤重修溪鲁水沟渠，"立有庙祀"。[61]乾隆年间的王孝治先后任职于邓川、太和两地，治理弥苴河"筑长堤，开支河，涸出良田万余亩"；新开太和龙尾甸水利，"启土开沟，伐石为槽"，使得这一带"水少土涸，岁多不登"的情形得以改善，深受士民爱戴。[62]

　　由于地方官府对水利的重视及水利工程的大批兴建，洱海区域农业生产的环境得到了极大改善。明代后期"水利不讲"现象，[63]随着水利化活动的持续，得到了根本性改变。特别是一些缺乏水利灌溉的"雷鸣田"开始有了稳定的用水来源。如云南县的周官嶅海，"无源泉，惟天雨受各山箐，灌雷鸣田亩"，雍正时期知县张汉，"开沟十余里，引团山坝水逾品甸山阜注其中，又于下流疏浚浍二十余里。"香果城海，"原系雷鸣旱田。雍正八年知县王璐率民买田三十一亩五分，开为五塘，由东中沟引团山坝水贮其中，灌两村田亩。"[64]同时，水利设施修建也为消弭和解决水利纠纷奠定了基础。明代，鹤庆西南部灌溉甚艰，村民因水争讼不断，知府马卿修筑青龙潭，平息了村民之间的水利纠纷。康熙《鹤庆府志》记载："郡西南隅，有阮百户上城村八处田三千余亩，其水甚艰，每遇莳秧，多至交讼。知府马卿亲诣潭所。乃曰：'此地隙地颇多，曷为渠闸？'遂令耆民杨寿延筑堤为潭，广二里许，仍分四渠。南为南利渠，阔三尺五寸；东为萦碧渠，阔八尺；北为采芹渠，阔五尺；西为北新渠，阔三尺。磐石为闸，旱则蓄之，涝则泄之，计亩均分，自是而民讼息焉。"[65]

（二）水患治理

洱海区域水系纵横，遍布境内的河湖沟渠为农业灌溉提供了可资利用的水源，但也经常泛滥成灾，水患不断。赵州，"多龙泉水分南北灌溉两川，虽大旱不至赤土，独其洪潦泛滥之时或有冲城决堤之忧"。[66]邓川，"沟洫之利莫大于弥河，其次东西两湖，其次沿山各溪。乃河则多溃，湖则多溢，山溪则有冲压之虞，利大害亦大"。[67]明清时期，随着洱海区域社会经济的发展，人地关系和生态环境也发生了变化。水利淤塞和水患频发成为生态环境变迁的主要表征，水患也成为明清洱海区域危害较大的自然灾害。据统计，明清时期洱海区域共有 108 个年份发生了洪涝灾害，平均 5 年左右即发生一次洪灾，[68]洪灾频率相当高。

洱海北部的浪穹县和邓川州是水患影响较大的地区，尤其是弥苴河"为患于邓邑也，自明已然，或数年一溃，或数十年而一溃，洎嘉庆乙亥迄于丁丑，则接年见溃"。[69]弥苴河流域水患灾害的频繁发生与生态环境恶化存在直接关系。伊懋可（Mark Elvin）认为人口压力和植被破坏导致了 18 世纪后期至 19 世纪中期弥苴河流域的环境加速恶化。[70]杨煜达则指出，明清以来，洱海北部低山地区的不合理开发所导致的"环境突变"是水患发生的诱因。[71]明清以来，应对生态环境变化引致的弥苴河水患成为洱海区域引人瞩目的一项重要工程。

从明代正统时期开始，浪穹、邓川两地对弥苴河进行持续治理。工程之艰巨，被时人称为"巨役"："弥苴河之在滇西不过澜沧一勺耳，然挑浚之夫岁以六万，修筑硪夯劳且半之，是又全滇未有之钜役。"[72]弥苴河的治理采取了官府主导，绅士、衿耆参与的方式，官府在治河中的主导责任也被高度明确。道光年间曾主持弥苴河治理的侯允钦专门指出："古之兴大役者，必整肃乎众志，而后功可图，故漕河之统有节帅……河工首赖夫官也，谓归民而与官无与者，非也。"他指出：

> 威严立乃能统大众，得失难易之判是又官操之。官于兴工后两日一莅河干，核工程，饬胥吏，奖勤惩惰，使通河无作奸犯科之弊，有踊跃赴公之忱，则事无不举矣。有羡余严比而慎储之，三十年后以之襄大工，自然民困苏而元气复。若任士民之自为，无所痛痒于其际，是弃一邑大命也，况又吮膏吸汁于筋断骨折之余哉？呜呼！邓民咸引领望之矣。[73]

在侯允钦看来，面对"巨役"，官府不能"任士民之自为"，而要发挥官府的作用。官员须"统大众""操得失难易之判"，加强河务的监督考核，治水才能获得实效。

弥苴河上段治理的核心是凤羽河、三江口和白汉洞的泥沙问题。在治理中，主要是围绕拦沙和浚淤，对河道和洞渠进行专项治理。三江口，"茈碧湖、弥茨河、凤羽河三水会流于此"，"水患频仍"。乾隆二十七年（1762年），奏准"堵筑坝工"，每年一小修，三年一大修；同时，每年四五月间对江口进行疏浚，"用牛翻踏，以利水行"或"出牛之家自顾小船，以人力用钩扒，顺流打捞"。[74]白汉涧也是弥苴河治理的难点，"每当秋夏淫霖，各涧水齐发，合流而下，沙泥并集，冲寨合流，以致寖淹沿湖居民田园庐舍"。[75]乾隆十八年（1753年），浪穹知县林中麟砌石修筑旱坝；嘉庆十三年（1808年），知县陈炜改筑旱坝，"自西而东数千丈，使沙石聚于炼城村前隙地，又以旧河西岸接旱坝，筑埂数千丈，种柳数千株以遏河泥"，[76]使白汉涧"不为大害"。[77]凤羽河，"泥沙甚盛，最易堵塞"，是三江口泥沙淤积的一大渊源。乾隆二十五年（1760年），凤羽河堤溃改道，"三江口水患渐平"，但河工不废，官府每年组织沿河十八村居民分甸挖沙培堤，"挨户出夫，分段修理，淤者浚之，圮者培之"，官府"稽其勤惰，并查核头人"。[78]

弥苴河下段治理的重点是疏浚河道和增修河堤，"在每岁兴工时，深挖厚培，修砌险要"。[79]明代正统时期实行"按粮分界"的修浚方法，乾隆末期改为"通河为四段，令花户各挖本堤内积沙"的"对堤法"，嘉庆二十三（1818年）年又改"对堤"为"合挖"，"分弥苴河首尾为上下公沙，督以亲丁；中列四段，督以厅泛、两学"。道光年间，邓川州知州恒文、沈承恩，采取了按粮出夫，分6段治理的办法，并公举、签派绅衿承办和管理河工事务，官府严加稽查。在河工经费上，每年抽取十分之一的夫额外加末行之夫，每夫缴制钱60文，谓之"折夫"；鸡足山僧户也需折缴夫价银。以上经费收入除发给绅衿和差役的薪水、工食之外，一是留作"太平钱"充各段汛期抢险之费，二是发予承办绅者，"尽数置产，永作河工公项"。对此，担任河工总理的侯允钦评价说："恒公适当卖夫后，浮销多而实用少，故除

弊贵核额，惩前也；沈公又当满额后，亟宜节省以储余，故兴利
贵置产，毖后也。"[80]通过改办章程，革除旧弊，弥苴河治理更为
规范和科学。咸丰《邓川州志》记载，知州恒文：

> 甫下车，值瀁河秋涨，堤将不支，男妇老幼拥聚数
> 千人至州堂呼号求救，公即单舆驰赴两岸，督夫役抢修
> 诸险，工数日，昕夕无间，得安澜。事竟，详访河工旧
> 章，业滋百弊，遂于来春洗剔之，延公正绅士督办而自
> 为，惩惰奖勤，除奸革弊，不遗余力。工竣，积夫工折
> 价钱四百千文，悉发交督工、绅士为河工费。先是河工
> 兴工后，督工官饬差役需索规礼，差役索诸滚头，滚头
> 索诸花户，计一段分数里，里分数排，排须敛钱数千，
> 里数十千以应，否则拴锁敲扑无静宇，层层腏剥，上取
> 一，下取十，愁痛之声达于境。公既开诚布公，凡诸为
> 累者，悉蠲除。

同样在治河中革弊兴利的官员还有继任知州沈承恩：

> 公抵任，既访悉利弊，遂毅然以兴除为己任，时时
> 轻骑诣两岸，指授方略，劳来诸首事旧章，废者举之，
> 遗者补之，疏者密之，视昔益加详焉！置公产三百余
> 金，冀后来源源积累，以苏河工困。

恒、沈二人均因兴利除弊，治河有方，被称为"循吏"。[81]
　　在疏浚、筑堤的同时，官方还对阻碍河道行水，损毁堤坝的
行为予以禁止。道光年间，弥苴河"近堤居人向以堤有原主，

非干己事，往往窃伐椿柳，侵堤作田。每堤主取土修堤，詈骂横阻，及堤危则纠众绑拷，以致堤主畏避，遂成溃决。有从中代救者，任意磕索，习成惯恶"。官府示谕，"堤主广种杨柳，责成近堤居人保看。如有窃伐等事，惟该处是问。如遇堤危，并力救护，有绑拷堤主者，严加究处，以儆效尤。"[82] 同时，治理方略也从由单纯治水向治山转变。侯允钦在弥苴河治理中总结出"滋患实在山"的观点："邓之患在水，所以滋患实在山。山皆金气重，多不毛，不毛则山面童赪，易剥落，浸淫而岩谷虚豁，雨潦降则连岗接岭，驱沙走石与急溜崩洪訇砰争道而下，此大川所以泛滥，支川所以垫淤也。古今防水之策，论列备矣，而防山无闻焉，将何由而致敷奠哉！"[83] 光绪年间，浪穹在白汉洞的治理中也对山峡地带的垦种进行了限制。"有沙场、白鹤二村俵民，每将山峡挖松，土性轻活，遇雨刷下，填满旱河，实受其害。且山荒极广，随地可垦，须传该山民等剀切晓谕，只准于山阳一面开挖，其山阴各峡一律禁止，以所得无多，所损甚巨也。"禁令由知县周沆禀定，得到上级批准实行。[84]

在洱海北部的鹤庆府，漾弓江水道治理也是影响较大的工程。漾弓江汇鹤庆甸南北诸水，南入象眠山麓落水硐潜泄。明代嘉靖以后，"上沟者不事疏沦，利其地而兼并之，私植麦禾，隐灭泄水石穴近百余孔。其未经漂没者，渔人又于春初时，壅孔置筍不撤，集沙成洲"，[85] 致使"诸洞日见淤塞，每当岁潦，水患叠兴"，[86] 漾弓江水流不畅，成为鹤庆坝子一大隐患。

对漾弓江水道治理的核心是象眠山水硐的疏浚。嘉庆二十一年（1816 年），"淫雨为虐，洪水泛滥，荡阡畛、淹庄稼、没民居，居民避高原有望其庐舍而垂涕悲咽不能出声者。"知府周集"乃使善水者探其故穴，撤其壅蔽，伐植镵碍，而水之奔注者莫之御矣。"[87]康熙五十六年（1717 年），鹤庆知府孟以恂、总镇郝伟，"各捐俸、募人寻当年故道，为之搜剔坊壤，剪焚树石，得石穴七十余所"，"耕者、居者得免于沼"。[88]道光三十年（1850年），知州秦炳章"衷工为疏瀹计，搜岩探窟，得旧洞二十余口，畅流无滞。是秋潦不加盈，岁则大熟，闾阎咸相庆焉"，同时又制订疏浚章程，"以沿江村寨，同力修浚，计亩摊夫。田分三则，较其受灾轻重，出役有差"，"岁约于二月八日开工，四月初旬告竣。官司率之，衿耆董之，黎庶攻之。赏其勤，罚其惰，而责其逋慢。秋七八月，又日专夫二名，游舟溯河，挖除浮梗，务蘄乎壅决窒去，永庆安澜焉。"[89]清代嘉庆以后，为从根本上解决水硐淤塞，漾弓江水流不畅的情况，地方政府实施了开凿明河泄水的计划。同治年间，总戎杨玉科"经费一人筹捐，夫役地方承办"，耗用三万余金及六十余万夫役在漾弓江石门坎段开挖南新河。[90]光绪三年（1877 年），总戎朱洪章"乘水涝上涨，躬自督视，为夫役先，用竟其功"。[91]新河的开挖，解决了漾弓河泄水问题，被誉为"再辟混沌"的工程。

　　除弥苴河、漾弓江以外，官府还组织对洱河尾等重要河道进行疏浚和修挖。明代对西洱河的疏浚，"例以三年一浚，导沙泥之淤塞，改山潦之冲射，则滨河之田不至湮没，过期不浚，必有水患。疏浚之法，以草荐木栏栅水不流，乃可畚锸，正德间通判喻河处置有方，用力少而成功多，至今德之。"[92]康熙年间，太和知县张国梁疏浚西洱河，他知人善任，"捐俸疏浚洱河，水患用息"。[93]雍正三年（1725 年），太和、赵州奉文对西洱河进行合浚，"委云南县知县张汉董之处置有方，可为后法。"[94]乾隆九年（1744 年），"议准疏浚大理府洱海淤沙，以除榆郡水患。嗣后，责令地方官就近督修，按田出夫，五年大修一次。仍令该道不时稽查，毋致复淤。"[95]光绪四年（1878 年），西洱河沙泥淤阻，滨海田舍淹没，迤西道熊昭镜、署知府郭怀礼又率绅民请款开修。[96]西洱河是洱海消洩的主要通道，"水之利害，系于海口、河尾"，[97]地位最关紧要，历史上对西洱河的疏浚都是由官府主持的。

　　总的看来，明清洱海区域的水患主要是泥沙问题，明清官府对境内河流的疏浚减轻了水患对农业生产和民众生活的冲击，然而仍未能从根本上解决由生态环境变迁所引发的水患问题。清末，为了降低洱海水位以减轻洱海北部水患，增加可耕湖田面积，同时解决宾川的缺水问题，太和县联合邓赵宾三地，计划开凿洱海东部高山，引洩洱海水入宾川，并专设"凿通洱河局"。据民国《大理县志稿》记载，光绪三十年（1904 年），"邑士绅会邓赵宾三属禀由，知县阮大定等请领官款，凿东山，开水箐以洩洱水，计东西两岸可得田万顷。嗣省官员查勘，谬以原勘。行水低处高过于洱河，又恐以邻为壑，遂寝其事"。[98]"凿通洱河"计划的搁浅，反映出在水患频繁、人地矛盾加剧和水资源分布多寡不均的情况下，洱海流域及周边地区在水资源治理和利用方面的考量和探索。

第二节　自然资源保护与生态治理

　　明清以来，以水利淤塞为主要表征的生态环境变迁，对洱海区域的生产和生活造成了严重影响。面对洱海流域生态环境变化引起的自然灾害以及土地、水资源利用矛盾，地方官府基于对生态环境系统的整体认识，在对水患进行治理的同时，强化了低山地区的生态保护，对动植物资源、矿山进行了治理，保护植被和封山育林逐渐成为洱海实施生态修护的主要手段。

一、劝谕民间植树与组织植树造林

植树造林是山林治理的重要手段。明清官方重视植树造林，积极劝谕洱海区域民间栽种林木。明嘉靖年间，云南按察司佥事叶应麟"分巡金沧"，在苍洱之间"教民垦荒种树"，并且"先于近郭开地，立准程，躬往临视"，百姓"翕然向风"。[99]康熙五十八年（1719 年），云南巡抚甘国璧就因"城市相近之山，往往俱无树木，且村庄堡寨一望童然"，劝谕省内军民"除原种旱稻荞稗等山外，其余一切荒山，悉听栽种。……该地方官力为劝督，有能种植三百株以上者，准将本户本年赏免夫一，并以示奖励"，"倘有豪棍兵并斯将所辟之山希图霸占，□及牧放牛羊、砍伐条肆者，指名告官，从重治罪。"[100]雍正时期，云南巡抚张允随发布《劝民树艺檄》也称："凡府州县城内外及村庄、镇市周遭，旷土殊多，皆勘开垦，或栽果蓏，或艺桑麻，各因地土之所宜，不惜勤劳以用力，果能相习成风，自然递年奏效……合行劝谕为此牌，仰该府官吏转饬各属遵照。嗣后无论府州县城及镇市村庄，凡有旷土，原为某甲某乙之地，即令某甲某乙开垦种植；其有官地之无碍坟茔田亩者，或许一人具呈，或数人公具一呈，均分种植……该地方官善于开导，俾之踊跃从事，每于岁底巡行考课，以种艺之勤惰分别赏罚。"[101]在这样的倡导下，官府积极劝谕洱海区域百姓植树造林。

在乾隆年间，赤浦村"因上宪劝民种植"，故因"合村众志一举，于乾隆三十八年奋然种松，由是青葱蔚秀，自现于主山"。[102]道光五年（1825 年），云南县发布文告，劝谕民间广植树木，不仅将种植树木作为"兴地利而厚民生"的有益之事加以劝谕，并且对民间盗砍童松的行为进行禁止。碑刻记载：

> 培养树木，葱郁成林。不特材木胜用，地利恒多，抑且荫庇民居，攸关风水。凡坟茔树木，固属例禁砍伐，即官民山场，亦不得轻易芟除。现奉抚督两院宪通饬：凡合属山场陈地，劝谕广为栽种，正所以兴地利而厚民生。业已遵照出示在案。兹本县访闻：县属山场松林树木，竟有贪利之徒，混将松株砍伐售卖，且有贫民盗砍松株枯枝。不知培养不易，长发难，若频频砍伐，日渐调零，不数年间即成旷土，所关尤为非细。除饬各约甲长乡地访查，合外出示禁止。为此示。仰合村人等知悉。尔等当知，培植树木，应俟成材。自禁之后，凡有陈地，广为栽种。毋得再将已发之松株砍伐，并严查盗砍松株枯枝。如能拿获，准许业主即行送官究治。倘尔等居民视为无关紧要，本县一经查出，或被告发，定即从严律究办，决不姑宽。各宜禀遵，勿违。特示。[103]

光绪二十八年（1902年），鹤庆州官员就称："奉上宪明文，饬各州县督绅种植树木。"[104]宣统二年（1910年），大理府饬令宾川州造林的告示也称："凡有荒旷之地，最宜造作森林，……劝令民间一律划界垦种。"[105]可见，官府对民间植树造林的劝谕一直未有间断。

在劝谕民间植树的同时，地方官员购买树种、督课民力，大力组织民众植树造林。清代以来，苍山植被不断被砍伐和消耗，地方官员也多次组织民众恢复苍山植被。嘉庆二十年至二十一年（1815年—1816年），迤西道巡道宋湘组织民众种树，"买松子三石，课民种于三塔寺后，为其濯濯也"，六年后，他看到"松已寻丈，其势郁然成林者"，发愿"何时再买三千石，种遍云中十九峰"。[106]道光年间，提督罗思举组织百姓在苍山的中和、龙泉、玉局、小岑、应乐等五峰"督劝民间购种栽植"松树，且"派营兵分段守护，著为例"，"五十余年，树皆大，已踰抱"。[107]

在赵州，道光年间任知州的陈钊镗有感于山林被"伐成萧然""昔美矣，今濯濯"的现实，购松种率民众种树，其《凤山种松歌》云："购苍松之种一十有二斛，遍撒万壑千岩边，子来庶民竞趋事，树艺峻版如平田。"[108]光绪《云南通志》记载其"于麟凤诸山遍种松柏，数年内，秀郁成林。士民思其德，以为不减河阳一县花云。"[109]

在蒙化，光绪三十年（1904年），太守彭友兰在一则条呈中指出："蒙化四面皆山，树木砍伐殆尽，近十年来，或三年一旱，或间年一旱，推原具故，未必非无树木之所致也。"因此，他"拟请筹提款费百余金，购备松子数石，排植桑拓数万株，谕饬各约保甲，按照地面户口发给。山地则种松树，平地则值桑秧，每户种十株，责成保甲巡视。半年之后，官往清查，有虚文搪塞者罚之，实心办理者赏之，则蚕桑之利开，旱干之患可免，而材木亦不可胜用矣。"[110]

二、保护公山资源与实施封山育林

清代，洱海区域设有"官山之禁"。据《滇南新语》记载，乾隆十六年（1751年），剑川地震后，当地官员"乃急划民居，弛官山禁，令民伐木，开窑造砖"。[111]在"官山之禁"下，森林资源受到官方严格的保护，官府批准之外的一切樵采活动均被禁止。为保护森林资源，洱海各地相继划定"官山"，通过明确公有山林属权，加强森林植被保护。

剑川老君山"为全滇山祖，合州要地"，清代属于"官山"，不仅私人不能占有，即使"剑川州不得而私"。清乾隆四十八年（1783 年）武生颜仁等勾结土官，伪造合同，长期霸占老君山，在山上开垦营建、乱砍乱伐，"延山砍伐，纵火烧空，以致水源枯竭，栽种维艰"。剑川州经调查后"立限迁徙"并制订"公山严禁条规"，重申"官山之禁"。官府指出："老君山为合州来脉，栽种水源所关，统宜共为保全，为自己受用之地，安容任意侵踏，以败万姓养命之源。自示禁之后，务遵律纪条规保全公山，如敢私占公山及任意砍伐、过界侵踏等弊，许看山人等扭禀，以便究治，决不姑宽。"为此，官府专设公山看守人二名，发予"遵照"并"免其门户"。在"公山严禁条规"中，官府刊列了"现留公山地基田亩不得私占""禁岩场出水源头处刊伐活树""禁放火烧山""禁刊伐童树""禁砍挖树根""禁贩卖木料"等规定，保护了公山林木资源。[112]

赵州凤山被视为"州治主山，最关紧要"。嘉庆年间，有居民"始则借坟骗山，继则倚山骗树。公行砍伐，荡涤无余"。经士绅禀报，赵州知府"赏给执照"，明确了公山的性质，严禁私人砍伐。官府规定："凤山为合州主山、凤脉攸关。除出示严禁外，合行给文勒石。为此，示仰州属四门及附近土庶、居民人等遵照。所有凤山上下左右，种过松树地方，不得纵放牲畜，暗行砍伐，如敢故违，一经拿获，定行重究，决不姑宽。"[113]

通过"官山之禁"，官府对重点区域的森林资源进行了有效的保护和管理，而对于民间共有的"公山"，官府则通过产权裁定，支持民间山场的林木保护。光绪时期，鹤庆大水溪村有村民霸占公山。经士民上控，鹤庆知州"断令山仍归合村公管"并发给印照，由"大水湀合村绅耆、管守等遵照"。当地士绅和村民以此为据，"合村会集公同酌议"，制订了护林规约。[114]可见，官府对"公山"产权性质及权属的裁定，成为民间自然资源管理和森林保护的产权依据，为森林资源的保护提供了法律支持。

除了从产权层面加大对森林保护的支持外，官府还通过行政力量实施封山育林，严禁民间砍伐。光绪时期，鹤庆州牛街东西山"松树概被无知愚民各带斧斤，昼夜戕贼，以供柴薪"，经当地乡绅呈请后，官府"合行出示永禁"，"示仰合坝诸民及各色人等知悉：所有已成树木，务宜家喻晓，齐心保护，毋得只图近便，仍蹈前辙。自示之后，倘敢妄砍松树，剪获松枝，以供炊爨，一经查获定即提按严办，加倍追赔。本州言出法随，决不宽贷。"[115]清代后期，赵州弥渡东西两山先因公私用度将"松树之成材者选伐殆尽"，后又被乡民"昼夜估伐"，遂使"濯濯不堪"。光绪二十九年（1903 年），经乡绅请求官府"给示保护"，官府应乡绅请求，发布封山育林告示。告示中说：

　　查地方材木，亟应栽护惜，历奉上宪通饬，广为种植，严禁樵木砍伐，以备材用，并开利源，等因在案。除原词批示外，合行出示严禁，为此，示仰该处附近山村军民山主人等，一体遵照。自示之后，所有地方木植，务须妥为护蓄。倘有擅伐松树，盗剔松枝，并砍伐年松、火把，以及樵牧删夷萌蘖，肆行践踏山地烟麦等事，准该地方乡约头目人等，查实送案，定即从严惩究，决不姑宽。各宜禀遵毋违，切切特示。[116]

可见，官府的行政法令为山林保护和管理提供了法律依据。洱海区域现存的护林碑刻大多由官方批准，民间勒立，官府法令在自然资源的管理中始终充当着国家法的作用。

三、保护动物资源与封禁山矿

洱海渔业资源丰富，但清代也存在渔民无序捕捞，"几使水族无孑遗"的现象。咸丰三年（1853 年），太和县发布告示，禁止民间滥捕水产。告示中言明：[117]

> 照得民间畜养鸡豚原所以供食用也，既有肥牡，亦有肥牝，足以供佳肴于鼎俎，何必复求异味于渊波。自古山林川泽与民共之而有厉禁，良有深意。至今网罟之设在所不禁，以致渔人徒觅蝇头之利，几使水族无孑遗，居民肆其口服之贪，竟置天灾于不顾。……该渔户等只准网取大鱼入市售卖，其余螺蚌虾蟹鳅鳝等物，盖不准捕取图利。如敢不遵，许该管乡保及居民人等将所卖之物放诸水滨外，仍将违示图利之人禀送究治。至该处居民人等宜各知自爱，戒刀砧而存恻隐，惜物命以召祥和。县属读书明理者不乏其人，尚望苦口慈心，广为劝导，俾使家喻户晓，咸知警戒，是所厚望焉。遵之毋违，特示。

在通告中，官府从疫病防治、生态保护的角度剖析了肆意捕捞和食用水产的危害，只允许民间"网取大鱼入市售卖"，这对促进洱海渔业资源的可持续发展颇具意义。

洱源鸟吊山是候鸟迁徙栖息之所，每年七八月间，"众鸟千百为群，翔集此山，奇毛翼羽，灿烂岩谷，多非滇产，莫可指名"，[118]同时"土人夜燃火张罗，鸟投火罹网"，名曰"打鸟"。[119]明代，"士人于鸟来时，举火取之，鸟见火辄赴火自死"。[120]李元阳有诗云："罗坪山上凤凰台，八月秋高百鸟哀，大网千年谁作俑？忍令异羽尽成灰。"[121]清代，官府对鸟吊山的捕鸟行为进行了屡次整治。康熙《浪穹县志》记载说"官司频禁"。[122]光绪《浪穹县志略》也记载："土人伺夜燃火取之，内有无嗉者，以为哀凤不食也，频年示禁，卒未能止。"[123]洱源县炼铁乡发现的清代"护鸟碑"就记载了浪穹县对滥捕鸟雀、鳅鳝的禁令。官府在碑文中说："仰诸邑人等知悉，如敢打捕各种雀鸟及捉卖鳅鳝者，无论何处何人，一经眼见，准即扭送来案重罚严究，凛之，切切特示。"[124]

　　针对农业和自然资源开发中产生的生态环境的损害，官府也进行了妥善处置，针对性地对损害生态环境的山场、矿厂进行封禁。清代前期，赵州弥渡阿苴郎村后山，"田地处其麓，民居当其前"，因人户妄行开垦，导致水土流失，"两旁破阰陡坡，遇暴雨水涌山崩，田庐冲坏"。雍正六年（1728年），经士绅呈诉，赵州知州实帖晓谕村民："嗣后毋得将阿苴郎村后左右二岭擅私开挖，以致有伤民居，冲压田亩。如违，许该地乡保头人指名禀报，以便拿究。"乾隆十三年（1748年），又有"不法棍徒赵光嗣、尹贤、杨开闻违禁耕种"引发村民不满，官府再次进行重申禁令，"嗣后，凡有封禁山场，不得私行开挖，如仍蹈前辙，立刻拿究，决不姑免。"[125]从严禁开挖到封禁山场，官府处置力度不断加大，遏止了私挖山场的行为。

　　赵州"两山夹出之低地"的"金沟"有砂金矿。明代以来，双马槽、金厂箐相继设厂淘金"报纳金课"。嘉靖年间，曾因"有害无利，奉行关闭"，但仍私采不绝。到清代前期，淘金致使河道淤塞"冲没民屯田地，厂虽封闭，害犹未息"，"水在中行，田列两岸，沙填河底，冲没田地"。康熙二十四年（1685年），经赵州知州呈报云南巡抚批准后，大理府革除金课并颁发信牌对金厂进行封禁。赵州知州在勒立的石碑中指出：

> 双马槽一冲，水从此处发源，流灌一州田地，能溉四十余里，钱粮攸关，民生所系。古来闭而不开者，因有害于民也。双马槽金厂开淘，有碍民屯田粮，利小害大。……今一开淘，则河沟淤阻，田地渐成沙洲，垅亩尽为荒壤……又恐霖雨泛涨，淹没合州，害深祸大。……嗣后敢有无籍，逃之在彼，招诱擅偷采者，许各村乡保拿解赴州，审拟以凭通详治罪，各宜禀遵。[126]

由于私采行为屡禁不绝，乾隆四十三年（1778年）官府又对双马槽重申封禁。从《重封双马槽碑记》刊列的官员题名来看，批示封禁的官员有云贵总督、云南巡抚、提督、布政使司、迤西兵备道及当地府州县各级官员10名。[127]乾隆六十年（1795年），又有人"谋开双马槽金厂"，经士绅禀报，地方官员再次重申："倘若棍徒潜匿偷挖，许该地乡约立即指禀，以凭拿究"，"附近居民亦不得图利私淘"。[128]清代，金厂箐"因害农作，被封"，[129]而双马槽"迭封迭启，争攘频年，无统一之主权，鲜切实之办法"，民国时期仍有封禁之议。[130]虽然双马槽屡禁屡开，沉疴难治，但也反映出地方官府在自然资源开发和开采中，维护生态和民生的坚决态度。

注 释

1　顾炎武：《肇域志·云南志》，上海古籍出版社2004年版，第2423页。

2　《洪武宣德年间大理府卫关里十八溪共三十五处军民水利定水例碑文》，载杨世钰、赵寅松主编：《大理丛书·金石篇》卷1，云南民族出版社2010年版，第313页。

3　（清）傅天祥等修，黄元治等纂：康熙《大理府志》卷5《山川》，载杨世钰、赵寅松主编：《大理丛书·方志篇》卷4，民族出版社2007年版，第77页。

4　据统计，民田用水为149分（为便于比例统计，将1昼夜记为1分，下同），军田用水为160分。其中周城泉水，碑文载"军中所四分，民四六分"，民田用水数字不清。为方便统计，按6分计入。

5　《庆洞庄观音寺南沟洋溪洞水记》，大理市文化丛书编辑委员会编：《大理市古碑存文录》，云南民族出版社1996年版，第594页。

6　（清）佟镇修，李倬云、邹启孟纂：康熙《鹤庆府志》卷7《城池·水利》，载杨世钰、赵寅松主编：《大理丛书·方志篇》卷8，民族出版社2007年版，第206页。

7　8　《水例碑记》，载杨世钰、赵寅松主编：《大理丛书·金石篇》（续编），民族出版社2010年版，第2529、2529—2530。

9　《均平水利碑记》，载杨世钰、赵寅松主编：《大理丛书·金石篇》卷2，云南民族出版社2010年版，第890页。

10　《鹤庆军民府（赵三止）》，载赵敏，王伟主编：《大理民间契约文书辑录》，云南大学出版社2018年版，第313—314页。

11　（清）傅天祥等修，黄元治等纂：康熙《大理府志》卷5《沟洫》，载杨世钰、赵寅松主编：《大理丛书·方志篇》卷4，民族出版社2007年版，第77页。

12　（明）李元阳纂：嘉靖《大理府志》卷2《地理志·堤坝陂塘附》，载《云南大理文史资料选辑》（地方志之一），大理白族自治州文化局翻印1983年版，第104页。

13　（明）庄诚修，王利宾纂：万历《赵州志》卷1《地理志·沟洫》，载《云南大理文史资料选辑》（地方志之二），大理白族自治州文化局翻印1983年版，第27—28页。

14　（清）鄂尔泰等修，靖道谟纂：乾隆《云南通志》卷13《水利》，江苏广陵古籍刻印社1988年版，第43页。

15　（明）庄诚修，王利宾纂：万历《赵州志》卷1《地理志·沟洫》，载《云南大理文史资料选辑》（地方志之二），大理白族自治州文化局翻印 1983 年版，第 30页。

16　方国瑜：《方国瑜文集》（第 3 辑），云南教育出版社 2003 年版，第 262 页。

17　18　《本州批允水例碑记》，载杨世钰、赵寅松主编：《大理丛书·金石篇》卷3，云南民族出版社 2010 年版，第 1112—1113 页。

19　《重立北沟阱水利碑记》，载黄正发等编：《弥渡古代碑刻辑释》，云南科技出版社 2018 年版，第 127—129 页。

20　《名庄玉龙两村水例碑记》，载张奋兴编著：《大理海东风物志续编》，云南人民出版社 2008 年版，第 252 页。

21　《许长水利碑》，载大理白族自治州地方志编纂委员会编：《祥云金石》，云南民族出版社 2016 年版，第 68 页。

22　《小西庄栗树庄矣者蓬水利碑记》，载黄正发等编：《弥渡古代碑刻辑释》，云南科技出版社 2018 年版，第 124—125 页。

23　碑存大理阳南北村官圆堂内。

24　《云南县水利章程碑》，载杨世钰、赵寅松主编：《大理丛书·金石篇》卷 3，云南民族出版社 2010 年版，第 1213 页。《莲花塘水利碑记》，载大理白族自治州地方志编纂委员会编：《祥云金石》，云南民族出版社 2016 年版，第 70 页。

25　《永远禁止擅改弥渡城河告示碑》，载黄正发等编：《弥渡古代碑刻辑释》，云南科技出版社 2018 年版，第 100—101 页。

26　《均平水例碑》，载大理白族自治州地方志编纂委员会编：《祥云金石》，云南民族出版社 2016 年版，第 78 页。

27　《水目山普贤寺水利诉讼判决碑》，载杨世钰、赵寅松主编：《大理丛书·金石篇》卷 3，云南民族出版社 2010 年版，第 1185 页。

28　《上下沐邑水分石刻碑》，载段炳昌等主编：《云南民族村寨调查：白族——剑川东岭乡下沐邑村》，云南大学出版社 2001 年版，第 225—229 页。

29　《羊龙潭水利碑》，载《中国少数民族社会历史调查资料丛刊》修订编辑委员会编：《白族社会历史调查（四）》，民族出版社 2009 年版，第 95 页。

30　《张允随奏稿》，乾隆二年闰九月十九日，载方国瑜主编：《云南史料丛刊》第 8卷，云南大学出版社 2001 年版，第 562 页。

31　（清）傅天祥等修，黄元治等纂：康熙《大理府志》卷 5《沟洫》，载杨世钰、赵寅松主编:《大理丛书·方志篇》卷4,民族出版社 2007 年版,第 77 页。

32　(清)周钺纂修:雍正《宾川州志》卷4《山川》,载杨世钰、赵寅松主编:《大理丛书·方志篇》卷5,民族出版社 2007 年版,第 531 页。

33　(清)蒋旭纂修:康熙《蒙化府志》卷2《沟洫》,载杨世钰、赵寅松主编:《大理丛书·方志篇》卷6,民族出版社 2007 年版,第 71 页。

34　(清)伍青莲纂修:康熙《云南县志》卷2《地理志·沟洫》,载杨世钰、赵寅松主编:《大理丛书·方志篇》卷5,民族出版社 2007 年版,第 246 页。

35　(清)钮方图修,侯允钦纂:咸丰《邓川州志》卷9《河工志》,载杨世钰、赵寅松主编:《大理丛书·方志篇》卷7,民族出版社 2007 年版,第 555 页。

36　(清)周沆纂修:光绪《浪穹县志略》卷4《赋役志·水利》,载杨世钰、赵寅松主编:《大理丛书·方志篇》卷8,民族出版社 2007 年版,第 44 页。

37　38　(清)傅天祥等修,黄元治等纂:康熙《大理府志》卷5《沟洫》,载杨世钰、赵寅松主编:《大理丛书·方志篇》卷4,民族出版社 2007 年版,第 76 页。

39　(明)李元阳纂:嘉靖《大理府志》卷2《地理志·沟洫》,载《云南大理文史资料选辑》(地方志之一),大理白族自治州文化局翻印 1983 年版,第 102 页。

40　(清)傅天祥等修,黄元治等纂:康熙《大理府志》卷5《沟洫》,载杨世钰、赵寅松主编:《大理丛书·方志篇》卷4,民族出版社 2007 年版,第 78 页。

41　(清)李世保修,张圣功等纂:乾隆《云南县志》卷3《水利》,载杨世钰、赵寅松主编:《大理丛书·方志篇》卷5,民族出版社 2007 年版,第 325 页。

42　(明)李元阳纂:嘉靖《大理府志》卷2《地理志·堤坝陂塘附》,载《云南大理文史资料选辑》(地方志之一),大理白族自治州文化局翻印 1983 年版,第 107 页。

43　(明)李元阳纂:嘉靖《大理府志》卷2《地理志·沟洫》,载《云南大理文史资料选辑》(地方志之一),大理白族自治州文化局翻印 1983 年版,第 102 页。

44　(清)梁友檍纂辑:民国《蒙化县志稿》卷9《地利部·水利志》,载杨世钰、赵寅松主编:《大理丛书·方志篇》卷6,民族出版社 2007 年版,第 441 页。

45　(清)项联晋修,黄炳堃纂:光绪《云南县志》卷11《艺文志》,载杨世钰、赵寅松主编:《大理丛书·方志篇》卷5,民族出版社 2007 年版,第 488—489 页。

46　(清)鄂尔泰等修,靖道谟纂:乾隆《云南通志》卷13《水利》,江苏广陵古籍刻印社 1988 年版,第 43 页。

47　（清）陈钊镗修，李其馨等纂：道光《赵州志》卷1《水利》，载杨世钰、赵寅松主编：《大理丛书·方志篇》卷4，民族出版社2007年版，第317页。

48　《建立赵州东晋湖塘闸口记》，载杨世钰、赵寅松主编：《大理丛书·金石篇》卷2，云南民族出版社2010年版，第716页。

49　《大理卫后千户所为申明旧制水利永为遵守事碑》，载杨世钰、赵寅松主编：《大理丛书·金石篇》卷2，云南民族出版社2010年版，第729页。

50　《新开河龙潭记》，张了、张锡禄编：《鹤庆碑刻辑录》，大理白族自治州南诏史研究会2001年版，第195页。（清）佟镇修，李倬云、邹启孟纂：康熙《鹤庆府志》卷7《城池·水利》，载杨世钰、赵寅松主编：《大理丛书·方志篇》卷8，民族出版社2007年版，第205页。

51　《新开河龙潭记》，张了、张锡禄编：《鹤庆碑刻辑录》，大理白族自治州南诏史研究会2001年版，第195页。

52　53　（清）佟镇修，李倬云、邹启孟纂：康熙《鹤庆府志》卷7《城池·水利》，载杨世钰、赵寅松主编：《大理丛书·方志篇》卷8，民族出版社2007年版，第205页。

54　（明）李元阳纂修：万历《云南通志》卷3《地理志》，载杨世钰、赵寅松主编：《大理丛书·方志篇》卷1，民族出版社2007年版，第290页。

55　《惠渠记》，载黄正发等编：《弥渡古代碑刻辑释》，云南科技出版社2018年版，第114页。

56　《大理卫后千户所为申明旧制水利永为遵守事碑》，《大理丛书·金石篇》卷2，云南民族出版社2010年版，第729页。

57　（清）佟镇修，李倬云、邹启孟纂：康熙《鹤庆府志》卷7《城池·水利》载杨世钰、赵寅松主编：《大理丛书·方志篇》卷8，民族出版社2007年版，第206页。

58　（清）周钺纂修：雍正《宾川州志》卷4《山川》，载杨世钰、赵寅松主编：《大理丛书·方志篇》卷5，民族出版社2007年版，第531页。

59　（清）周沆纂修：光绪《浪穹县志略》卷7《秩官志》，载杨世钰、赵寅松主编：《大理丛书·方志篇》卷8，民族出版社2007年版，第64页。

60　（清）佟镇修，李倬云、邹启孟纂：康熙《鹤庆府志》卷7《城池·水利》，载杨世钰、赵寅松主编：《大理丛书·方志篇》卷8，民族出版社2007年版，第

205 页。

61　（清）杨金和、杨金鑑等纂修：光绪《鹤庆州志》卷 12《水利》，载杨世钰、赵
　　寅松主编：《大理丛书·方志篇》卷 8，民族出版社 2007 年版，第 445 页。

62　张培爵修，周宗麟纂：民国《大理县志稿》卷 25《艺文部二》，载凤凰出版社
　　编选：《中国地方志集成·云南府县志辑》第 74 册，凤凰出版社 2009 年版，第
　　549、547 页。

63　（明）李元阳纂：嘉靖《大理府志》卷 2《地理志·沟洫》，载《云南大理文史
　　资料选辑》（地方志之一），大理白族自治州文化局翻印 1983 年版，第 102 页。

64　（清）项联晋修，黄炳堃纂：光绪《云南县志》卷 3《建置·水利》，载杨世钰、
　　赵寅松主编：《大理丛书·方志篇》卷 5，民族出版社 2007 年版，第 379 页。

65　（清）佟镇修，李倬云、邹启孟纂：康熙《鹤庆府志》卷 7《城池·水利》，载
　　杨世钰、赵寅松主编：《大理丛书·方志篇》卷 8，民族出版社 2007 年版，第
　　205 页。

66　（清）陈钊镗修，李其馨等纂：道光《赵州志》卷 1《水利》，载杨世钰、赵寅
　　松主编：《大理丛书·方志篇》卷 4，民族出版社 2007 年版，第 317 页。

67　（清）李文培修，高上桂纂，艾濂续纂：道光《邓川州志》卷 2《沟洫》，载杨
　　世钰、赵寅松主编：《大理丛书·方志篇》卷 10，民族出版社 2007 年版，第 729
　　页。

68　大理白族自治州气象局编：《大理白族自治州气象志》，气象出版社 2008 年版，
　　第 92—97 页。

69　（清）钮方图修，侯允钦纂：咸丰《邓川州志》卷 14《艺文》，载杨世钰、赵寅
　　松主编：《大理丛书·方志篇》卷 7，民族出版社 2007 年版，第 637 页。

70　Mark Elvin, Darren Crook, Shen Ji, Richard Jones, and John Dering. "The Impact of
　　Clearance and Irrigation on the Environment in the Lake Erhai Catchment from the Ninth
　　to the Nineteenth Century." East Asian History, 23（2002）. pp. 1—60.

71　杨煜达：《中小流域人地关系与环境变迁——清代弥苴河流域水患考述》，见曹
　　树基主编：《田祖有神——明清以来的自然灾害及其社会应对机制》，上海交通
　　大学出版社 2007 年版，第 32—35 页。

72　73　（清）钮方图修，侯允钦纂：咸丰《邓川州志》卷 9《河工志》，载杨世钰、
　　赵寅松主编：《大理丛书·方志篇》卷 7，民族出版社 2007 年版，第 543、

551 页。

74　75　（清）周沆纂修：光绪《浪穹县志略》卷 4《赋役志·水利》，载杨世钰、赵寅松主编：《大理丛书·方志篇》卷 8，民族出版社 2007 年版，第 44 页。

76　（清）岑毓英修、陈灿等纂：光绪《云南通志》卷 53《水利二》，光绪二十年（1894 年）刻本。

77　78　（清）周沆纂修：光绪《浪穹县志略》卷 4《赋役志·水利》，载杨世钰、赵寅松主编：《大理丛书·方志篇》卷 8，民族出版社 2007 年版，第 45 页。

79　80　（清）钮方图修，侯允钦纂：咸丰《邓川州志》卷 9《河工志》，载杨世钰、赵寅松主编：《大理丛书·方志篇》卷 7，民族出版社 2007 年版，第 566、548 页。

81　（清）钮方图修，侯允钦纂：咸丰《邓川州志》卷 10《官师志》，载杨世钰、赵寅松主编：《大理丛书·方志篇》卷 7，民族出版社 2007 年版，第 585 页。

82　（清）李文培修，高上桂纂，艾濂续纂：道光《邓川州志》卷 2《沟洫》，载杨世钰、赵寅松主编：《大理丛书·方志篇》卷 10，民族出版社 2007 年版，第 728 页。

83　（清）钮方图修，侯允钦纂：咸丰《邓川州志》卷 9《河工志》，载杨世钰、赵寅松主编：《大理丛书·方志篇》卷 7，民族出版社 2007 年版，第 566—567 页。

84　（清）周沆纂修：光绪《浪穹县志略》卷 4《赋役志·水利》，载杨世钰、赵寅松主编：《大理丛书·方志篇》卷 8，民族出版社 2007 年版，第 45—46 页。

85　《重开水硐记》，张了、张锡禄编：《鹤庆碑刻辑录》，大理白族自治州南诏史研究会 2001 年版，第 200 页。

86　（清）杨金铠纂修：民国《鹤庆县志》卷 1《山川》，载杨世钰、赵寅松主编：《大理丛书·方志篇》卷 9，民族出版社 2007 年版，第 29 页。

87　《水洞祠记》，张了、张锡禄编：《鹤庆碑刻辑录》，大理白族自治州南诏史研究会 2001 年版，第 102—103 页。

88　《重开水硐记》，张了、张锡禄编：《鹤庆碑刻辑录》，大理白族自治州南诏史研究会 2001 年版，第 200 页。

89　90　91　（清）杨金铠纂修：民国《鹤庆县志》卷 1《山川》，载杨世钰、赵寅松主编：《大理丛书·方志篇》卷 9，民族出版社 2007 年版，第 33、29 页。

92　（明）李元阳纂：嘉靖《大理府志》卷 2《地理志·堤坝陂塘附》，载《云南大

理文史资料选辑》（地方志之一），大理白族自治州文化局翻印 1983 年版，第
103 页。

93　张培爵修，周宗麟纂：民国《大理县志稿》卷 11《秩官部·循吏》，载凤凰出
版社编选：《中国地方志集成·云南府县志辑》第 73 册，凤凰出版社 2009 年
版，第 529 页。

94　（清）陈钊镗修，李其馨等纂：道光《赵州志》卷 1《水利》，载杨世钰、赵寅
松主编：《大理丛书·方志篇》卷 4，民族出版社 2007 年版，第 317 页。

95　96　（清）岑毓英修，陈灿等纂：光绪《云南通志》卷 53《水利二》，光绪二十
年（1894 年）刻本。

97　（清）刘慰三撰：《滇南志略》卷 2《大理府》，载方国瑜主编《云南史料丛刊》
第 13 卷，云南大学出版社 2001 年版，第 79 页。

98　张培爵修，周宗麟纂：民国《大理县志稿》卷 3《建设部·署所》，载凤凰出版
社编选：《中国地方志集成·云南府县志辑》第 73 册，凤凰出版社 2009 年版，
第 59—60 页。

99　（清）傅天祥等修，黄元治等纂：康熙《大理府志》卷 18《名宦》，载杨世钰、
赵寅松主编：《大理丛书·方志篇》卷 4，民族出版社 2007 年版，第 144 页。

100　（清）李月枝纂修：康熙《寻甸州志》卷 8《艺文》，载故宫博物院编：《故宫
珍本丛刊第 227 册》，海南出版社 2001 年版，第 71—72 页。

101　（清）鄂尔泰等修，靖道谟纂：乾隆《云南通志》卷 29《艺文七》，江苏广陵
古籍刻印社 1988 年版，第 71 页。

102　《护松碑》，载李荣高等主编：《云南林业文化碑刻》，德宏民族出版社 2005 年
版，第 151 页。

103　《禁伐松注碑》，载大理白族自治州地方志编纂委员会编：《祥云金石》，云南民
族出版社 2016 年版，第 38—39 页。

104　《观音山护林碑》，载李荣高等主编：《云南林业文化碑刻》，德宏民族出版社
2005 年版，第 468 页。

105　大理白族自治州地方志编纂委员会编纂：《大理白族自治州志》卷 2《林业
志》，云南人民出版社 1998 年版，第 378 页。

106　《种松碑》，载杨世钰、赵寅松主编：《大理丛书·金石篇》卷 3，云南民族出
版社 2010 年版，第 1321 页。

107　张培爵修，周宗麟纂：民国《大理县志稿》卷11《秩官部·循吏》，载凤凰出版社编选：《中国地方志集成·云南府县志辑》第73册，凤凰出版社2009年版，第530页。

108　（清）陈钊镗修，李其馨等纂：道光《赵州志》卷6《艺文志》，载杨世钰、赵寅松主编：《大理丛书·方志篇》卷4，民族出版社2007年版，第472页。

109　（清）岑毓英修，陈灿等纂：光绪《云南通志》卷139《循吏》，光绪二十年（1894年）刻本。

110　（清）梁友檍纂辑：民国《蒙化县志稿》卷9《地利部·水利志》，载杨世钰、赵寅松主编：《大理丛书·方志篇》卷6，民族出版社2007年版，第442页。

111　（清）张泓：《滇南新语·地震》，丛书集成初编本，商务印书馆1936年版，第13页。

112　《保护公山碑记》，载杨世钰、赵寅松主编：《大理丛书·金石篇》卷3，云南民族出版社2010年版，第1260—1261页。

113　《永护风山碑》，载李荣高等主编：《云南林业文化碑刻》，德宏民族出版社2005年版，第244—245页。

114　《大水渼护林石碑》，载李荣高等主编：《云南林业文化碑刻》，德宏民族出版社2005年版，第478页。

115　《观音山护林碑》，载李荣高等主编：《云南林业文化碑刻》，德宏民族出版社2005年版，第469页。

116　《封山告示碑》，载杨世钰、赵寅松主编：《大理丛书·金石篇》卷3，云南民族出版社2010年版，第1626页。

117　碑存大理市龙尾关。

118　（清）周沆纂修：光绪《浪穹县志略》卷13《胜览》，载杨世钰、赵寅松主编：《大理丛书·方志篇》卷8，民族出版社2007年版，第162页。

119　（清）赵琪纂修：康熙《浪穹县志》卷1《山川》，载杨世钰、赵寅松主编：《大理丛书·方志篇》卷7，民族出版社2007年版，第328页。

120　（明）李贤等纂：《大明一统志》卷86《大理府》，台湾台联国风出版社1977年版，第5282页。

121　李元阳：《罗平鸟吊山二首》（其一），《李元阳集·诗词卷》，云南大学出版社2008年版，第417页。

122　（清）赵珙纂修：康熙《浪穹县志》卷 1《山川》，载杨世钰、赵寅松主编：《大理丛书·方志篇》卷 7，民族出版社 2007 年版，第 328 页。

123　（清）周沆纂修：光绪《浪穹县志略》卷 13《胜览》，载杨世钰、赵寅松主编：《大理丛书·方志篇》卷 8，民族出版社 2007 年版，第 162 页。

124　转引自杜宝汉：《大理州民族生态文化初探》，载《大理州环境保护思考与对策》，作家出版社 2006 年版，第 349 页。

125　《阿苴郎村严禁私挖山场碑》，载黄正发等编：《弥渡古代碑刻辑释》，云南科技出版社 2018 年版，第 60—61 页。

126　《封闭双马槽厂永禁碑记》，载杨世钰、赵寅松主编：《大理丛书·金石篇》卷 3，云南民族出版社 2010 年版，第 1094—1095 页。

127　《重封双马槽碑记》，载马兆存编：《大理凤仪古碑文集》，香港科技大学华南研究中心 2013 年版，第 85—87 页。

128　《双马槽碑记》，载杨世钰、赵寅松主编：《大理丛书·金石篇》卷 3，云南民族出版社 2010 年版，第 1232 页。

129　龙云、卢汉修，周钟岳纂：《新纂云南通志四》卷 64《物产考七·矿物一》，李春龙等点校，云南人民出版社 2007 年版，第 138 页。

130　《张文光致蔡锷原呈》，载邓江祁编：《蔡锷集外集》，岳麓书社 2015 年版，第 169 页。

第七章 民间社会与明清洱海区域生态环境

　　明清以来洱海区域的生态环境变迁，一方面促进了自然资源管理利用的产权化和法制化，另一方面也提升了洱海区域民间的生态保护意识和参与度。为缓解生态危机，恢复生态和修治水利成为洱海区域民众的共同利益，生态环境变迁也成为促进社会动员和社会整合的主要动力。民间和社会力量对水利工程和生态治理的积极参与，弥补了官府力量的不足，提升了生态环境治理的成效。

第一节　水权的形成及其物权化

　　工程性缺水是明清洱海区域水资源利用中的首要矛盾。在水资源稀缺的局面下，民间的水权观念与水权制度形成并呈现出物权化发展的趋势。水权的形成及其物权化，凸显了产权制度在区域开发和生态治理中的作用，体现了明清洱海区域自然资源利用方式的重要发展。

一、水权的形成及形态演进

水权的形成是一个历史的过程。明代以来，随着洱海区域开发的深入，水资源供给不足和工程性缺水问题日趋加剧，水资源逐渐成为一种稀缺性资源。明代嘉靖、万历以来，一些地区长期水权不清，用水无法的情况发生了改变。在官方的推动下，军民田灌溉的用水规范形成，水权制度在洱海区域各地逐步建立。与此同时，民间原有的灌溉成规和用水习惯也逐步规范化和制度化，水权开始形成并成为缺水环境下水资源配置的基本手段。

明代中后期以来，苍山十八溪已形成井然有序的灌溉规则。民间用水也要分定水例，分时间、分地段使用。莩洛溪由于"其水不慎汹涌，田亩之资其灌溉者不少"，因此其支流常常是两村轮用或溪水两岸轮用；莫残溪支流品水"发源于佛顶峰麓，其水资以灌溉者如大井旁、瓦窑、重邑村及太和村之太——村，每逢小满节起，四村按日分水，周而复始，习为常例"；南阳溪，"宝林村之中心有分水处，别为四支"，各支流经田亩均各依"成规"或"分水旧规"分水灌溉。[1] 遍布洱海区域的龙泉、堰塘和沟渠都形成了分水制度。赵州北菁沟在用水上实行"铜牌轮次"；[2] 海东"南北箐及大小沟细出之水"也订有水例，"自芒种前五日起至夏至后十日合为一月，前半月为名庄之水例，后半月为玉龙村之水例，其外每以五日轮流，以资灌溉。"[3] 从"成规""常例"等用语可以看出，民间已经形成了较为稳定的用水秩序和明确的水资源权属观念；铜牌轮次、勒立石碑也说明洱海区域水资源的分配已经制度化，水权制度已经在水资源配置中发挥基础性作用。

从洱海区域水权的发展来看，出现了轮流灌溉、水分计量和水权交易三种不同的发展形态，体现了民间水资源利用及自然资源产权发展的不同特点。

（一）轮流灌溉

水权的基础是民间长期以来形成的用水习惯。在长期的农业生产中，民间形成了先后有序、轮流用水的灌溉秩序。这种水权形态以水势、地势等自然条件及民间习惯为基础，是水权运行中一种基础形态。

"上满下流"是农业灌溉中最自然的一种用水习惯。清代太和县兴隆村议定的水例中就规定"须上满以下流，自首以至于尾，勿得私意自蔽"。[4]这种"上满下流"的灌溉习惯直到近代仍存在于洱海区域的水资源分配中。如在大理喜洲地区：

> 灌水的方法，一向按古例是"上满下流"，即上边的田流满后才放给下边的田。因此，近山的村子，靠近水源，能先得充足的水源，愈往下边水就来的愈迟，栽插也就愈迟。如晨登村在水头，能栽小满秧，其次是江渡村、上下院塝、新登村等栽芒种秧，再次是市上街、旧城南等栽夏至秧，又次是寺上下村、城北、村东村，一直到河涘城、沙村等从小暑到大暑才能渐次栽秧。[5]

"上满下流"灌溉原则根据地势和水势来确定用水顺序，但是于山区实施这种放水方式却有很大弊端。部分山区地带水源渺远、田亩分散，若按上满下流之法，则离水道较远的田地实际上就无水可放。因此，在一些地区又有"自远而近"的放水原则。

弥渡永泉海塘，在放水时有"秉公公放，自远而近"之法。[6]"自远而近"的原则，先放水尾再及沟头，不仅确保了距离水源较远的土地的灌溉，而且能充分激励沟道下游的田主参与水利合作。正如美国学者奥斯特罗姆分析的那样：

> 由于系统上游农民蓄水的边际收益比更多的将水供应给下游的农民带来的边际收益要低得多，因此，如果不是在雨季，为了提高效率，必须让下游的农民有可靠的权利获得足够的种植用水。同时，他们还需要获得上游农民的保证。在农民自己组织的系统中，下游和上游的农民经常会聚集到一起就水源分配和资源培植的规则进行谈判。在那些维护成本很高的系统中，下游的农民拥有很强的谈判能力：如果上游的农民不承诺分配给他们足够的水源，他们就拒绝参与维护（主要是提供劳动）。只有这样，他们在维护上的投资才是有价值的。[7]

"自远而近"作为一种灌溉规则，是上下游农户利益谈判的结果。

在一些水资源较为紧缺的山地，"上满下流"的原则难以实行，主要依靠轮流均放。大理府十二关长官司李氏土司认为，山区"水源沟道甚远，悉系山坡梯田，兼以人烟渐集而田亩零星，非轮流均放，则强横者盈车立致，柔弱者一勺无沾，不惟田亩以灌周，即食水亦难望其有余，争端之起，由此日臻"。[8]因此，道光九年（1829年），当地彝族村民议定的清水河古沟水规就以"均放"为主要原则，据当地勒立的水利碑记载：[9]

> 每年至立夏后十日，各田户于石条水口按户均匀分放二十五日。届夏至前十日，总水放土堡干田栽秧。其

前栽之苗已长发青葱，可稍缓其灌溉，义当让后栽者均
放十昼夜。俟栽插逐一全完，合前后栽插之田，仍复相
轮流灌溉。

　　为使"轮流均放"更加公平，在轮流均放中，有的地区开
始以"昼夜""时辰"为序轮流放水，称为"水班"。乾隆年
间，鹤庆沙登村在分水时，"自内而出外，以卯时替换水班，作
七天一轮，周而复始"。[10]光绪十八年（1892 年），云南县东山恩
多摩乍村的彝族村民订立水约，"分为四牌。定昼夜为一牌，于
每年立夏日起，轮流管照，周而复始"，各人户则按具体日期分
水，"第一牌，用亥、卯、未日期，卖菜乍于姓照管于有文。第
二牌，用申、子、辰日期，恩哼奔于姓照管于开成。第三牌，用
巳、酉、丑日期，龙潭魁姓照管魁文富。第四牌，用寅、午、戌
日期，分头上自姓照管魁占春。"[11]当地彝族村民一直沿用这种按
十二地支分四班轮放的方法。立于光绪三十四年（1908 年）的
"妙姑彝族万古常昭碑"记载，各村水班是："申子辰：卖菜乍。
巳酉丑：落泰厂。寅午戌：大水□。亥卯未：克麦簸。以上四
盘，周而复始，轮流转放，每到日落交班。"[12]

　　在一些地区，用水分配更具灵活性，往往将"上满下流"
与水班轮流结合起来。在放水中，根据农时和水势的不同，用水
紧张之时按"水班"轮流放水，用水充裕之时则改为"上满下
流"。如鹤庆沙登村，田有秋田、两熟之分，水也有缓急之别，
因此"秋田用水时，水期必急，自立夏起轮水班，灌两熟时，
水期已缓，就可以上满下流。"[13]

　　轮流灌溉是明清云南农业用水的基本规则，也是水权的一种
较为初始的形态。轮流灌溉虽然确定了灌溉秩序，但是主要在于

协调不同用户的用水顺序，维护均平用水。除了按昼夜划定"水班"外，这种放水方式并没有对用水量的多寡进行明确规定和计量，一旦水资源紧缺就难以有效实行。

（二）水分计量

对水分进行计量是水权发展的一个重要阶段，其核心是对农户水资源的使用量权的确定。由于田多水少和水资源稀缺，在农业灌溉中出现了用水量的核定和水分分配，以明确农户在一定时间内使用一定水量的权利。对水资源的分配进行计量，与云南山区水源渺远、田亩分散的实际相结合，避免了在水资源分配中"强者无水而有水，弱者有水而无水"的情况，[14]更有利于水资源分配的公平。

计量技术的提高是水分分配的前提。明代洪武、宣德年间，大理府就以"分"为单位对十八溪军民用水进行了分定。[15]弘治年间，宾川军屯也以"尺""寸"为单位对用水进行计量划分。[16]这说明，对水分的计量首先是从军屯以及军民田的水量分配中发展起来的。而从现有资料来看，民间对水资源的使用量权——"水分"的分定在明代后期，才开始发展起来。

到清代，水分的划分逐步成为维系灌溉秩序的核心问题。灌溉用水依循"照水分数分放"，即先核定用水水额、水期，再照分分放。水分的计算，一是以尺寸计，以水平石分流放水。二是以放水时间计，以"昼夜"或"分"确定水额多寡，用水闸、水篡控制放水。无论按"昼夜"还是"分"分水都需明确用水时间，不容多放。在祥云地区，依"昼夜"放水需按时辰交接，如禾甸五村规定"水例轮流须依时刻，寅时交割、寅时接收、戌时交割、戌时接收，交割迟一时者以侵窃水例论"；[17]"分"则以香程计，如上赤河尾村执行"每分定香二尺"。[18]

核定水分的第一种方法以田亩或粮额数为依据，实行照田分水或计粮分水。鹤庆小杨柳龙潭修闸分水"计田之多少，准乎闸之浅深，沿而不改"。[19]浪穹南涧，依据田亩多寡确定水分，"昼夜输流，按村落田亩分灌"。[20]蒙化洋溪海实行的也是"按户计田，均撬均车，或三轮五轮，周而复始"。[21]由照田分水，又衍伸出另一种水分核定方式，即"按粮分水"，如宾川大禾头东山箐水，"定例壹拾肆班，照田粮之寡，轮流灌溉。"[22]宾川赤龙溪，"水口设闸，有水利碑，按田粮多寡分定时刻，挨轮放水，村民遵守。"[23]

核定水分的第二种方法是按照水利设施修建中出资与出工的多寡分水。这种水分核定方法将各户所出银米数、工数与水分相挂钩，不仅有利于公平分水，而且有助于解决水利工程资金短少的问题。乾隆二十二年（1757年），蒙化洋溪海在修建之初就议定"按田派银，按银分水"。[24]乾隆五十五年（1790年），赵州弥渡民众修建永泉海塘，分定水例，规定"出银三两、米三斗，工一百，着水一分"。《永泉海塘碑记》详细记载了各户取得的水分：[25]

　　一户李诠，出银六两、米六斗，工贰百，着水贰分。

　　一户李文科，出银三两、米三斗，工一百，着水乙分。

　　一户李灿，出银三两、米三斗，工一百，着水乙分。

　　一户李文藻，出银三两、米三斗，工乙百，着水壹分。

（下略）

一户李登云，出银四两五、米四斗五，工壹百五，着水分半。

（下略）

一户张显光，出银乙两五、米一斗五，工五十，着半分。

（下略）

光绪三十三年（1907 年），云南县黄联署、明镜灯、白井庄等村民众扩建清水堰塘及润泽海，"以拾股修理，每股拼银一百两，每股每轮放水一昼夜"。[26]这种水分核定方法将各户所出银米和出工额与所得水分相联系，有利于解决水利工程资金短少的问题和保障公平放水。

在水权运作中，为方便水资源使用量权的核定和管理，明清洱海区域出现了水册和水平制度。水册是对水资源和用水人户进行登记和管理的文簿，记载了用水各方的土地面积、受水份额、受水时刻、灌溉面积等内容。明代洱海区域已有水册制之推行，嘉靖时期宾川"佥取分水老人办置格眼文簿"，"给印水簿一本"，将轮放日期"并南北山形沟势于上印刷"。[27]到清代，水册已成为水权管理的主要依据。雍正年间，云南县禾甸五村公议一沟三坝水利，规定"公计田亩多寡之数，分析用水多寡之份，悉无偏私。又恐利在而起争端，宝花水册，开载姓名，各注水份于下"，并请云南县知县张汉"钤印，并取一言刻于册首"。[28]现存的水册称"论水例印簿"，抄录于同治年间（1862 年—1875 年）。水簿中有有雍正年间（1723 年—1735 年）知县张汉撰写的序言，详细记载了五村的水额以及各村人户的水分，如新生邑水例：

　　　新生邑水例照县前碑记，同左所、湾平村，一昼二
夜；田亩三十双，东至下溯灯界，南至阿狮邑界，西至
左所，北至湾平村界。

　　　新生邑水分：杨正传一分，段甲保一分，杨正谊一
分，杨存义一分，杨存礼一分，杨存智一分，杨存信一
分，杨存仁半分，汤祖成保一分，赵祖武一分，赵回祖
半分，杨常生半分，杨蕴半分，杨受祖半分，杨坤半
分，汤执敬半分，汤全金一分，汤立忠一分，杨长寿
二分。

　　水册的序言中还详细记载了水册的流传情况，如"论水例
印簿，先前仅存一本，当日系下溯灯王举人之子生员王世泽收
执，后又本此印簿抄录七本，五村分收"，咸丰时期毁于兵燹
后，又"于既失之中复寻一册"，当地士绅"商斟速将此册藉
抄，以垂后裔，即以息争端"。对此，水册序言中这样评价：
"此中功德胜造七级，尤愿后之人谨守勿失，永作指南之车可
也"。从水册的保存和流传来看，水册由各村士绅收执保存，被
视为五村水利分配和管理中的重要依据。

　　与水册相配套的水利管理工具有水平、水板、水闸及水纂
等。水平的功能是按尺寸分水。浪穹南涧，"村民于涧口甃石设
立水平，石面凿成溜口，谓之水分，昼夜输流，按村落田亩分
灌"。[29]宾川大禾头村东山箐实行"立坪（平）均放"，[30]鹤庆清水
河"立石为坪"进行放水，[31]蒙化南庄大箐水也使用水平分放。[32]
此外，水板和水闸也具有按尺寸分水的功能。宾川东山龙王庙箐
水"分定尺寸，安立水板钜口均放"；[33]鹤庆修建的西龙潭石闸，

"闸口照旧宽尺寸加钉棒木，□平量定，一律水深分寸"，通过闸口宽度控制水量。[34] 水纂则主要用以控制放水时间。明代赵州巧邑里修建的沟坝于外流水暗沟"各下二纂木，以时启闭，上建纂房各一间"；赵州东晋湖塘也在闸口"下锭石纂，依期起落闭放"。[35] 水平、闸口的尺寸和水纂的启闭均依照水册，它们与水册相互配合，成为水分计量和水利管理的主要工具。

（三）水权交易

可交易水权是水权发展的更高形态。清代以来，水资源稀缺的凸显和灌溉用水价值的提高促进了水权与地权的相互剥离，同时也为水权的溢价转让提供可能。因此，清代以来，水成为了一种可以交易的商品。在用水过程中，当一方没有水源或水额不敷使用，就必须通过买卖的方式获得他人的水源，从而导致了水权的让渡和转移，形成了可交易水权。

民国七年（1918 年），蒙化县庙街所立的《南庄约学堂水碑记》记载水权买卖出现的过程称：

> 有塘有水，轮牌分灌，通例也，无所谓水租也。水有租者，惟中三约则然。南庄阱水，自古分为十牌，各立名目……有明朝古碑可证。当日按村摊分，想必无租。继而田多水少，而水乃有租矣。又因沟远者难放，而水有买卖矣。[36]

此碑虽然立于民国初年（1918 年），但反映的主要是清代蒙化地区由于灌溉用水紧张而出现的水权转让和买卖情况。该地同一时期的《下南庄赎水碑》也记载：

> 原本村自古领有南庄大箐水一昼夜，其名即曰南庄
> 水，每牌十二日一轮。本村之水，全箐又分为十二份。
> 先年卖出者已多，而未卖者甚少。[37]

可见，这一地区水资源的买卖情况已经非常普遍。

除了蒙化以外，其他地区在明清时期也出现了水资源的买卖。清代的云南县由于用水短缺，水资源买卖的情况也十分普遍。光绪年间（1875 年—1908 年），乐耕堤坝塘的水分中"段姓共放贰分贰分半，杜卖与杨培龙、杨培蛟柒分半"，段姓将已有水分进行了部分出卖。[38]在水源的买卖中，双方还需要订立契约，聘请中人。如"嘉庆二十五年（1820 年）云南县吴家营村民卖水契"：[39]

> 立卖水约人吴峰系吴家营住，为因缺用无处凑备，
> 情愿有品甸王第三昼夜庙水六分之一壹分，立契除卖与
> 钱家营钱二兄弟世宰名下，实授水价银肆两入手应用。
> 当日两相交明，并无货债准折，其有杂派、夫役、钱文
> 不得遗累卖主。日后有银，照卖水日期赎取；无银，任
> 随耕放，不得到放水之期异言，自称原主有银赎原物。
> 若有异言，得约理执。恐后无凭，立此卖水文约为据。
> 嘉庆二十五年八月十二日立卖水文约人吴峰
> 仝男吴□□吴自天吴性天吴畏天亲笔
> 中人吴全天

既然水可以买卖，因此有人借机卖水牟利。清代，蒙化有村民将

水资源"图利卖放",[40]鹤庆也有人屡屡将渡槽之水"盗卖出界":

> 每岁清明，村人集众伐木修补，其江场渡枧水，直
> 达汉登，汉登系灌塘水，江场渡水利贪财，将枧槽官水
> 盗卖出界，江场渡反有灌溉不足者，每致兴讼。[41]

水权的买卖对原有的灌溉秩序构成了挑战，成为灌放不公和水权
混乱的原因。但是由于水资源的稀缺性，市场和经济手段必然成
为民间水资源的配置的重要方式，水权的买卖在民间已经成为不
易之势。可交易水权的产生，一方面提高了水资源的利用效率，
促进了水资源的优化配置和使用，另一方面促进了水权的物权化
发展，是明清以来水权形态的重要发展。

二、水权的物权化

水权形成的过程就是水权物权化的过程。水资源的稀缺促进
了民间水利分配和管理机制的形成，[42]同时也促进了民间水资源
交易的兴起，致使水资源商品化，水权逐步成为一项单独的物
权。明清时期，在洱海区域民间水资源的利用过程中，水权呈现
出物权化的发展趋势。

（一）水权与地权分离程度加深

在农业灌溉用水中，水权与地权本来是相统一的，在照田分
水的地区实行"水随地行"，"水例原照田亩，有此一份田，即
有此一份灌溉之水"。[43]因此，在土地交易中，水权是依附于地权
的，土地买卖必须要明确和过割水权。明代后期开始，在一些水
资源稀缺程度较高的地区，这种"水随地行"的制度被逐渐打

破，水权和地权逐步分离。一方面，土地买卖中不过割水分的情况开始出现。崇祯年间（1628年—1644年），云南县禾甸五村龙泉就出现"有卖田而不卖水者，有买田而不得水放者，卖主则无田而卖水，买主则有田而无水"的情况，这说明在民间土地的实际买卖中，已经将水权与地权区分开来，以致官府认为这种行为直接对灌溉秩序构成了挑战而必须加以清理整顿。[44]导致地权与水权分离的关键性因素在于，相比土地资源而言，水资源更具有稀缺性。这既促进了水权与地权的相互剥离，同时也为水权的溢价转让提供可能。在实际灌溉中，水既然已经不再与土地相匹配，因此水权便能从地权中分离出来，成为一种可以单独买卖的物权。

（二）水权定价以及货币化进程加快

水费、水价的形成既是水权的表现形式，同时也为水资源的市场化奠定了基础。清代洱海区域出现了为水权定价的"水租"，水权的货币化趋势逐渐明显。

"水租"是水权运作中出现的现象，不仅反映了水资源的价值，也是水资源产权的实现形式。清代以后，在水资源紧缺的地区出现了"水租"。前引《南庄约学堂水碑记》中记载："有塘有水，轮牌分灌，通例也，无所谓水租也。……当日按村摊分，想必无租。继而田多水少，而水乃有租矣。"可见，水租是随着"田多水少"现象而产生的，该约各村用水均缴纳有不同数额的水租。[45]到清代后期，水租多以货币方式进行缴纳。如太和县南阳村羊皮箐、黑龙箐水租，据《南阳村水例碑》记载：

一拟羊皮箐水六昼夜，三月十五日后一昼夜作钱一

千五百文，四月初十外一昼夜，作钱两千文，四月二十
外一昼夜作钱二千五百文，五月初十外一昼夜作钱三千
文，二十外一昼夜作钱三千五百文。黑龙箐水每月一昼
夜作钱三百文。均为乡约应役之费，亦照旧规无异。一
拟羊皮箐水在六月内一昼夜，议定灌田有用者作钱一千
五百文，下河无用者不许作钱，亦照旧规。[46]

水租租额根据农事进度及水源的稀缺情况浮动，不仅筹集了乡约
应役等公益经费，而且有效调节了水资源的分配。

（三）水权交易的多层次性和频繁性凸显

水权与地权的分离以及水权定价的出现，推进了水权交易的
频繁和活跃。水权交易根据产权分割的不同，也分化杜卖、活
卖、典等交易形式。

与土地交易类似，杜卖是一次性卖断水权，不再赎回，如
《云南县水利碑》中记载的"杜卖与杨培龙、杨培蛟柒分半"，
即反映的就是水权的这种交易形式。[47]与杜卖相反，活卖则是水
权买卖和转移之后，原主还对所卖之水保留回赎的权利。如前引
"嘉庆二十五年（1820年）云南县吴家营村民卖水契"中，吴
家营村民吴峰将品甸王海的水分出卖，卖水方可以"照卖水日
期赎取"。

典则是水权所有者将约定期限内水的使用权和收益权出让，
期满之后，备价回赎的一种交易形式。如"道光年间蒙化村民
典卖箐水契约"：[48]

立转典排水文约人左联九同侄凤朝、凤书、凤仪、

凤廷因有祖遗左姓水全箐一昼夜，坐落响水河内，四十三日轮流分放。先年出典与本村管业，今备价赎回，凭中立约转典与中南庄下甲天醮功德管事杨汝香十三户人等名下管业，受水价五十两整，入手应用。日后凡有水者有银五十两执合同照赎契赎取，无银五十两不得零赎。其银当众移交，并无准折情由。恐口无凭，立此转典水契文约存照。

道光二十三年三月十九日

立转典排水文约人左联九同侄

凤朝、凤书、凤仪、凤廷

出典的标的物是"全箐一昼夜"之水。从契约中看出，出典人先将水权典予"本村"，到期备价赎回之后，又转典与杨汝香等13户。一年后，出典人又对出典之水进行了"找价"：

立加添文约左联九同侄凤朝、凤书、凤仪、凤廷为因有祖遗自己排水全箐一昼夜，坐落响水河内，四十三日轮流分放，先年出典与本村管业，今备价赎回，凭中立约转典与中南庄下甲天醮功德管事杨汝香十三户人等名下管业，实加银十两整入手应（用）。其银自加之后，前后契共受过价银六十二两整，其仍照老契分放，日后有银照赎，无银任随照水管业，恐口无凭，立此加添文约存照。

凭中人范受元左联奎

道光二十四年三月二十五日立加添文约

左联九同侄凤朝、凤书、凤仪、凤廷

契约记载，两年之后，出典人又将此水直接出卖予杨姓。38 年之后，出典人后人又重新赎回水源，进行再次转卖：

实卖水契

　　立实卖水契人左大有、左大勋，因有祖遗排水半河，昼夜相连，坐落伏虎寺箐内，于道光二十六年有先祖联九叔侄出卖与中南庄杨姓管业轮放多年。今向杨姓赎回，复转卖与本姓合族天醮公项下，实授水价银三十六两五钱以作赎水之用。自赎之后，任随公内管业招租。日后有银照契取赎，无银不至异言。口说无凭，立此实卖水契文约为后日之据。

凭中堂祖凤谙金玉
凭村邻周允查荣
光绪十年十二月初十日立
实卖水契人左大有、左大勋

以上契约一方面说明了民间水权交易的频繁性，另一方面，水权交易中"活卖"、"杜卖"、"典"等交易形式以及"找价"现象的出现，表明了水资源在交易中已具有与土地同样的属性。同时，水权交易的灵活性、多样性以及对水资源不同层次的产权分割，有效地促进了水权市场的形成。水权交易的普遍性和交易形式的多样性说明，水资源已经成为了一项单独的物权。

（四）水权的财产权性质日益显著

水权的确立不仅赋予了水权人对水资源的使用、收益的排他性权利，而且还赋予了水权人排除不法干涉和妨害的权利。在这

一过程中，水权逐渐彰显出其财产属性。

首先是水权的排他性。维护水资源的专属性和排他性，保护水权不受不法侵害，是明清水资源管理的重要内容。清代法律规定"民间农田，除江河川泽及公共塘堰、沟渠或虽非公共而向系通融灌溉者不在例禁外，如有各自费用工力挑筑池塘渠堰等项，蓄水以备灌田，明有界限而他人擅自窃放以灌己田者，按其所灌田禾亩数照侵占他人田亩例治罪。"[49]在洱海区域，地方官府在判词中也申明"民以食为天，田以水为利，田水之有疆界，无庸混淆。"[50]民间水利规约也大多规定水权"不容侵占""不容盗取"，蒙化洋溪海，"所有一应水分，无论远近高低，按分品搭，毋得恃势就便，越分多放"。[51]云南县禾甸五村也规定："无洪水须依水例，倘上流有侵窃一份者，须执水例村人禀究。"[52]正是由于水权的排他性，在水权的运作过程中对用水权的划分逐渐细密。宾川明清时期就出现了"军水""庄水""租米水""职水""供佛水"的划分，这些对水源用途、使用者的专门性界定，象征着水权的专属性和排他性。[53]另外，水权的排他性也促使水权分配管理逐渐严密。民间在水权分配和管理上逐渐形成了一整套完整的体系和规则，大量水利规约表明，明清时期洱海区域水权的分配管理已较为完备。[54]

其次是水权的可继承性。前引"道光年间蒙化村民典卖箐水契约"中言明，立约人左联九叔侄所典卖的是"祖遗左姓水"，说明水权是由祖辈继承而来。又如乾隆七年（1742 年），云南县杨知颖、杨芳等同族及里民段美借贷皇本银，"炤（照）十一分俜（拼）工修乐耕堤坝塘上下二座"，按照出工分数，将水"炤（照）十一分平放"，这十一分水分均可进行继承和转卖。立于光绪三十年（1904 年）的《云南县水利碑》中，将这十一分水在一个半世纪以后的放水情况进行了重新确认，具体继承及分放情况如表 11 所示。

可见，杨芳、杨知权、杨溶等人是乾隆时期最早的水权拥有人，而到光绪年间，除了已经杜卖的部分外，水源的放水者均为原始水权人的后代。水权的长期继承说明水权已经成为一种单独的物权和相对稳定的财产性权利。

再次，由于水权具有财产属性及经济价值，一旦水权存在争议或遭到侵害，就会引发水权纠纷和水权诉讼。正如《阳南村水例碑》所言："天下有利必有争，水利关国赋民生，争尤莫免。"[55] 由于争水、盗水等水权问题而引致的民事纠纷与诉讼，在洱海区域是一个较为普遍的社会现象。在水利纠纷中，当事方往往不满基层官府判定而自行上诉，造成多起"构讼不已"的水利诉讼案。如道光时期（1782 年—1850 年），太和县柴村、车邑村、鸡邑村因苍山中和峰涧水分配发生纠纷，引发柴村、鸡邑村两村长达数年的水利诉讼。在纠纷中，村民多次上控至县、府、巡抚三级，其间还有生员和捐职人员冲撞县令、私拆石坪，水利纠纷的激烈程度可见一斑。[56]

总之，水权是水资源稀缺条件下水资源配置的重要方式。明清以来，由于洱海区域农业用水的增加和水资源的稀缺，水权制度开始产生。历史水权由初期的轮流灌溉发展到计量水权，最后向可交易水权发展和演变，正是水权制度随经济发展变化而不断动态演进的过程。在这一过程中，水资源的商品化和水权的财产性特征日趋明显，水权成为一种独立的物权。水权的形成及其物权化，从一个侧面反映了明代以后洱海区域自然资源与社会经济的变迁。

表 11　《云南县水利碑》所载水分分配及继承情况

水分	原始水权人（乾隆七年 1742 年）	继承人及放水情况（光绪三十年 1904 年）
1	杨芳	杨家政、杨家声二人平放
2	杨知权	杨启泰放贰分半、杨开泰放伍分；
3	杨洺、杨藩	杨家康、杨家顺二人放乙分半、杨家绪放柒分半、杨家齐、杨家庆二人放柒分半
4	杨知颖	杨埠、杨嵋二人平放
5	杨淮	杨国政全放
6	杨知贞	杨锦章、杨金章二人平放
7	杨知襄、杨知述	杨培桂放乙分半、杨嵘放柒分半、杨嵋放柒分半
8	杨知嘛、杨知讷、杨知潞	杨开甲放贰分半、杨镒放贰分半、杨德裕放伍分、杨开业、杨开先、杨开后共放壹分
9	杨知湄、杨知肃、杨知湘	杨家绪放乙分、杨国樑放伍分、杨国正放贰分半、杨国久、杨国佐二人放贰分半、杨开业、杨开先、杨开后共放乙分、段姓共放柒分半、杨培龙、杨承祖放柒分半
10	段美、段文灿	段姓共放贰分半、杜卖与杨培龙、杨培蛟柒分半
11	杨淇	杨国久、杨国佐二人平放

资料来源：《云南县水利碑》，载杨世钰、赵寅松主编：《大理丛书·金石篇》卷 3，云南民族出版社 2010 年版，第 1631 页。

第二节　民间水利建设与水利管理

明清时期是洱海区域水利化发展的典型时期，以灌溉和防洪为主的水利工程不断增加。在广大乡村，以陂塘坝堰为主的中小型水利设施不断修建，大大满足了农业灌溉的需要，以士绅为代表的民间力量在这一过程中发挥了主导作用。在官方主导的河流疏浚等工程中，民间社会也积极参与，成为水患治理和水利兴修的重要力量。与此同时，民间社会在水利资源管理中也形成了一套行之有效的制度，保障了水利设施的正常运转和水资源的合理分配。

一、民间水利工程兴修

明清云南山区的水利建设一直由官民双方共同参与。乾隆二年（1737 年）云南总督张允随在奏议中就指出：

> 云南水利与他省不同，水自山出，势若建瓴。大率水高田低，自上而下，当浚沟渠，使盘旋曲折，承以木枧、石槽，引使溉田。偶有田高水低，则宜车庳。又或雨后水急，则宜塘蓄。低道小港水阻恐傍溢，则宜疏水口使得惕流。山多沙碛，水发嫌迅激，则宜筑堤埝，俾护田亩。臣令有司勘修，工小，令于农隙按田出夫，督率兴作；工稍大者，出夫外，应需工料，令集士民公议需费多寡。有田用水者，按田定银数，借库帑兴工。工毕，分年还款。工大非民力能胜，详情覆勘，以官庄变价，留充工费。[57]

在张允随看来，官府和民众的共同参与是云南水利工程建设的最佳模式。水利工程的大小不同决定了官民在水利建设和资金筹措中的作用和地位不同。

在明代以来云南区域开发中，洱海区域是工程性缺水较为典型的地区之一。明代后期李元阳就指出大理府"水利不讲"，"人民大窘"。[58]这一情况虽然随着水利化活动的逐渐展开有所改变，但需要修建的各类水利工程尤多，水利建设工程量较大。例如在田地众多，水源缺乏的祥云坝子，"云邑四境不乏龙泉，而海塘闸坝需人力兴修者尤多"。[59]除了大理坝子有十八溪的灌溉便利以外，洱海区域大部分地区都必须依靠陂塘堰坝等中小型水利设施进行灌溉。这些水利设施规模小、分布分散，受益人群较少，官方力量不易介入，主要依靠民间力量进行修筑。

民间水利工程主要是中小型的蓄水工程，主要由乡绅发起，村寨或宗族主持完成。赵州的永泉海塘和云南县的乐耕堤坝塘是清代民间水利工程的典型。赵州上马营水源紧缺，村民"每号叹于稼穑艰难"。乾隆十二年（1747 年）开始，由当地士绅倡议，村民捐赀出力，引数里外的牛角海入村灌溉。乾隆五十五（1790 年）年所立的《永泉海塘碑记》载：

> 乾隆十二年，有李文光为首而统合村妥议，有黑泥阱可以搬作海塘，不有益吾乡哉。所以少长咸集，询之此而曰唯唯，询之彼而曰诺诺，众口一词。于是同心同意，捐金出米，不惜其资，做功勤劳，不吝其力，不四年之功，而海塘成焉。[60]

碑文记载充分体现出村民对海塘修建的期待和参与度。云南县修筑的乐耕堤坝塘也是民间集资修建的代表性水利工程。工程由举人杨知颖、生员杨芳等"同族内兄弟子孙"以及里民段美发起，同族"照十一份拼工"修筑，于乾隆七年（1742 年）建成乐耕堤坝塘二座。[61]在较为缺水的祥云坝子，这种民间修筑的蓄水工程较为常见，如刘官厂堰塘，"同治六年（1867 年），村民邹李二姓倡众公修，附近田亩赖以灌溉"；黑龙泉上也有"里民连筑二坝"，灌溉近村田亩。在洱海区域其他地区也广泛存在这种小型蓄水工程。鹤庆的青龙潭修筑于明正德年间（1506 年—1521 年），"耆民杨寿延筑堤为潭，广二里许"。[62]宾川的茹村坝和乌龙坝都是"居民所筑，蓄水灌溉"，"济一村之田"。[63]

明清洱海区域的小型引水工程也主要由民间修筑。明末剑川建筑的百节枧槽是由当地士绅主持修建的渡槽工程。据康熙《鹤庆府志》记载：

> 小甸、江场渡、下登三村，旧无水源，郡人金吾、段喧度地捐买，开沟导易堤坪水，由枧槽灌溉各村田地，为利甚溥，村人递年每亩以升米报其功，至今仍之。其枧槽跨大河，河阔三十四丈，枧槽接连，两两相并，长木高撑。水自半空流注，小甸两槽相附，自东注西；江场渡下登四槽合并，自南注北。每岁清明，村人集众伐木修补。[64]

该工程在海尾河上架设木制渡槽，南引易堤坪龙潭水横跨海尾河，使海尾河西北岸缺水各村受益。明清以来，在宾川、弥渡、祥云等地，还出现了一种特殊的引水工程——地龙。地龙是一种兼有蓄水功能的地下引灌工程，其特点在于不占耕地，不易淤积，水分蒸发少，设计及建造都较为科学。[65]地龙作为地方独特的水利工程，在历史上主要是由民间修造和运用的。[66]

劳动力和资金是水利建设的关键。劳动力主要从宗族或者受益农户中募集。云南县乐耕堤坝塘由族内"照十一份拼工"，[67]赵州的双塘由"得利之家量亩出力，预为修筑"。[68]但与官方水利工程相比，水利工程的最大困难主要来自于资金筹措，因此在水利工程建设中，乡村社会中逐步形成了多种不同途径的水利资金筹集方式。

集资和借贷是水利资金最主要的筹集方式。光绪末年，云南县禾甸明镜灯、黄联署两村商定对原有的清水堰塘、润泽海进行扩修改建，以扩大蓄水量。工程由两村拼股的方式筹资修建，共分十股，由用水各村"以每股拼银一百两之数，陆续拼出，陆续修理"，若中途资金不敷另"照十股均摊"。从工程订立的合同看，仅明镜灯所拼4股就由73家集资而成，是典型的由民众集资兴建的水利工程。[69]乾隆年间，鹤庆沙登村筹建的引水工程"功本所费颇多"，工程按照"水班"进行集资，"不论田亩，依照水班分配，一班伍百文"，经费由倡修士绅收执管理，竣工后由绅耆共同结算。[70]倘若集资困难或资金不足，借贷也是水利资金筹措的重要方式。清代蒙化洋溪海，由董家营"合族于乾隆五年公捐银二百两搬挖，积水不能灌溉，上年复借贷银四百两，扩地增修"，因此，放水时奖励发起借贷修筑之人"每人先放水三工"。[71]乾隆时期云南县的乐耕堤坝塘也是由"同族内兄弟子孙并里民段美，同请皇本银三百两"修筑，"坝塘告竣，皇本还清"。[72]

此外，士绅捐资也是资金筹措的一个重要来源。在浪穹石盘井，"邑人李森捐资砌石为井，远引西山山水入城中，甚沾利泽"。[73]前引鹤庆沙登村引水工程，除民户集资外，还有资金来自于绅耆捐资。据《沙登村水源章程古记序》记载，工程的发起人庠生张宸"先捐五十两银"，"沙登绅耆亦人人踊跃争先，愿捐资一千一千，或五两、六两，二三四两等等不一。"[74]可见，士绅捐资成为水利资金的重要补充，很多士绅因出赀修建水利而享誉乡里。《大理县志稿》中就有多位士绅因捐赀兴办水利而被列入"义士"。如乾隆时期乡绅赵纲，"轻财好义助，捐金恤贫困，有无相同且能热心公益，慷慨捐资，其于设义仓，造桥梁，开花甸哨水利，垦北甸荒田，凡一切善举，皆倡首为之。"道光时期的杨开泰，"性纯孝，急公义，修中和峰河尾、双凤桥及村西水碓，凡修路浚河等事皆赀助告成功焉。"[75]

二、水道疏浚与水患治理

如前书所论，洱海区域河湖众多，水系纵横，但也经常面临着河湖淤塞，洪潦泛滥的威胁，特别是在生态环境失衡的过程中，水患问题更加突出。明清洱海区域的大型水利工程主要以排涝和防洪为主，虽然这些工程主要由官方主持完成，但民间力量参与其中，在河务中发挥了不可替代的作用。

对于大型水利工程而言，由于工程艰巨，政府仅靠自身力量难以实现有效监督和管理，必须借助于士绅阶层。以弥苴河的治理为例，从康熙二年（1663 年）至嘉庆二十二年（1817 年）邓川州发生较大水患 18 次；乾隆至光绪年间，浪穹县白汉洞、三江口、凤羽河等地先后发生 10 次较大的水患。[76]为治理弥苴河，官府每年须投入大量的人力物力。到咸丰年间（1851 年—1861 年），每年所需河工就达 66679 人，弥苴河的治理也被称为"全

滇未有之钜役"也。[77]为承担河工差役，邓川州民几乎是全民投
入。如此巨大的工程仅仅依靠官府进行管理和监督，必然产生胥
吏贪赃枉法、督工不力等现象。清代中期，为补佐官方力量的不
足，提高治河效率，官府将工程委任给士绅，从而形成"弥苴
河工，从前官委属员督办……近今官派绅士承办"的局面。

弥苴河修浚工程设"河工总理二人，分办中四段各三人，
分办上下公沙各二人，以及收掌所比欠夫价二人"，由"各里公
正绅耆于正月初旬齐集州前会议"拟定，"禀请州主听候金派"。
总理、分办由士绅充任，执掌夫价者也"举殷富诚实之人"充
任。在侯允钦拟定的《河工章程》中就出现了"总司绅士""承
办绅士""督工衿耆""在工衿耆""管河士绅"等不同的士绅
名称，说明参与河工的士绅职责和分工十分明确。[78]

在分段治理中，"先期择绅士二人总司其事。每段各派衿耆
三人专司本段，一掌夫簿，一掌图记，一查夫数，仍公同督催州
役以及里差，催夫实力挑挖。夫有懒惰，责成里差，里差怠玩，
责成州役，州役徇庇，责成衿耆，衿耆因循，责成总司绅士。"
总司绅士总董河工事务，各段衿耆则负责分修各段，执掌夫簿、
图记并负责稽查夫数。

在修河工程中，"各段所设堂差、里差、册书，例受在工衿
耆约束"，士绅对工程各段均具监督管理之责，"每段单薄之堤，
每年责成督工绅士、衿耆先期逐段查明禀官，饬令各堤户认真修
理，期于工坚料实，倘州役、里差借端勒索或包庇揽修，以及堤
户延挨，虽修而未如式，禀官究惩，仍令补修。"同时，对于某
些重点地段，官府还要求乡绅协同差役进行监督。如锁水阁下的
河尾淤地，"督工衿耆协同差役，极力督催，务须深挖广开，以
泄尾闾"；鱼沟沟头对堤之沙，"向例俱系沟户自行挑挖，有历

年差催票稿可凭，应令该督工衿耆协同差役，照旧督催，违者
禀究。"

对于河工中最易生弊的夫数稽核和经费管理问题，官府也主
要依靠士绅进行监督和管理。"各段应须夫票，须各段督工衿耆
先期令堂差赴衙请领"，领时需"稽查票数"，发时需"稽查在
工夫数"，"督工之人逐一亲图墨号于其肘"。折夫钱和欠夫缴价
钱等河工经费"由衿耆公同保举殷富诚实二人收掌"，由"承办
河工衿耆，尽数置产，永充河工公项"。[79]

在河工总理侯允钦看来，"六十里之桑麻鸡犬，悉属小民之
身家，用我财力，保我田庐，并非奔命于长上"，[80]承办河工既是
士绅社会责任所在，也是士绅身家利益所系，因此"派绅士承
办，可无玩戏身家之虞"；另一方面，河工虽由官方主持，但
"风日之勤勉，督率之纷繁，审度勾稽之琐碎，非可以大人亲细
也，故士民任之"，由士绅承办能很大程度上弥补官府力量之不
足。侯允钦认为，士绅"上承官长，下统胥役"，在河工中的地
位是不可或缺的。他在《条陈弥苴河工积弊书》中专门指出：

> 河工之要固赖督理之官长，尤资协办之绅士。盖既
> 为地方之绅士，则于河工之情形必熟，桑梓之系念必
> 殷。若者为弊之当除，若者为患之当防，若者为事之当
> 办。无避怨，无畏难，上承官长下统胥役，责任之重无
> 逾于此。然必居心正而后可以服人，率作勤而后可以图
> 功，才识长而后可以集事。

侯允钦长期担任河工总理，对于士绅承办河工的利弊有深刻的认
识。他指出，督河绅士贵在选聘、任用得当，"督河绅士应恳恩

遴选公正有才干者，按照各段分派，所有应办事宜，应除积弊准其与管河官一体酌行，则承流得人，河工自然起色矣。"[81]

洱海北部的邓川、浪穹两地由于河工繁重，士绅和民间力量对河工的参与度也更高。明代，浪穹山关沟由"邑举人杨峨捐资倡众修浚"，[82]邓川罗时江堤由"各里村长自领火夫开挖修筑"，上下登堤也由"州人杨金南倡众筑石为堤"。[83]清代，在白汉洞和三江口治理等工程中，士绅和民间力量也发挥了重要作用。如杨显飏"炼城村人，性忠耿，勇于为善。白汉洞旧坝日久剥蚀，岁有倾圮，显扬于咸丰九年倡议改筑龙王庙西数十丈，逐日监工，若任家事；同治三年，以三江口河身浅狭，夏秋淫雨易于漫决，率乡人力开子河，直抵龙马洞，历三年始成。"[84]士绅的参与被地方志视为义行，并强调"凡此筑坝改河建桥，虽非显飏所得专美，而其赞襄奔走之劳亦不容没"。[85]

鹤庆漾弓江治理也是在士绅参与后竣工的。漾弓江落水硐淤塞，嘉庆年间"邑绅杨逢吉、赵秉泰之先后或挑砂碛或寻澜穴"。同治以后，官府主导开挖新河，但因工程浩大，在地方绅士的参与和支持下，工程才得告竣。光绪三年（1877年），开河工程"得杨君建勋、寸君增高、鲍君世卿、杨君友棠、舒君金和、彭君大椿、高君培甲、王君国安、赵君运吉、李君祥麟，以及刘光裕、李友现、田现鹏、赵敝章、杨振昭、杨友筠诸绅者协力同心，赞襄其事"。光绪十八年，官府"爱饬绅者，募工集夫，复凿石峡"，工程仍由士绅承办，"董其事者为顾富春、赵庆发、杨施泽、李上贵"。据记载漾弓江治理的《鹤阳开河碑记》记载，工程历年在事绅管共计49人。[86]

弥渡境内的苴力江和通川河在清代也进行过几次大修。嘉靖十九年（1540年），赵州知州李振铎主持疏通苴力江，"生员李唐寿首倡义举,即命督修本段工程",各衿耆亦踊跃支持工程。
工程竣工后,"各衿耆佥请立石,爰具书始末,并题各衿耆姓名
丁后",碑记中所列衿耆有"生员""监生""耆民""乡约"等
20 余名。[87]光绪年间(1875 年—1908 年),通川河失修,"河害
寖深寖广,淹没田亩,冲碛路人及畜,居民行旅咸病之",而
"弥渡绅士杨玉发等,以酌提公产,添修河工为请",并"毅然
以修河自任"。工程事务由士绅承办,"仍责在工绅者,五日一
报",工程竣毕,"向之汙泽,悉复沃壤"。《修弥渡通川河记》
所刊列的"在事绅耆"有"军功""武举""武生""文生"
"监生""管事"等共计 80 名,其中具有不同科考身份的 30
余名。[88]

　　在官方主持的修河工程中,民间资本也是河工经费的重要补
充。明代,为治理浪穹白汉涧,"父老拟每亩出粑四索,该县征
收,买石作堤,每岁二三月水干时,每亩仍出粑一索疏濬一
次。"[89]清代,白汉涧旱坝工程经费紧张,"经费二千余金,除岁
修民捐河工钱外,八里纳户愿将采买常平谷价一千余两公同捐
入,乃敷支销。"[90]乾隆五十五年(1790 年),鹤庆下城东村民
"按亩捐工,分上中下则摊派",对海菜古沟进行疏浚。为了保
障每年的疏浚经费,当地士绅还主持设立了专门的水利疏浚基
金。据《开挖海菜沟碑记》记载,当地士绅考虑到"一岁一举
未免连年累众",于是"会乡老妥议,量力捐金,每年正月十五
以银利兴工开挖,不累阖村士民,庶可耐久。"据碑文记载,基
金的捐资者主要是生员张学周及普通村民人等计 23 人,共捐银
21 两 4 钱。[91]

　　在民间水利工程的疏浚和修复中,士绅阶层发挥了重要作
用。士绅阶层凭藉知识和财富以及国家赋予的种种特权,在乡村

中具有很强的号召力和影响力。官府在水利建设中也利用士绅了解民情，具有威信和责任心的特点，引入士绅力量管理或承办河务，大大提高了工程的效率。在弥苴河治理中，"公举绅衿必须遴选品行端方、才具明练之人"。[92]经过公举出来的士绅，不仅具备正直、有责任心和有组织能力等素质，而且"无避怨，无畏难，上承官长下统胥役"，在民众中有较强的号召力和影响力。出身于邓川州中所的乡绅侯允钦就是一个典型。在他作为民间绅士督办河工期间，在实际调查的基础上合理投入民力物力，使治河更为科学、有效。与此同时，还形成一套相对规范的管理制度。他编撰完成的《河工志》，为后人留下了宝贵的财富。

　　士绅群体对河工的支持和参与获得了朝廷和民众的赞誉。乾隆四十七年（1782年），邓川绅民倡捐，"另开子河，引东湖之水，直趋洱海"，又筑长堤、建石闸使"历年被淹粮田一万一千二百余亩，全行涸出。"此事经云南巡抚刘秉恬禀奏清廷，"得旨嘉奖"。[93]此外，乾隆时期的杨承乾和光绪时期的何现鲲也都因赞襄河务而列于地方史志。史载杨承乾，"性坦直，果于任事，值水患频仍，乾隆中知县林公中麟尽心河务，承乾左右赞襄，不辞劳瘁，倡捐公费，邑人咸嘉之。"[94]何现鲲，字鹏南，贡生。光绪间下关河尾阻塞，"田亩淹埋，难于栽种，农人患之，鲲挺身与田主约筑高埂，浚河疏通淤泥，十余日淤泥疏尽，河边田亩现出，农人得以栽插，乡人至今德之。"[95]通过对水利和河务的积极参与，士绅阶层扩大了基层的影响力和权威性，强化了对乡村的支配权力。

三、水利管理与民间社会

　　中国传统社会的控制体系分为"公"和"私"两个部分。[96]

在明清水利管理中也存在官方和民间两种不同的管理体系。明代中叶以后，地方政府不仅在水利建设上积极吸纳士绅及民间社会的参与，在水利管理上也逐渐依靠民间力量来进行，出现了水利管理重心的下移的趋势。

明代，重要的水利工程和灌溉设施征程，由卫所和官府直接委派屯军或官员进行管理。进入清代，卫所的裁撤和官府力量的不足，官方在水利管理上开始面临困难，地方政府改由徭役的形式从民间金选水利管理者。赵州东晋湖塘，明代"每岁金揭余丁二名看守"，由卫所派驻军余人员管水。[97]明代后期开始，民间管理水利的记载开始增多。万历十八年（1590 年）巧邑村修筑的水坝就"轮金水夫二名，巡水看守"；[98]乾隆年间，山西村湖塘在管理上"每年沿门轮流，出头十人管水"，"倘水积不满，亦系十人之责"。[99]鹤庆的崖场水坝，"古以哨兵守之，一有渗漏，即行修辅"，清代以后"因口粮奉裁，看守无人，遂致倾圮"。[100]由于卫所裁撤，管理乏人，清代地方官府不得不通过民间派役来进行管理。乾隆年间，鹤庆知州张国卿亲督村民沿海筑堰，在管理上"每村复徭役一人巡守，海防始固。"[101]同样的趋势也出现在水资源分配中。明初在水利分配中，官府往还需派驻水利官员"常川点闸"或临场监督，[102]崇祯时期出现了从民间金选"水利老人"管水和分水。[103]到清代，水资源的分配完全由民间金选的坝长来实施。可见，从明至清，水资源管理的重心不断向民间下移，民间对水利管理的参与度不断提升。

明代后期开始，"水长"制度在洱海区域水利管理中逐渐推行。"水长"是水利管理人员的统称，检之洱海区域各地，有坝长、沟头、海头、坝头、水头、水利、水夫等不同的称呼，他们从民户中金充或轮充，其职责因水利设施类型不同亦有所偏重。

云南县由于坝塘众多，"坝长""海头"之设最为普遍，坝长、海头有积水、看守及分放之责，[104]团山坝"建石闸三道，立坝长、沟头司其启闭，春冬轮水分均放。"[105]清水堰塘、润泽海设置的"海头"，"每年四人，一村二人，照股数轮当"，主要负责放水。[106]宾川的"水利老人"和"管水老人"持宝花水册负责分水。[107]浪穹的"水夫"负责"勤修水道，聚水轮流"。[108]蒙化的坝长、水头专司"分日用水"。[109]赵州的"水夫"负责"巡水看守"，[110]"管水人"则专司湖塘蓄水。[111]清代，赵州永泉海塘设"坝长"二名，《永泉海塘碑记》载：

> 设坝长二人，放水一分，只得将各沟应通，令近者方开水口。凡寻沟分水公平，不容恃强者截挖。如若徇情不公，连坝长、恃强之人，一概公罚，以修海埂。又递年八月十六日收集海水，责在坝长，若推诿疏忽，更听赔罚，切勿怨言。[112]

太和县的水利管理人员称"挖巡"，也称"守水"。据碑刻记载：

> 每年到栽插之天，尊举三人挖巡，工价送定叁仟。自栽插一开，守水三人昼夜招呼，须上满以下流，自首以至于尾，勿得私意自蔽，不可纵欲偷安，要存大公无私之意，倘有护蔽，不论何人，见者报明，齐公加倍重罚。[113]

可见，水长的主要职责与水利事务密切相关，主要包括水源的蓄积和分放，沟坝的维修和巡护等。

　　在明清时代基层社会中，水长虽然负责具体的水利管理，但士绅在水利事务中具有最终决定权在水利管理中挥着核心作用。赵州巧邑，既设有水夫"巡水看守，关锁篆房"，但作为水利管理中枢的篆房由士绅"掌钥"并且"觉察依期，鱼鳞周放"。[114]虽然水长等水利管理人员具有巡查之责，但对拿获的违犯水规者需交由士绅处理。在太和县，民间对于不遵水规者，"守水三人拿获，速还报明村中头人绅老，齐公重罚银两，究治不贷"。[115]地方官府也规定，对于破坏水规者，"许中里老指名具报，以凭详道解究，决不姑贷。"[116]

　　明清时期洱海区域水利纠纷频发，在水利纠纷的调解和裁决中，士绅也发挥了重要作用。光绪年间（1875 年—1908 年），鹤庆羊龙潭发生松树曲三村与象眠三村的水利纠纷，地方官员多次审理，象眠三村或"抗傲支吾"或将判决"视为具文"，最后致使双方发生械斗，后"复蒙委大绅舒老太爷、杨山长、赵老太爷及绅耆查勘处理，劝令二比和息，以杜争端"，在当地乡绅的调解下，"二比遵大绅相劝，永息争端，以敦和好"。[117]可见，民间调解在解决基层水权纠纷中发挥着重要的作用。

　　除此以外，士绅在基层水利中还承担着主持水利规约制订的职责。民间制定的水规、水约是民间水资源管理的依据。乾隆十五年（1750 年），弥渡永泉乡绅就指出，建立水规的意义在于"恐时势之迁移，人心之变态，强者无水而有水，弱者有水而无水，思患预防而为人心，惟其患，以定规制"。[118]可见，民间设立水利规约的作用在于保障用水公平、预防水利纠纷。清代道光年间，蒙化大仓约十八村播种水例的制订就是由士绅主持的。据马米厂村现存的水利文书记载：

> 大仓约十八村万顷良田，皆赖三子母龙水得以挖放灌溉，自来有水例牌。栽插之期，各村照例轮流，有排水挖放，从无异议，惟播种时，尚无规条。先辈人心浑朴，义放让泡，今世人心不古，竟有恃强挖放，且有图利卖放者，约绅者不忍坐视。经潘举人于道光十八年邀同合约士民，齐集文宫，公议水规……按田亩之多寡，照期轮流放泡，似觉公平。合约皆愿同立合同，各村收执，历年相安无事，可作程规。

文献记载，至道光二十九年（1849 年），武生高殿魁、米万选、范映等士绅认为"合同虽立，未经禀明照验，窃恐事久生变"，因而向官府"据实禀明，伏叩赏准给示勒石，悬垂不朽"。[119] 可见，士绅不仅主持民间水利规约的制定，是民间水利管理的核心，同时也在基层社会中发挥沟通官府与民间社会的作用。

民间水利规约与官府法令在实施中呈现出一种逐渐融合的趋势。民间制定的水规通常需要经过官府的酌定而具有更强的法律效力。道光九年（1829 年），云南县黄草哨村民"合村依定清水河古沟水规粘单一纸"，向土司禀告，请求"赏给碑文，勒石定规"，土司认为水规"谅无偏党，殊有相友相助之风，除原词批准如禀遵行存案外，合即示谕，准照勒石，以垂永久。"[120] 光绪三年（1877 年），太和县阳南村议定水例并拟定碑记底稿呈官府批饬，当地官员"查所拟水例碑记条款尚属妥协自应，准其勒石以资遵守，合行给示晓谕"，"自示之后务须各照公拟水例条款永远遵守，毋得紊乱争竞"。[121] 民间水利规约经由官府批允、公示而成为具有官方效力的法规，这说明民间在水权管理中已经开始积极接纳官方力量的介入，反映出民间力量与官府力量在水资源管理方面的互动和融合。经过官府批准的水利规约多被刻成石碑，供民众遵行。石碑具有难以移动、不可改易和可传之永久的特征，"册坏石存，水例不紊"，[122]将水利规约勒石成碑，有利于体现水利规约的公开性和权威性，这也显示出民间水权管理规约化和法律化进程的逐步完善。

第三节　山林保护与民间社会

洱海区域高山众多，森林资源丰富。清代以来，随着洱海区域人口的增加和自然资源的开发，森林资源遭到过度采伐和破坏，山林童秃及水土流失现象时有发生。面对森林植被的消耗与生态环境的破坏，民间保护森林资源及恢复山林生态的意识逐渐增强，山林保护逐渐规范化、法制化，森林保护和山林治理取得了积极成效。

一、民间对山林保护的认识

清代以来，面对土地垦辟和过度樵采导致的森林萎缩和环境破坏，居住在洱海周边的汉白等族居民日益认识到山林保护的重要性，保护山林、恢复生态逐渐成为民间一种合村众志的共同意识。

民间保护山林的意识首先体现为一种风水观念，即认为山林攸关风水不能随意破坏，对于遭受破坏的山场林木必须加以修复。乾隆时期，赵州赤浦村乡绅认为，该村主山有缺陷，"而所以补其缺陷者，贵乎林木之荫翳"，主张通过培植林木以保持风水。[123]到嘉庆时期，赵州士绅提出"凤山为州治主山，最为关紧"，山上林木"风脉攸关"，能"培合州之风脉"，"前辈种植树木，加意培补，已非一次"，而附近居民"公行砍伐"有损于"风脉"，而因此要"保护山场，以培风脉"。[124]这种风水观念是一种朴素的生态观念，反映了民间对保护森林资源和修复生态环境的认识。

民间对山林保护的认识还表现为一种经济观念。洱海区域民众认为，植树造林"不言利而利在其中矣"。[125]这种"利"体现在森林植被对水源涵养和农业生产的作用上。清代，云南县彝族民众就认为，"从来水之源流，有源不知生，史有木，木之生有本，是木乃风水所关，水乃所系，有活泉以灌溉田亩，则国课有着，民生有赖。"[126]也就是说，保护森林不仅攸关风水，更是关乎国计民生的大事。乾隆时期，剑川老君山被豪民"延山砍伐，纵火烧空"，"以致水源枯竭，栽种维艰"，当地士绅请求官府"恩批饬禁"。[127]太和县民众也认识到"水利非但有益于一家，而有益于一邑"，要求"居深山者，以树木为重，以牧养为专，自树木一不准以连皮砍抬还家。"[128]这说明保护林木、涵养水源已经成为当地民众的共识。

民间对山林保护的认识还逐渐向社会领域扩展，将山林繁盛与文化兴盛联系起来。赵州士绅认为："培学必先培山，培山必先培树，而蔚乎其巅，必先卫乎其址，此亦卫外而环中之义也。"[129]浪穹县新生邑村民所立《合村公山松岭碑记》也明确指出，"从业人才之生，由于风脉之盛，而风脉在乎培养。培养如何？亦曰保其树木耳。盖械朴兴，作人之化菁莪，即造士之方，则树木以后，自树伟人。"[130]他们把树木与树人联系起来，将培山护林的重要性上升到了培学兴教的高度。

值得注意的是，从清代洱海区域留下的数十通"护林碑""种树碑"以及封山护林的"乡规民约碑"来看，这些碑文不仅强调保护山林是"合村众志一举",[131]而且落款大多为"合村士庶老幼人等仝立""阖村同立""阖村士庶仝立""各村绅老全立"等等。这从一个侧面说明,保护山林已经成为洱海区域民众的共同意识和自觉行为。

二、民间山林保护的措施

清代以来,洱海区域民众积极采取植树造林、封山育林等措施,以恢复遭到破坏的森林植被和生态环境。具体而言,主要有以下措施:

第一,划定公山,禁止破坏。公山,即共有、公管之山,公山林木不得私采。乾隆时期,赵州赤浦村为保护山林植被将"合村公众种松之主山"定为公山,规定公山之内"合村不得横认地主,私自迁葬","斧斤不可轻入于林中。"[132]乾隆四十八年(1783年),剑川乡绅所立的《保护公山碑记》也明确指出老君山为公山,即使"剑川州不得而私",规定不得私占公山和滥砍滥伐。[133]嘉庆年间,赵州凤山遭附近居民"公行砍伐,荡涤无余",当地士绅认为"若不严行保护,势必以砍伐山木为应得,盗葬公山为固然",恳请官府颁予执照,确立其公山地位。[134]划定公山,加强了山林管理,有利于遏制私人滥砍滥伐行为。

第二,种植林木,恢复生态。前引赵州士绅为恢复凤山植被"公同妥议,借用文庙卖租公项,买种雇工,于凤山之上下左右,概行种植……州属士民,闻风慕义,尚有助工取力者"。[135]赤浦村"合村众志一举,于乾隆三十八年(1773年)奋然种松。由是青葱蔚秀,自现于主山,而且培养日久,可以为栋梁,可以作舟楫。"[136]光绪时期(1875年—1908年),邓川莲曲村为恢复因过度砍伐而荒秃的红山植被,"村中父老子弟共相商议"栽种松树，"按户出夫，栽种松子，共有伍斗有零之数，每家合有贰拾余工矣。"[137]

第三，严禁砍伐，封山育林。剑川乡绅规定，禁止在老君山出水源头处砍伐活树，禁放火烧山，禁砍伐童树，禁砍挖树根，禁贩卖木料。[138]剑川蕨市坪村乡规中也明文规定"凡山场自古所护树处及水源不得砍伐；凡童松宜禁砍伐。"[139]光绪年间，浪穹新生邑村民为保护森林，公议条规 10 条：

> 一、远近昼夜，不得偷刊；二、河埂倒坏，不得擅入伐树；三、护艾于茅，禁止刘割树枝叶；四、树秋千架，不得便入其中遭伐；五、左右私山，禁止路行此地；六、本主巡方，不准挖刊柴根；七、大士游境，不得入中伐木；八、松根松叶，不得随便偷捞；九、村中红事，永远不准取彩；十、看沟人等，不得从中取材。[140]

从洱海区域现存的清代乡规民约碑和护林碑来看，禁止砍伐和封山育林是当时保护山林资源最主要的措施。

第四，订立章程，巡察看护。为杜绝违法樵采，民间还加强了对山场和公山的管理。一是议订护林章程、规约。为保护山场林木不被破坏，邓川莲曲村"定为章程"，[141]鹤庆大水渼村"兹合村会集公同酌议，定下章程"。[142]从前文所引各处乡规民约来看，这些民间章程和规约规范了民间樵采行为，有利于森林资源的保护。二是加强林场、公山的巡查和看护。前引剑川老君山设有"看山人"，蕨市坪村也针对山场的盗伐和乱伐，"公议十八人，照牌巡察"，赵州凤山则"雇工旦暮巡守"，鹤庆大水渼山场"请人看守管山，每户每年派米乙升、麦一升"，通过巡护有效加强了山林资源管理。

第五，严明科罚，以儆效尤。对违反规定砍伐林木者，民间多依据乡规民约予以处置，轻者科罚，重者禀官。浪穹铁甲场村乡规中明确规定："倘盗刊枝叶，罚银五两"，"查获放火烧山，罚银五两"，"查获盗刊河埂柳茨，罚银五两"。[143]鹤庆大水渼村也规定："若有恃豪刁霸持刀而刘松枝者，合村干罚市钱一千文，再有执斧斤而砍伐松树者，罚银一两入公"。[144]经济处罚之外，禀官治罪则主要针对顽劣之徒及情节恶劣的盗砍行为。鹤庆南河乡对私采林木的外乡人户和放火烧山者一律禀官治罪。[145]大水渼村规定："看松人查获砍伐松树、松枝者，鸣公重究。"[146]剑川新仁里村则对不遵乡约而盗砍林木之人"禀官究治"。[147]

三、民间力量与山林治理

在民间保护森林资源和恢复山林生态的行动中，以士绅阶层为核心的民间力量发挥了重要作用。

第一，树艺林木，垂范乡梓。赵州绅士为恢复凤山植被，"争先恐后"踊跃植树，在士绅的积极努力下，"山林顿觉生色矣"。[148]鹤庆大水渼村山场因兵燹、樵采等原因而荒秃，当地士绅挺身而出，率先种植树木。立于光绪年间的《大水渼护林石碑》记载：

> 从来公山之木尝美，尝若彼濯濯也。因世道猖狂，将松树尽皆烧毁，兼之砍伐殆尽，视之者莫不嗟叹矣！有前辈生员赵大椿、张□、张暄、军功赵玉振四君倡首共全商约：每户出人栽培松树，将连植数年，凡费去之

钱米，自难枝记，迄今松树成林，但可以为材用。此亦
均感四君倡首之力，而后生得当材木，不可胜用之福
者也。[149]

从碑文可以看出，当地士绅连年植树造林，耗费不赀，最后松树
成林，造福乡梓。碑文中"倡首之力"、"不可胜用之福"等用
语表达了民众对士绅行为的肯定和褒扬。

第二，沟通官府，联接基层。首先，士绅积极向官府呈禀侵
占和破坏山林的行为，请官府下令严禁。乾隆四十八年（1783
年），老君山遭人私占，"沿山砍伐，纵火烧空"。剑川贡生赵有
兰等向官府上报，请求处置。[150]光绪二十八年（1902 年），洱源
牛街东西山被人"昼夜戕贼"。当地"各村绅团约甲"立即向官
府"呈请示禁"。[151]这说明士绅在山林保护中的纠禀和举报作用。
其次，士绅阶层还向官府提出保护山林的具体建议。赵州加买铺
为大理重要的驿铺，伐木照明的需求很大，为保护山林，"合铺
绅老公论遗留火把山一岭"，建议来往官差只取此山之木，不得
滥砍滥伐，且"此项之外无论何人不许乱搅此火把山之松株"。
这一建议得到官府的采纳和批准。[152]再次，士绅还具有上情下达
的作用，特别是将官府饬示勒立成碑，供村民遵守。洱海区域留
存有部分具有"官示民立"和"官饬民立"性质的清代护林碑
刻，[153]主持勒石者均为士绅阶层，这反映了士绅阶层传达官府谕
令，并据此宣扬、教化民众的作用。

第三，议订规约，主持管理。在山林保护中，士绅阶层凭借
自身地位和威望，一方面主持民间规约的制订，同时还负责规约
的具体执行。在规约制订方面，如上引邓川州莲曲村的护林章
程，由管事老人、什长主持订立，并携"合村士庶"勒石立碑；

剑川州新仁里禁止砍伐树木的乡约由"合村绅耆老幼共同议约";云南县恩多摩乍村禁止砍伐龙潭树木的规约也是"邀本约绅者"制订。在具体执行和管理方面,士绅还负责对盗伐滥采进行处罚。浪穹新生邑公山林木被人盗伐,"昼刊夜伐,斧斤相寻","邑中绅耆庶民,极目伤心,爰约数十人,踊跃赞襄,遂每户严搜,共得罚钱三十千文,以正乡规",并订立规章,"永定万世章程,无论绅民,一经拿获,于罚制银十两。"[154]

士绅对山林保护中的作用,可以从清代弥渡士绅热心地方生态保护的事例中得到体现。明清时期,弥渡部分地区盛行"砍火"的陋习,对生态环境破坏极大。有记载说:"无知顽民,砍大树林付之一炬,名为砍火,种些苦荞,收一季后,荞不能于此处再种,树不能于此地复生。因之,深林化为童山,龙潭变成焦土,水汽因之渐小,栽插倍觉艰难。"[155]光绪年间,赵州弥渡贡生李元阳见当地铺户在山林水源处开荒砍火,禀请官府下令禁止,并将官府告示勒碑。现存弥渡密祉镇的《禁止毁林开荒事碑》记载:[156]

　　糟蹋阿雾果爹山林水源,乃把事村铺司家,图开荒种荞麦。五月初四,年年祭龙,人人共见,并无一人议论禁止。李元阳外出教学,不得在家。丁未八月,仁和里李根裕告元阳以故,元阳写贴告白铺户语其勿行糟蹋。且约五合村人具禀请示,各村人说是好的,此事要行,竟无一人出头。元阳只得自作一贴,禀递巡绅李藩,又作一禀递州,领选示。钱无一文,幸工房仰元阳之才品,不费一文。领得两张,街上晓喻一张,自存一张。元阳向丫口子李丕基买楚石一块,用钱八角,请

□□刻碑树之。元阳之言曰："我穷秀才能做者只此
耳，立此根基，使后辈有所根据。"

　　李藩，巡捕村文生，有军功，年老而壮，当密千长
警一员，数十年矣！伊上州两次，元阳托其领告示，不
理，盖恐费用着落也。若非元阳父子亲行，事不成矣！
故凭公批，只出第三名元阳正如此也，前世如此，可慨
也夫！

碑文记载，在村民"竟无一人出头"，巡绅推诿不理的情况下，
李元阳为保护水源和生态环境挺身而出、勇于担当，最终制止了
破坏生态的陋习，造福于后辈。

四、山林保护的规约化和法律化

　　在山林保护中，民间通过订立乡规民约、勒立石碑等形式实
现了山林保护的规约化和法律化。与此同时，民间规约也与官府
法令积极融合，体现了民间法制意识的增强以及官方与民间在山
林保护中的互动。

　　首先，山林保护的规约化。从上文所引材料可以看出，清代
洱海区域民众对山林资源的保护多以乡规民约的形式体现出来。
这些保护山林的乡规民约，在一定程度上起到了"习惯法"的
作用，对民众产生了巨大而无形的约束力和影响力。从表现形式
上看，这些保护山林的乡规民约多以石碑的形式保存下来。石碑
具有难以改易和可垂之永久的特点，将保护山林的民间规约勒石
成碑，不仅强化了民间规约的公开性和权威性，也反映出民间山
林保护规约化和法律化趋势。

　　其次，民间规约的法律化。民间规约具有"习惯法"的作

用。清代前期，洱海区域保护山林的民间规约主要依靠道德教化和民众自律得以推行。乾隆时期，赵州赤浦村仅规定"倘有无知之徒，希图永利，窃为刊损者，干罚并不能免"。[157]剑川乡绅为保护老君山勒立的"公山应禁条规"也仅对侵占公山、放火烧山、砍伐林木等行为做出禁止。[158]这些乡规民约还主要依靠民众的自觉执行，其执行力还仅限于"右仰遵守"的层面，缺乏相应的奖惩措施。到清代后期，乡村社会在原有的道德约束机制之上，开始运用经济和法律手段来强化乡规民约的执行。浪穹铁甲场村乡规中明确规定，如有破坏植被、放火烧山等行为均"罚银五两"。[159]云龙州长新乡也规定"松树不得砍伐"，"倘村里男女老幼人等所犯此规者，不论大小轻重，各村议定罚银五两，以为充公"。[160]另外值得注意的是，晚清时期大量的乡规民约都出现了对破坏山林植被之人"送官究治"的规定。对违犯者从早期的"齐众公罚"到"送官究治"的变化深刻反映出乡村社会管理的法治化趋势。[161]

再次，民间规约与官府法令的融合。从民间保护山林的规约来看，到 20 世纪初，洱海区域的民间规约已经呈现出逐渐向官法或国家法融合的趋势。

一种情况是乡规民约经由官府批允、出示而成为具有法律效力的官方法规。如光绪二十九年（1903 年）弥渡红星乡所立的《封山告示碑》，该碑碑文分为两个部分。碑文第一部分记载，弥渡东西两山因遭长期砍伐，以致濯濯不堪，当地士绅在向官府禀报情况的同时，又拟订了封山育林的规定提请官府批允，并恳请官府颁发告示。碑文记载："以后祈赐厉禁：凡川中牧樵上山，只准砍伐杂木树，不准砍伐果木、松树及盗修松枝，藉故砍树……自此示禁之后，再有川中野樵上山估伐松树，盗修松枝者，准乡约、伙头、管事老民，将人畜刀斧，连所砍之树及柴，送官究治。并恳严禁砍伐松树、火把……如蒙恩允，伏乞求赏给告示数张，俾得勒之贞珉，永远遵守"。在碑文的第二部分，当地官员不仅批准了士绅拟订的封山育林规约，还"除原词批示外，合行出示严禁"，对封山育林的具体实施做了批示和补充，强调"准该地方乡约头目人等，查实送案，定即从严惩究，决不姑宽。各宜凛遵毋违，切切特示。"该碑由 14 村经事人等"公议立石"，并"实发九里东界各村晓谕"。碑左上方刻有官印一方。[162] 由碑文可见，民间议订的护林规约经过官方的批准和公示成为了具有官方效力的法规。这是民间在山林管理中主动寻求官府介入的表现。

　　另一种情况是，民间依据官府颁布的法令，经过村寨公议而制订出相应的村规民约。这些村规民约呈现出向国家法靠拢的特征，具有补充官府法令的功能。光绪二十八年（1902 年）《观音山护林碑》记载，鹤庆州牛街各村绅团约甲向官府禀告，当地牛街东西两山"被无知愚民各带斧斤，昼夜戕贼"，"呈请示禁"。官府根据士绅禀报"合行出示永禁"，规定"倘敢妄砍松树，剪获松枝，以供炊爨，一经查获定即提按严办，加倍追赔。本州言出法随，决不宽贷"。该村根据官府告示，又"公议乡规" 4 条："马驮松柴，每驮罚银伍两；过年栽松，每棵罚银四两；肩挑背负，每人罚银三两；刀获松枝，每人罚银二两"。碑文由"观音山阁坝绅团约甲人等公立"。[163] 又如，鹤庆光绪二十九年（1903 年）所立的《大水渼护林石碑》刻有鹤庆官府关于公山归属的"印照"以及民间结合山场实际制订的封山护林规定，碑文上刻着老、从九、监生、生员等赵、冯、张三姓共 47人，"是一通官府特授'印照'与村民仝立的典型的封山护林碑"。[164]以上反映出晚清时期民间法与国家法的融合以及民间力量与官府力量在自然资源管理中的互动。

注　释

1　张培爵修，周宗麟纂：民国《大理县志稿》卷 1《地志部·山川》，载凤凰出版社编选：《中国地方志集成·云南府县志辑》第 72 册，凤凰出版社 2009 年版，第 488 页。

2　（清）陈钊镗修，李其馨等纂：道光《赵州志》卷 1《水利》，载杨世钰、赵寅松主编：《大理丛书·方志篇》卷 4，民族出版社 2007 年版，第 319 页。

3　李文浓纂：民国《宾阳志书·水利》，载杨世钰、赵寅松主编：《大理丛书·方志篇》卷 5，民族出版社 2007 年版，第 605 页。

4　《永卓水松牧养利序》，载杨世钰、赵寅松主编：《大理丛书·金石篇》卷 3，云南民族出版社 2010 年版，第 1643 页。

5　《大理县喜洲白族社会经济调查报告》，《中国少数民族社会历史调查资料丛刊》修订编辑委员会编：《白族社会历史调查（一）》，民族出版社 2009 年版，第 28 页。

6　《永泉海塘碑记》，载杨世钰、赵寅松主编：《大理丛书·金石篇》（续编），云南民族出版社 2010 年版，第 2696 页。

7　［美］埃莉诺·奥斯特罗姆：《资本投资、制度与激励》，载［美］克里斯托夫·克拉格主编、于劲松等译：《制度与经济发展欠发达和社会主义国家的增长与治理》，法律出版社 2006 年版，第 83 页。

8　9　《清水河古沟水规碑》，载大理白族自治州地方志编纂委员会编：《祥云金石》，云南民族出版社 2016 年版，第 80 页。

10　《沙登村水源章程古记序》，载大理白族自治州水利电力局编：《大理白族自治州水利志》，云南民族出版社 1995 年版，第 335 页。

11　《东山彝族乡恩多摩乍村水利碑记》，载高荣昌主编：《祥云县水利志》，云南民族出版社 1999 年版，第 318 页。

12　《妙姑彝族万古常昭碑》，载大理白族自治州地方志编纂委员会编：《祥云金石》，云南民族出版社 2016 年，第 85 页。

13　《沙登村水源章程古记序》，载大理白族自治州水利电力局编：《大理白族自治州水利志》，云南民族出版社 1995 年版，第 335 页。

14 《永泉海塘碑记》，载杨世钰、赵寅松主编：《大理丛书·金石篇》（续编），云南民族出版社 2010 年版，第 2696 页。

15 《洪武宣德年间大理府卫关里十八溪共三十五处军民分定水例碑文》，载杨世钰、赵寅松主编：《大理丛书·金石篇》卷 1，云南民族出版社 2010 年版，第 313 页。

16 《本州批允水例碑记》，载杨世钰、赵寅松主编：《大理丛书·金石篇》卷 3，云南民族出版社 2010 年，第 1112 页。

17 《一沟三坝水例碑》，载大理白族自治州地方志编纂委员会编：《祥云金石》，云南民族出版社 2016 年版，第 66—67 页。

18 《新成堰碑记》，载大理白族自治州地方志编纂委员会编：《祥云金石》，云南民族出版社 2016 年版，第 63 页。

19 （清）佟镇修，李倬云、邹启孟纂：康熙《鹤庆府志》卷 7《城池·水利》，载杨世钰、赵寅松主编：《大理丛书·方志篇》卷 8，民族出版社 2007 年版，第 206 页。

20 （清）周沆纂修：光绪《浪穹县志略》卷 4《水利》，载杨世钰、赵寅松主编：《大理丛书·方志篇》卷 8，民族出版社 2007 年版，第 47 页。

21 《□□洋溪海水例碑记》，载杨世钰、赵寅松主编：《大理丛书·金石篇》卷 3，云南民族出版社 2010 年版，第 1217 页。

22 《宾川县水例碑记》，载杨世钰、赵寅松主编：《大理丛书·金石篇》卷 3，云南民族出版社 2010 年版，第 1633 页。

23 （清）周钺纂修：雍正《宾川州志》卷 4《山川》，载杨世钰、赵寅松主编：《大理丛书·方志篇》卷 5，民族出版社 2007 年版，第 530 页。

24 《□□洋溪海水例碑记》，载杨世钰、赵寅松主编：《大理丛书·金石篇》卷 3，云南民族出版社 2010 年版，第 1217 页。

25 《永泉海塘碑记》，载杨世钰、赵寅松主编：《大理丛书·金石篇》（续编），云南民族出版社 2010 年版，第 2696 页。

26 《清水堰塘润泽海碑记》，载杨世钰、赵寅松主编：《大理丛书·金石篇》卷 3，云南民族出版社 2010 年版，第 1684 页。

27 《水例碑记》，载杨世钰等、赵寅松主编：《大理丛书·金石篇》（续编），云南民族出版社 2010 年版，第 2653 页。

28 《许长水例碑》，载大理白族自治州地方志编纂委员会编：《祥云金石》，云南民族出版社 2016 年版，第 68 页。

29 （清）周沆纂修：光绪《浪穹县志略》卷 4《水利》，载杨世钰、赵寅松主编：《大理丛书·方志篇》卷 8，民族出版社 2007 年版，第 47 页。

30 《宾川县水例碑记》，载杨世钰、赵寅松主编：《大理丛书·金石篇》卷 3，云南民族出版社 2010 年，第 1633 页。

31 （清）杨金和、杨金鉴等纂修：光绪《鹤庆州志》卷 12《水利》，载杨世钰、赵寅松主编：《大理丛书·方志篇》卷 8，民族出版社 2007 年版，第 445 页。

32 《蒙化水利碑》，载杨世钰、赵寅松主编：《大理丛书·金石篇》卷 2，云南民族出版社 2010 年版，第 1162 页。

33 《本州批允水例碑记》，载杨世钰、赵寅松主编：《大理丛书·金石篇》卷 3，云南民族出版社 2010 年，第 1112 页。

34 《西龙潭开闸水利碑》，载张了、张锡禄编：《鹤庆碑刻辑录》，大理白族自治州南诏史研究学会 2001 年版，第 204 页。

35 《大理卫后千户所为申明旧制水利永为遵守事碑》，载杨世钰、赵寅松主编：《大理丛书·金石篇》卷 2，云南民族出版社 2010 年版，第 729 页。

36 《南庄约学堂水碑记》，载杨世钰、赵寅松主编：《大理丛书·金石篇》卷 4，云南民族出版社 2010 年版，第 1717 页。

37 《下南庄赎水碑》，载杨世钰、赵寅松主编：《大理丛书·金石篇》卷 4，云南民族出版社 2010 版，第 1725 页。

38 《云南县水例碑》，载杨世钰、赵寅松主编：《大理丛书·金石篇》卷 3，云南民族出版社 2010 年版，第 1631 页。

39 本契约由杨韧先生提供。

40 《清代民国时期安排马米厂河用水的两个文告》，载马米厂米姓村志编纂委员会编：《马米厂米姓村志》，云南民族出版社 2013 年版，第 106 页。

41 （清）佟镇修，李倬云、邹启孟纂：康熙《鹤庆府志》卷 7《城池·水利》，载杨世钰、赵寅松主编：《大理丛书·方志篇》卷 8，民族出版社 2007 年版，第 207 页。

42 董雁伟：《清代云南水权的分配与管理探析》，《思想战线》2014 年第 5 期。

43　44　《一沟三坝水例碑》，载大理白族自治州地方志编纂委员会编：《祥云金石》，
　　云南民族出版社2016年版，第67页。

45　《南庄约学堂水碑记》，载杨世钰、赵寅松主编：《大理丛书·金石篇》卷4，云
　　南民族出版社2010年，第1717页。

46　碑存大理市阳南北村官圆堂。

47　《云南县水例碑》，载杨世钰、赵寅松主编：《大理丛书·金石篇》卷3，云南民
　　族出版社2010年版，第1631页。

48　以下三份契约由杨韧先生提供。

49　《皇朝政典类纂》卷2《田赋二》，（台北）文海出版社1982年版，第38—
　　39页。

50　《水木山普贤寺水利诉讼判决碑》，载杨世钰、赵寅松主编：《大理丛书·金石
　　篇》卷3，云南民族出版社2010年，第1184页。

51　《□□洋溪海水例碑记》，载杨世钰、赵寅松主编：《大理丛书·金石篇》卷3，
　　云南民族出版社2010年版，第1217页。

52　《一沟三坝水例碑》，载大理白族自治州地方志编纂委员会编：《祥云金石》，云
　　南民族出版社2016年版，第66页。

53　《本州批允水例碑记》，载杨世钰、赵寅松主编：《大理丛书·金石篇》卷3，云
　　南民族出版社2010年，第1112页。

54　董雁伟：《清代云南水权的分配与管理探析》，《思想战线》2014年第5期。

55　碑存大理市阳南北村官圆堂。

56　《大沟水硐告示碑》，载大理市文化丛书编辑委员会编：《大理古碑存文录》，云
　　南民族出版社1996年版，第579—581页。

57　赵尔巽等撰：《清史稿》卷307《张允随传》，中华书局1977年版，第10555—
　　10556页。

58　（明）李元阳纂：嘉靖《大理府志》卷2《地理志·沟洫》，载《云南大理文史
　　资料选辑》（地方志之一），大理白族自治州文化局翻印1983年版，第102页。

59　（清）李世保修，张圣功等纂：乾隆《云南县志》卷3《水利》，载杨世钰、赵
　　寅松主编：《大理丛书·方志篇》卷5，民族出版社2007年版，第325页。

60　《永泉海塘碑记》，载杨世钰、赵寅松主编：《大理丛书·金石篇》（续编），云
　　南民族出版社2010年版，第2696页。

61　《云南县水例碑》，载杨世钰、赵寅松主编：《大理丛书·金石篇》卷3，云南民族出版社2010年版，第1631页。

62　（清）佟镇修，李倬云、邹启孟纂：康熙《鹤庆府志》卷7《城池·水利》，载杨世钰、赵寅松主编：《大理丛书·方志篇》卷8，民族出版社2007年版，第205页。

63　（明）李元阳纂：嘉靖《大理府志》卷2《地理志·堤坝陂塘附》，载《云南大理文史资料选辑》（地方志之一），大理白族自治州文化局翻印1983年版，第109页；（清）傅天祥等修，黄元治等纂：康熙《大理府志》卷5《沟洫》，载杨世钰、赵寅松主编：《大理丛书·方志篇》卷4，民族出版社2007年版，第79页。

64　（清）佟镇修，李倬云、邹启孟纂：康熙《鹤庆府志》卷7《城池》，载杨世钰、赵寅松主编：《大理丛书·方志篇》卷8，民族出版社2007年版，第207页。

65　祥云县志编纂委员会编纂：《祥云县志》，中华书局1996年版，第714页。

66　杨伟兵：《滇西旱坝的水利与地文——以宾居下村为例》，载复旦大学历史地理研究中心编：《历史地理研究》（第三辑），复旦大学出版社2010年版，第309页。

67　《云南县水例碑》，载杨世钰等主编：《大理丛书·金石篇》卷3，云南民族出版社2010年版，第1631页。

68　（清）陈钊镗修，李其馨等纂：道光《赵州志》卷1《水利》，载杨世钰、赵寅松主编：《大理丛书·方志篇》卷4，民族出版社2007年版，第317页。

69　《清水堰塘润泽海碑记》，载杨世钰、赵寅松主编：《大理丛书·金石篇》卷3，云南民族出版社2010年版，第1684—1686页。

70　《沙登村水源章程古记序》，载大理白族自治州水利电力局编：《大理白族自治州水利志》，云南民族出版社1995年版，第335页。

71　《□□洋溪海水例碑记》，载杨世钰、赵寅松主编：《大理丛书·金石篇》卷3，云南民族出版社2010年版，第1217页。

72　《云南县水例碑》，载杨世钰等主编：《大理丛书·金石篇》卷3，云南民族出版社2010年版，第1631页。

73　（清）赵珙纂修：康熙《浪穹县志》卷1《山川》，载杨世钰、赵寅松主编：《大理丛书·方志篇》卷7，民族出版社2007年版，第329页。

74　《沙登村水源章程古记序》，载大理白族自治州水利电力局编：《大理白族自治州水利志》，云南民族出版社1995年版，第335页。

75　张培爵修，周宗麟纂：民国《大理县志稿》卷16《人物部四·义士》，载凤凰出版社编选：《中国地方志集成·云南府县志辑》第74册，凤凰出版社2009年版，第193页。

76　（清）周沆纂修：光绪《浪穹县志略》卷1《天文志·祥异》，载杨世钰、赵寅松主编：《大理丛书·方志篇》卷8，民族出版社2007年版，第12—13页。

77　（清）钮方图修，侯允钦纂：咸丰《邓川州志》卷9《河工志》，载杨世钰、赵寅松主编：《大理丛书·方志篇》卷7，民族出版社2007年版，第543页。

78　79　80　（清）钮方图修，侯允钦纂：咸丰《邓川州志》卷9《河工志》，载杨世钰、赵寅松主编：《大理丛书·方志篇》卷7，民族出版社2007年版，第546、547、557页。

81　（清）钮方图修，侯允钦纂：咸丰《邓川州志》卷14《艺文志中》，载杨世钰、赵寅松主编：《大理丛书·方志篇》卷7，民族出版社2007年版，第639页。

82　83　（清）赵珙纂修：康熙《浪穹县志》卷1《沟洫》，载杨世钰、赵寅松主编：《大理丛书·方志篇》卷7，民族出版社2007年版，第333、334页。

84　85　（清）周沆纂修：光绪《浪穹县志略》卷9《人物志·忠义》，载杨世钰、赵寅松主编：《大理丛书·方志篇》卷8，民族出版社2007年版，第93页。

86　《鹤阳开河碑记》，载张了、张锡禄编：《鹤庆碑刻辑录》，大理白族自治州南诏史研究学会2001年版，第210—215页。

87　《佐力丛修理赤水江末段碑记》，载黄正发等编：《弥渡古代碑刻辑释》，云南科技出版社2018年版，第135—136页。

88　《修弥渡通川河记》，载杨世钰、赵寅松主编：《大理丛书·金石篇》卷3，云南民族出版社2010年版，第1611页。

89　（明）李元阳纂：嘉靖《大理府志》卷2《地理志·堤坝陂塘附》，载《云南大理文史资料选辑》（地方志之一），大理白族自治州文化局翻印1983年版，第108页。

90　（清）樊肇新：道光《浪穹县志》，卷4《水利》，载杨世钰、赵寅松主编：《大理丛书·方志篇》卷10，民族出版社2007年版，第775页。

91　《开挖海菜沟碑记》，载张了、张锡禄编：《鹤庆碑刻辑录》，大理白族自治州南诏史研究学会 2001 年版，第 206—207 页。

92　（清）钮方图修，侯允钦纂：咸丰《邓川州志》卷 9《河工志》，载杨世钰、赵寅松主编：《大理丛书·方志篇》卷 7，民族出版社 2007 年版，第 546 页。

93　《清高宗实录》卷 1150，乾隆四十七年二月己巳，中华书局 1986 年版，第411 页。

94　（清）周沆纂修：光绪《浪穹县志略》卷 9《人物志·忠义》，载杨世钰、赵寅松主编：《大理丛书·方志篇》卷 8，民族出版社 2007 年版，第 93 页。

95　张培爵修，周宗麟纂：民国《大理县志稿》卷 16《人物部四·义士》，载凤凰出版社编选：《中国地方志集成·云南府县志辑》第 74 册，凤凰出版社 2009 年版，第 194 页。

96　傅衣凌：《中国传统社会：多元的结构》，载傅衣凌：《休休室治史文稿补编》，中华书局 2008 年版，第 210 页。

97　《大理卫后千户所为申明旧制水利永为遵守事碑》，载杨世钰、赵寅松主编：《大理丛书·金石篇》卷 2，云南民族出版社 2010 年版，第 729 页。

98　《巧邑水利碑》，载黄正发等编：《弥渡古代碑刻辑释》，云南科技出版社 2018 年版，第 118 页。

99　《湖塘碑记》，载杨世钰、赵寅松主编：《大理丛书·金石篇》卷 3，云南民族出版社 2010 年版，第 1211 页。

100　101　（清）佟镇修，李倬云、邹启孟纂：康熙《鹤庆府志》卷 7《城池·水利》，载杨世钰、赵寅松主编：《大理丛书·方志篇》卷 8，民族出版社 2007 年版，第 206、207 页。

102　《洪武宣德年间大理府卫关里十八溪共三十五处军民水利定水例碑文》，载杨世钰、赵寅松主编：《大理丛书·金石篇》卷 1，云南民族出版社 2010 年版，第313 页。

103　《水例碑记》，载杨世钰、赵寅松主编：《大理丛书·金石篇》（续编），云南民族出版社 2010 年版，第 2653 页。

104　《云南县水利章程碑》，载杨世钰、赵寅松主编：《大理丛书·金石篇》卷 3，云南民族出版社 2006 年版，第 1213 页；《清水堰塘润泽海碑记》，载杨世钰、赵寅松主编：《大理丛书·金石篇》卷 3，云南民族出版社 2010 年版，第1685 页。

105　（清）项联晋修，黄炳堃纂：光绪《云南县志》卷 3《建置志·水利》，载杨世钰、赵寅松主编：《大理丛书·方志篇》卷 5，民族出版社 2007 年版，第 378 页。

106　《清水堰塘润泽海碑记》，杨世钰、赵寅松主编：《大理丛书·金石篇》卷 3，云南民族出版社 2010 年版，第 1685 页。

107　《水例碑记》，载杨世钰、赵寅松主编：《大理丛书·金石篇》（续编），云南民族出版社 2010 年版，第 2653 页。

108　《（干桥水利）泽远流长碑》，赵敏、王伟主编：《大理洱源县碑刻辑录》，云南大学出版社 2018 年版，第 92 页。

109　（清）梁友檍纂辑：民国《蒙化县志稿》卷 8《地利部·水利志》，载杨世钰、赵寅松主编：《大理丛书·方志篇》卷 6，民族出版社 2007 年版，第 441 页。

110　《巧邑水利碑》，载黄正发等编：《弥渡古代碑刻辑释》，云南科技出版社 2018 年版，第 118 页。

111　《湖塘碑记》，载杨世钰、赵寅松主编：《大理丛书·金石篇》卷 3，云南民族出版社 2010 年版，第 1211 页。

112　《永泉海塘碑记》，载杨世钰、赵寅松主编：《大理丛书·金石篇》（续编），云南民族出版社 2010 年版，第 2696 页。

113　115　《永卓水松牧养利序》，载杨世钰、赵寅松主编：《大理丛书·金石篇》卷 3，云南民族出版社 2010 年版，第 1643 页。

114　《巧邑水利碑》，载黄正发等编：《弥渡古代碑刻辑释》，云南科技出版社 2018 年版，第 118 页。

116　《一沟三坝水例碑》，载大理白族自治州地方志编纂委员会编：《祥云金石》，云南民族出版社 2016 年版，第 67 页。

117　《羊龙潭水利碑》，载《中国少数民族社会历史调查资料丛刊》修订编辑委员会编：《白族社会历史调查（四）》，民族出版社 2009 年版，第 95 页。

118　《永泉海塘碑记》，载杨世钰、赵寅松主编：《大理丛书·金石篇》（续编），云南民族出版社 2010 年版，第 2696 页。

119　《清代民国时期安排马米厂河用水的两个文告》，载《马米厂米姓村志》编纂委员会编：《马米厂米姓村志》，云南民族出版社 2013 年版，第 106 页。

120　《清水河古沟水规碑》，载大理白族自治州地方志编纂委员会编：《祥云金石》，云南民族出版社 2016 年版，第 80 页。

121　碑存大理阳南北村。

122　《本州批允水例碑记》，载杨世钰、赵寅松主编：《大理丛书·金石篇》卷 3，
　　　云南民族出版社 2010 年版，第 1112 页。

123　《护松碑》，载杨世钰、赵寅松主编：《大理丛书·金石篇》卷 3，云南民族出
　　　版社 2010 年版，第 1249 页。

124　《永护凤山碑》，载李荣高编注：《云南林业文化碑刻》，德宏民族出版社 2005
　　　年版，第 244 页。

125　《护松碑》，载杨世钰、赵寅松主编：《大理丛书·金石篇》卷 3，云南民族出
　　　版社 2010 年版，第 1249 页。

126　《东山彝族乡恩多摩乍村护林碑》，载李荣高编注：《云南林业文化碑刻》，德宏
　　　民族出版社 2005 年版，第 439 页。

127　《保护公山碑记》，载杨世钰、赵寅松主编：《大理丛书·金石篇》卷 3，云南
　　　民族出版社 2010 年版，云南民族出版社 2010 年版，第 1260 页。

128　《永卓水松牧养利序》，载杨世钰、赵寅松主编：《大理丛书·金石篇》卷 3，
　　　云南民族出版社 2010 年版，第 1643 页。

129　《仪山种树记》，载李荣高编注：《云南林业文化碑刻》，德宏民族出版社 2005
　　　年版，第 134—135 页。

130　《合村公山松岭碑记》，载李荣高编注：《云南林业文化碑刻》，德宏民族出版社
　　　2005 年版，第 451 页。

131　132　《护松碑》，载杨世钰、赵寅松主编：《大理丛书·金石篇》卷 3，云南民
　　　族出版社 2010 年版，第 1249 页。

133　《保护公山碑记》，载杨世钰、赵寅松主编：《大理丛书·金石篇》卷 3，云南
　　　民族出版社 2010 年版，第 1260 页。

134　135　《永护凤山碑》，载李荣高编注：《云南林业文化碑刻》，德宏民族出版社
　　　2005 年版，第 244—245、244 页。

136　《护松碑》，载杨世钰、赵寅松主编：《大理丛书·金石篇》卷 3，云南民族出
　　　版社 2010 年版，第 1249 页。

137　《栽种松树碑记》，载杨世钰、赵寅松主编：《大理丛书·金石篇》卷 3，云南
　　　民族出版社 2010 年版，第 1522 页。

138　《保护公山碑记》，载杨世钰、赵寅松主编：《大理丛书·金石篇》卷3，云南民族出版社2010年版，第1260页。

139　《蕨市坪乡规碑》，载李荣高编注：《云南林业文化碑刻》，德宏民族出版社2005年版，第354页。

140　《合村公山松岭碑记》，载李荣高编注：《云南林业文化碑刻》，德宏民族出版社2005年版，第453—454页。

141　《栽种松树碑记》，载杨世钰、赵寅松主编：《大理丛书·金石篇》卷3，云南民族出版社，2010年，第1522页。

142　《大水渼护林石碑》，载李荣高编注：《云南林业文化碑刻》，德宏民族出版社2005年版，第482页。

143　《乡规碑记》，载杨世钰、赵寅松主编：《大理丛书·金石篇》卷3，云南民族出版社2010年版，第1336页。

144　《大水渼护林石碑》，载李荣高编注：《云南林业文化碑刻》，德宏民族出版社2005年版，第482页。

145　《护林厚民生碑》，载张了、张锡禄编：《鹤庆碑刻辑录》，大理白族自治州南诏史研究学会印行2001年版，第229页。

146　《大水渼护林石碑》，载李荣高编注：《云南林业文化碑刻》，德宏民族出版社2005年版，第482页。

147　《新仁里乡规碑》，载李荣高编注：《云南林业文化碑刻》，德宏民族出版社2005年版，第448页。

148　《仪山种树记》，载李荣高编注：《云南林业文化碑刻》，德宏民族出版社2005年版，第135—136页。

149　《大水渼护林石碑》，载李荣高编注：《云南林业文化碑刻》，德宏民族出版社2005年版，第482页。

150　《保护公山碑记》，载杨世钰、赵寅松主编：《大理丛书·金石篇》卷3，云南民族出版社2010年版，第1260页。

151　《观音山护林碑》，载李荣高编注：《云南林业文化碑刻》，德宏民族出版社2005年版，第468页。

152　《加买铺护林碑记》，载杨世钰、赵寅松主编：《大理丛书·金石篇》（续编），云南民族出版社2010年版，第2635页。

153　李荣高：《大理州林业文化碑概述》，《大理文化》2008 年第 4 期。

154　《合村公山松岭碑记》，载李荣高编注：《云南林业文化碑刻》，德宏民族出版社
2005 年版，第 453 页。

155　《勒石永遵碑》，载黄正发等编：《弥渡古代碑刻辑释》，云南科技出版社 2018
年版，第 105 页。

156　《禁止毁林开荒事碑》，载黄正发等编：《弥渡古代碑刻辑释》，云南科技出版社
2018 年版，第 103 页。

157　《护松碑》，载杨世钰、赵寅松主编：《大理丛书·金石篇》卷 3，云南民族出
版社 2010 年版，第 1249 页。

158　《保护公山碑记》，载杨世钰、赵寅松主编：《大理丛书·金石篇》卷 3，云南
民族出版社 2010 年版，第 1260 页。

159　《乡规碑记》，载杨世钰、赵寅松主编：《大理丛书·金石篇》卷 3，云南民族
出版社 2010 年版，第 1336 页。

160　《长新乡乡规民约碑》，载杨世钰、赵寅松主编：《大理丛书·金石篇》卷 3，
云南民族出版社 2010 年版，第 1341 页。

161　吴晓亮：《明清时期洱海周边自然环境变迁与社会协调关系研究》，《云南社会
科学》2012 年第 3 期。

162　《封山告示碑》，载杨世钰、赵寅松主编：《大理丛书·金石篇》卷 3，云南民
族出版社 2010 年版，第 1626 页。

163　《观音山护林碑》，载李荣高编注：《云南林业文化碑刻》，德宏民族出版社
2005 年版，第 470 页。

164　李荣高：《大理州林业文化碑概述》，《大理文化》2008 年第 4 期。

余 论

社会经济的发展是人类社会行为与自然交互作用的结果。从本质上说，社会的发展史就是人类对自然不断进行认识、探索和开发利用的历史。高原湖泊及其周边是明清云南开发、发展的重点地区，也是人口集中和经济较为发达的地理单元，但随着时间的推移和经济的发展，它又成为生态环境脆弱而环境问题较为突出的区域。洱海区域就是如此。为缓解生态危机，恢复生态，不断兴修和整治水利就成为区域民众的共同利益追求，生态环境的变迁从另一个方面也成为促进社会动员和社会整合的主要动力。在这一过程中，社会成员对生态环境与人类社会发展关系的认识不断提高，利用自然资源的方式向集约化、产权化方向发展，对生态灾害的应对方式也从被动应对向主动防御转变。社会应对机制的完善和协调能力的增强，一定程度上缓解了洱海区域业已出现的生态危机。

一

明代以后，洱海区域人口数量出现显著增长。根据本书第三章的估算，明代洱海地区（大理、蒙化、鹤庆三府）正德五年

（1510年）人口有37万余人，万历四年（1576年）增加到47万余人，66年间增加的人口约占洱海区域总人口的20%。清代，洱海地区的人口增长率总体上高于全省和全国水平。道光十年（1830年），仅大理一府，人口就已突破80万，人口密度已与1953年的大理州相当。人口的增加是推动明清洱海区域开发和发展的主要动力，但迅速增加的人口和移民也是导致生态环境失衡的一个重要因素。

在前工业化时期，生态环境与人口增长、土地开发之间存在着一种较为敏感的反馈机制。经明代大规模的土地垦辟和区域开发，洱海区域已经成为云南经济社会发展较为迅速和典型的地区。但是，若从生态环境的角度审视就会发现，明代中期洱海区域生态环境开始出现失衡，明代后期进一步加剧。清代以后，生态环境和自然资源条件变化更为剧烈，一方面是可利用的土地和水资源越来越有限，自然资源利用的矛盾和纠纷频繁出现；另一方面是水利工程老化失修，水利淤塞严重，水患频发，天然河流及水利工程中的泥沙淤积成为严重的生态和社会问题。

首先，可利用的土地面积日益减少，人地矛盾加剧。明代，卫所屯田制的实行和移民的增加促使洱海区域的土地资源得到前所未有的开发。到清代，坝区土地逐渐被开垦殆尽，农业垦殖从坝区拓展至低山地区。雍正朝开始，苍洱地区土地利用已趋于饱和，人口增长与耕地面积不足的矛盾凸显。民国《大理县志稿》载："（大理县）雍乾嘉道间，人口繁众，生计日艰……农产物则菽麦稻粱不能敷食，多数仰给外邑"。人地矛盾致使民众"穷则思变"，"合群结队旅行四方。近则赵、云、宾、邓，远则永、腾、顺、云。又或走矿厂、走夷方，无不各挟一技一能。暨些须赀金以工商事业，随地经营焉"，从而人口出现了外溢的现象。[1]

其次，森林资源破坏加剧。明代以前，苍山十八峰等山林植被茂盛，常有"松林荫翳""材木繁多"的记载。明清以来，山地垦荒和木材石料开采加剧了山林资源的破坏。对森林植被的无序樵采和肆意破坏，成为洱海区域许多地方普遍存在的问题。在山地开发中，洱海各地常有"砍火"，即烧山种荞的习俗，不仅效益极低，对生态环境的破坏也极大。军事原因导致的滥砍林木在清代也时有发生。康熙年间，蒙化菜园河两岸林木"为营兵斫伐始尽"；[2]光绪初年，苍山应乐峰林木也被"建筑炊爨，斫伐几尽"，[3]丰茂的山林数月间就遭受重创。晚清时期，"濯濯不堪""童然如薙"等记载已频见于地方文献。

再次，水资源紧缺与水患频发。洱海区域水资源丰富，但农业垦殖的扩大和水利建设的滞后，致使水资源紧缺的状况加剧，农业用水矛盾突出，水利纠纷频发。另一方面，山麓和河滨地带的垦殖加剧了水土流失和水利淤塞，"平川沃壤非没于沙石，即沦于波涛"，[4]洪涝灾害频发。特别到清代以后，洱海北岸的邓川州、浪穹县成为河道淤塞和水患问题最为严重的地区，弥苴河泥沙淤积，洪潦泛滥，严重且频发的水患甚至引起了朝廷的关注。

生态环境的失衡给洱海区域的农业生产和人民生活带来了严重的影响，特别是生态环境突变所引发的自然灾害给百姓带来了深重的灾难。生态环境失衡的窘境引起了地方官府和社会精英对生态环境问题的认识和思考，保护生态环境和应对生态灾难的社会机制得以启动。为应对生态环境失衡，恢复生态和修治水利成为区域民众的共同利益追求，生态环境变迁成为促进社会动员和社会整合的主要动力，自然环境与人类活动进入新一轮的互动和协调。

首先，社会的生态环境观念和生态保护意识显著提高。官方将生态环境保护、植树造林与"地利""民生"等问题联系起来，不仅广泛劝谕民众植树造林，而且对打捕鸟雀、捉卖鳅鳝等行为严加禁止，积极引导民间保护和恢复生态。清代以后，民众的生态观念和生态保护意识显著提升。在云南县，由于烧山垦种导致"山空水涸"，当地民众总结出"四山红，云南穷"之谚。[5]在太和县，面对苍山被"肆行斩伐"，当地"士民痛惜，保护未能，前往恳乞"。[6]弥渡也出现了不畏强权，热心地方生态环境保护的士绅。[7]在官府和士绅的倡导下，兴起于精英阶层中的环保意识逐渐向一种社会意识拓展。

其次，生态治理的制度和措施不断完善。一方面，生态治理模式向法律规范和产权约束发展。明代，洱海区域的生态治理主要是道德自律、行政管制与经济惩罚相结合的治理模式。清代以后，生态治理模式开始由单一的道德、行政管制措施向以法律、产权为核心的综合治理体系演进。另一方面，生态治理向综合化和科学化方向演进。清代，随着对生态系统认识的深化，人们对植被保护与水源涵养、水土流失等问题的认识更加深刻。"森林与水利亦极有关系"、[8]"邓之患在水，所以滋患实在山"[9]等生态观点被提出。在实践中，植树造林的目的从单纯的恢复植被向恢复生态转变；水患治理也由单纯的挖河培堤向综合的生态治理转变。

再次，地方官府和民间社会应对生态变化的联动机制得以形成。为应对生态失衡和生态灾难，地方官府和民间社会在水利工程兴修、灾害防治和自然资源管理中相互配合，构筑了官民联动的治理机制。在生态环境治理的法制化进程中出现了民间法与国家法相互融合的趋势；在大型或重点水利工程修筑中大多采用官督民修的方式；在岁修河工中也主要采用官方主导、民间承办的方式。清代主持弥苴河治理的侯允钦专门指出："河工首赖夫官也，谓归民而与官无与者，非也……然则，河工继资夫民也，谓归官而与民无与者，亦非也。"[10]光绪《云南县志》的作者在总结水利建设的得失时也提出，水利工程的"创兴修废，不于贤有司与大力者是望，而谁望乎？"[11]这里的"贤有司"指地方官员，"大力者"指士绅等地方精英，将"贤有司"与"大力者"并举，说明地方政府和社会精英均在地方水利事务中发挥了重要作用。

总之，明清时期地方官府和民间社会对生态环境的治理和恢复取得了成效，区域社会应对生态变迁的能力显著增强。洱海区域的生态环境并非是单向的恶化和变迁，社会生态理念的提升和社会应对能力的增强，不仅有效地遏制了生态恶化的加剧，而且促进了生态环境的恢复，缓解乃至消弭了生态危机。

二

人与自然关系的重塑是缓解生态危机的关键。在应对洱海区域生态失衡的过程中，保护生态环境上升为一种社会意识，社会精英也普遍参与到恢复生态的行动中，区域社会的动员和协调能力明显增强。

第一，恢复生态，保护自然，是明中期以后，特别是入清以来洱海区域的一个社会性行为。据史料记载，明中期以前洱海区域民众封山育林、保护生态多在地方官员的倡导下进行；明中叶以后，保护环境和恢复生态逐渐演变为民众的一种自发和自觉行为。到清代，栽种松树和封山护林已经发展成为民间"阖村众志"的普遍行为。从洱海区域现存的数十通清代"护林碑"来看，其落款大都有"合村士庶老幼人等全立""公全妥议""阖村同立""阖村士庶仝立""各村绅老仝立""合村仝立"等字样，这与明代多以地方官"劝谕"，以及落款多为某知州、某知县有所不同。这是民众恢复生态、保护自然的自觉意识较前代有明显提高的重要表现。特别是清代中期以后，洱海区域保护生态的碑刻和记载逐渐增多，说明清代中晚期保护生态环境自觉意识更具有大众性和普遍性。

第二，洱海区域在保护生态环境方面还订立乡规民约，勒石记事，表现出一种维护公众利益、提倡公共道德的民间"法规"逐步完善的过程。洱海区域保护生态、修治水利的民间规约大多以勒石的形式保存下来。清代以后，洱海区域出现了大量的保护生态环境的乡规民约，内容涉及生态环境保护的多个方面，如保护水源的《永卓水松牧养利序》、保护山林的《护林碑》、保护动物的《护鸟碑》等。从表现形式看，勒石记事不过是古代中国实施数千年之久的一种记事手法。但是，当人们将重大事件记录并刻在不易毁坏的石头上以后，其主观意向及象征意义就远远超过了记事本身。一般说来，勒石记事会使其所记内容具有坚如磐石，不可改易，可传之永久的特点。在人们的主体观念中，勒石具有神圣而庄重的力量。当它成为一个时代、一个地区民间通用的手法时，对民众无形的约束力和影响力是巨大的。从笔者今天的实地调查看，洱海周边的百姓依然遵守着这些规定。

第三，生态治理手段向多元化方向发展，综合治理体系初步形成。明代及清代前期，对生态环境的保护还只是停留在道德层面上，保护生态的规约无非"右仰遵守"而已，还缺乏有效的控制手段。在生态环境失衡不断加剧的情况下，清代中期普遍采取行政管制和经济惩罚并用的方式，"送官究治"和"齐众公罚"成为生态治理的有效手段。同时，在环境治理与保护过程中，清代洱海区域的民间规约与官法或国家法不断融合，区域社会生态环境治理的法制化得到提升。值得注意的是，随着自然资源产权制度的建立，产权约束也成为清代洱海区域生态治理的一种手段。西方经济学家认为，产权不是人与物之间的关系，"它是一系列用来确定每个人相对稀缺资源使用时的地位的经济和社会关系"。[12]自然资源产权的明晰和划定，规范和约束了利用自然资源的行为，不仅提高了自然资源使用效率，而且促进了生态环境保护水平的提升。产权制度有效地将自然资源的经济属性和生态属性结合起来，标志着洱海区域的生态治理模式向法律、经济、产权相结合的综合治理体系转变。

第四，民间力量广泛参与生态的保护与治理，区域社会应对生态变化的自组织能力明显提升。明清以来，士绅阶层作为基层社会的权威代表和主导力量，始终是区域社会中生态环境保护与治理的中坚力量。特别是清代以来，基层社会控制权下移，士绅阶层在地方公共事务中的作用突出，逐渐成为区域环境保护与治理的主要力量。傅衣凌先生指出："中国传统社会的控制体系分为'公'和'私'两个部分"，"在公和私两大系统之间发挥重要作用的，是中国社会所特有的乡绅阶层"。[13]侯允钦在弥苴河治理中专门提出："地方之绅士，则于河工之情形必熟，桑梓之系念必殷"，[14]"派绅士承办，可无玩戏身家之虞"。[15]士绅阶层既是生态保护的倡导者和监督者，也是各类生态治理工程的主要承办者和管理者。士绅阶层"上承官长，下统胥役"，有效促进了生态治理中的官民联动，提升了生态治理工程的效率。由于民间生态意识的提升和士绅阶层的广泛参与，民间社会应对生态变化的自组织能力显著增强。

总之，在明清应对生态变化的过程中，洱海区域的社会动员和社会协调能力明显提升，民间社会的自组织能力也不断增强。但值得注意的问题是：第一，生态变迁虽然促进了社会动员和社会整合，但受洱海区域地理环境和社会经济发展水平的影响，洱海区域并未形成诸如"水利共同体"这样的社会组织。尽管在水利工程疏浚和建设中，出现了跨村社的合作及协修的制度，但基层社会并未因此形成一个内聚性较强的共同体，其社会关系网络较为松散，而且未在水利工程以外的社会领域发挥作用。第二，虽然民间社会应对生态变化的自组织能力显著增强，但并不意味着在生态治理和水利建设中出现了"民间化"趋势。在生态治理方面，官府凭借其行政优势始终发挥着决策者和监管者的作用，民间力量的力量和作用仍十分有限。在水利建设方面，出于应对环境变迁和水利淤塞的需要，政府通过修建控制性水利工程及组织大规模水利疏浚，强化了对水利事业的干预和介入。尽管水利工程的日常维护仍旧依靠民间社会，民间社会在水利事务中发挥了重要作用，但与学术界关注较多的汉水及其他一些流域不同，洱海区域始终看不到民间力量在水利事务中的地位逐渐增强，而官府干预逐渐减弱的"水利民间化"趋势。

三

习近平总书记在中国共产党第十九次全国代表大会上的报告中提出："人与自然是生命共同体，人类必须尊重自然、顺应自然、保护自然。人类只有遵循自然规律才能有效防止在开发利用自然上走弯路，人类对大自然的伤害最终会伤及人类自身，这是无法抗拒的规律。"历史研究的目的不在于过去，而在于未来。在新的历史时期，认真总结明清时期洱海周边生态自然环境变迁及社会应对、社会协调的历史经验，对建设"美丽中国""美丽云南”不无裨益。

第一，重视经济发展与生态保护之间的关系。在经济学中有一条著名的"U"形曲线——"环境库兹涅茨曲线"（Environmental Kuznets Curve）。根据"环境库兹涅茨曲线"，一个国家或地区在现代化进程中都会无法避免地遭遇"经济越发展，环境越污染"的困境。在经济发展水平较低的阶段，生态环境质量较高，而随着经济的发展，环境质量开始下降。从明清时代开始，随着洱海区域开发的深入和社会经济的发展，环境失衡和生态破坏问题开始突显。近代以后，洱海区域更面临着洱海面积缩减，渔业和森林资源破坏严重，水土流失加剧等问题。特别是近年来，旅游资源和房地产行业的过度开发，不可避免地对洱海及其周边地区的生态环境造成了严重破坏。因此，在区域社会发展中要大力协调发展与环保的关系，尽最大可能维持经济发展与生态环境保护之间的平衡。经济建设要把生态文明建设放在更为突出地位，"留得住青山绿水，记得住乡愁"。

第二，发挥政府和民间两个积极性，相互配合、相互促动。明清洱海区域生态环境治理的一大特点就是地方政府与民间社会的互动。因此，加强生态文明建设，建立"美丽中国"，就要积极发挥政府和民间两个积极性，从而实现政府、社会、企业、个人一起努力，综合施治。首先，要强化政府环境责任，发挥政府的主导作用。政府是生态环境保护和治理的责任主体，必须切实履行相应的环保职能，向社会提供环境政策、环境制度等公共物品，在宏观上坚持可持续发展的方向，在微观上发挥经过修补的市场调节功能。[16]其次，要积极发挥民间力量的作用。一方面，必须认识到生态文明建设的主体是人民群众，因此要在民众中加强生态文明宣传教育，增强全民节约意识、环保意识、生态意识，唤起全社会参与。另一方面，要打破"环保靠政府"的固定思维，重视民间力量，特别是民间环保组织在环境保护和治理中的积极作用，对民间环保组织予以必要的支持和监督管理，提升环境治理和保护的效益。

第三，健全生态文明建设制度，完善相关法律保障体系。在明清洱海区域生态环境变迁和社会应对的进程中，法律规约发挥了重要的作用，特别是作为习惯法的乡规民约对约束生态破坏行为、提升民众环保意识起到了积极作用。因此，在注重生态文明意识和生态道德培育的同时，还必须加强法律体系建设，重视地方环境立法，为生态文明建设提供必要的法律保障。同时，还必须重视民间固有的道德、习俗和民间规约的引导和约束作用，发挥习惯法在生态环境保护中积极效用。另外，要确立并完善生态补偿制度、污染损害赔偿制度、生态产权制度、生态税收制度、生态核算制度等政策制度，做到政策引导、制度规范和法律约束的有效结合。

环境问题是由社会结构、社会过程和社会成员的行为模式共同导致的社会问题。[17]要让"苍山不墨千秋画，洱海无弦万古琴"的生态美景永驻人间，离不开社会共识的形成、社会机制的协调以及社会全体成员的努力。本书对明清时期洱海区域环境变迁与社会协调关系的研究，正是着眼于揭示明清时期高原湖泊流域开发与生态变迁、社会运行的关系，以史为鉴。建设生态文明是中华民族永续发展的千年大计。认真总结和梳理历史上的生态变迁及社会应对、协调，对于加快生态文明建设，努力建设美丽中国，实现中华民族永续发展的生态文明目标，具有重要意义。

注 释

1 张培爵修，周宗麟纂：民国《大理县志稿》卷 6《社交部·社会·生活程度》，载凤凰出版社编选：《中国地方志集成·云南府县志辑》第 73 册，凤凰出版社 2009 年版，第 250 页。

2 （清）蒋旭纂修：康熙《蒙化府志》卷 1《山川》，载杨世钰、赵寅松主编：《大理丛书·方志篇》卷 6，民族出版社 2007 年版，第 45 页。

3 张培爵修，周宗麟纂：民国《大理县志稿》卷 1《地志部·山川》，载凤凰出版社编选：《中国地方志集成·云南府县志辑》第 72 册，凤凰出版社 2009 年版，第 478 页。

4 （清）傅天祥等修，黄元治等纂：康熙《大理府志》卷 5《山川》，载杨世钰、赵寅松主编：《大理丛书·方志篇》卷 4，民族出版社 2007 年版，第 72 页。

5 （清）项联晋修，黄炳堃纂：光绪《云南县志》卷 3《建置志·水利》，载杨世钰、赵寅松主编：《大理丛书·方志篇》卷 5，民族出版社 2007 年版，第 381 页。

6 张培爵修，周宗麟纂：民国《大理县志稿》卷 11《人物部·循吏》，载凤凰出版社编选：《中国地方志集成·云南府县志辑》第 73 册，凤凰出版社 2009 年版，第 532 页。

7 《禁止毁林开荒事碑》，《弥渡古代碑刻辑录》，云南科技出版社 2018 年版，第 103 页。

8 （清）梁友檍纂辑：民国《蒙化县志稿》卷 9《地利部·水利志》，载杨世钰、赵寅松主编：《大理丛书·方志篇》卷 6，民族出版社 2007 年版，第 442 页。

9 10 （清）钮方图修，侯允钦纂：咸丰《邓川州志》卷 9《河工志》，载杨世钰、赵寅松主编：《大理丛书·方志篇》卷 7，民族出版社 2007 年版，第 566、557 页。

11 （清）项联晋修，黄炳堃纂：光绪《云南县志》卷 3《建置志·堰塘》，载杨世钰、赵寅松主编：《大理丛书·方志篇》卷 5，民族出版社 2007 年版，第 381 页。

12 ［美］埃瑞克·G·菲吕博腾，斯韦托扎尔·平乔维奇：《产权与经济理论——近期文献的一个综述》，载［美］罗纳德·H·科斯等著：《财产权利与制度变迁——产权学派与新制度学派译文集》，格致出版社 2014 年版，第 148 页。

13　傅衣凌：《中国传统社会：多元的结构》，载《休休室治史文稿补编》，中华书局 2008 年版，第 210、211 页。

14　（清）钮方图修，侯允钦纂：咸丰《邓川州志》卷 14《艺文志中》，载杨世钰、赵寅松主编：《大理丛书·方志篇》卷 7，民族出版社 2007 年版，第 639 页。

15　（清）钮方图修，侯允钦纂：咸丰《邓川州志》卷 9《河工志》，载杨世钰、赵寅松主编：《大理丛书·方志篇》卷 7，民族出版社 2007 年版，第 548 页。

16　肖巍、钱箭星：《环境治理中的政府行为》，《复旦学报（社会科学版）》，2003 年第 3 期。

17　任仲平：《生态文明的中国觉醒》，《人民日报》2013 年 7 月 22 日第 1 版。

参考文献

一、历史文献

（一）政典、正史

《明实录》，"中央研究院"历史语言研究所 1962 年校勘本。
《清实录》，中华书局 1986 年版。
（明）申时行等：《明会典》，中华书局 1989 年版。
（清）昆冈等纂：《钦定大清会典事例》，光绪二十五年（1899 年）石印本。
（清）伊桑阿等纂：《大清会典》，影印文渊阁四库全书本。
（清）张廷玉等：《明史》，中华书局 1974 年版。
（清）赵尔巽等撰：《清史稿》，中华书局 1977 年版。

（二）总志、方志

1. 总志、省志

（明）陈循等纂：《寰宇通志》，《玄览堂丛书续集》第 77 册，国立中央图书馆 1947 年影印版。

（明）李贤等纂修：《大明一统志》，台湾台联国风出版社1977年版。

（清）顾炎武撰：《肇域志》，上海古籍出版社2004年版。

（明）陈文纂修：景泰《云南图经志书》，《大理丛书·方志篇》，卷1，民族出版社2007年版。

（明）周季凤纂修：正德《云南志》，《天一阁藏明代方志选刊续编》，第70册，上海书店1990年版。

（明）李元阳纂修：万历《云南通志》，《大理丛书·方志篇》，卷1，民族出版社2007年版。

（明）刘文征撰，古永继点校：天启《滇志》，云南教育出版社1991年版。

（清）范承勋等修，吴自肃等纂：康熙《云南通志》，康熙三十年（1691年）刻本。

（清）鄂尔泰等修，靖道谟纂：乾隆《云南通志》，江苏广陵古籍刻印社1988年版。

（清）阮元等修，王崧等纂：道光《云南通志稿》，清道光十五年（1835年）刻本。

（清）岑毓英修，陈灿等纂：光绪《云南通志》，光绪二十年（1894年）刻本。

（清）王文韶等修，唐炯等纂：光绪《续云南通志稿》，《中国边疆丛书》第2辑，文海出版社1966年版。

龙云、卢汉修，周钟岳纂，李春龙等点校：《新纂云南通志》，云南人民出版社2007年版。

2. 府州县志

（明）李元阳纂：嘉靖《大理府志》，云南大理文史资料选辑（地方志之一），大理白族自治州文化局1983年翻印。

（明）庄诚修，王利宾纂：万历《赵州志》，云南大理文史资料选辑（地方志之二），大理白族自治州文化局 1983 年翻印。

（明）敖泫贞修，艾自修纂：隆武《重修邓川州志》，云南大理文史资料选辑（地方志之三），洱源县志办公室 1986 年翻印。

（清）赵珙纂修：康熙《浪穹县志》，《大理丛书·方志篇》卷 7，民族出版社 2007 年版。

（清）傅天祥等修，黄元治等纂：康熙《大理府志》，《大理丛书·方志篇》卷 4，民族出版社 2007 年版。

（清）蒋旭纂修：康熙《蒙化府志》，《大理丛书·方志篇》卷 6，民族出版社 2007 年版。

（清）王世贵修，张伦等纂：康熙《剑川州志》，《大理丛书·方志篇》卷 9，民族出版社 2007 年版。

（清）佟镇修，李倬云、邹启孟纂：康熙《鹤庆府志》，《大理丛书·方志篇》卷 8，民族出版社 2007 年版。

（清）伍青莲纂修：康熙《云南县志》，《大理丛书·方志篇》卷 5，民族出版社 2007 年版。

（清）周钺纂修：雍正《宾川州志》，《大理丛书·方志篇》卷 5，民族出版社 2007 年版。

（清）陈希芳纂修：雍正《云龙州志》，《大理丛书·方志篇》卷 7，民族出版社 2007 年版。

（清）程近仁修，赵淳等纂：乾隆《赵州志》，《中国地方志集成·云南府县志辑》第 77 册，凤凰出版社 2009 年版。

（清）李世保修，张圣功等纂：乾隆《云南县志》，《大理丛书·方志篇》卷 5，民族出版社 2007 年版。

（清）刘垲等修，吴蒲等纂：乾隆《续修蒙化直隶厅志》，

《大理丛书·方志篇》卷6，民族出版社2007年版。

（清）李文培修，高上桂纂，艾濂续纂：道光《邓川州志》，《大理丛书·方志篇》卷10，民族出版社2007年版。

（清）陈钊镗修，李其馨等纂：道光《赵州志》，《大理丛书·方志篇》卷4，民族出版社2007年版。

（清）钮方图修，侯允钦纂：咸丰《邓川州志》，《大理丛书·方志篇》卷7，民族出版社2007年版。

（清）项联晋修，黄炳堃纂：光绪《云南县志》，《大理丛书·方志篇》卷5，民族出版社2007年版。

（清）杨金和、杨金鉴等纂修：光绪《鹤庆州志》，《大理丛书·方志篇》卷8，民族出版社2007年版。

（清）周沆纂修：光绪《浪穹县志略》，《大理丛书·方志篇》卷8，民族出版社2007年版。

张培爵等修，周宗麟等纂：民国《大理县志稿》，《中国地方志集成·云南府县志辑》第72—74册，凤凰出版社2009年版。

梁友檍纂辑：民国《蒙化县志稿》，《大理丛书·方志篇》卷6，民族出版社2007年版。

杨金铠纂辑：民国《鹤庆县志》，《大理丛书·方志篇》卷9，民族出版社2007年版。

邓鸿逵等纂修：民国《弥渡县志稿》，《大理丛书·方志篇》卷9，民族出版社2007年版。

李文浓纂：民国《宾阳志书》，《大理丛书·方志篇》卷5，民族出版社2007年版。

（三）游记、著述、奏议

（元）郭松年：《大理行记》，丛书集成初编本，商务印书馆1936年版。

（明）李元阳：《李元阳集》，云南大学出版社2008年版。

（明）王世贞：《弇山堂别集》，中华书局1985年版。

（明）诸葛元声，刘亚朝校点：《滇史》，德宏民族出版社1994年版。

（明）徐弘祖：《徐霞客游记》，上海古籍出版社1980年版。

（清）张允随：《张允随奏稿》，《云南史料丛刊》第8卷，云南大学出版社2001年版。

（清）吴应枚：《滇南杂记》，《云南史料丛刊》第12卷，云南大学出版社2001年版。

（清）张泓：《滇南新语》，丛书集成初编本，商务印书馆1936年版。

（清）于敏中：《日下旧闻考》，《笔记小说大观（四十五编）》第7册，台北新兴书局1987年版。

二、现代文献

（一）专著

田方、陈一筠主编：《中国移民史略》，知识出版社1986年版。

方国瑜：《中国西南历史地理考释》，中华书局1987年版。

曹树基：《中国移民史》，福建人民出版社1997年版。

任美锷主编：《中国自然地理纲要》，商务印书馆1999年版。

［美］何炳棣著，葛剑雄译：《明初以降人口及其相关问题：

1368—1953》，生活·读书·新知三联书店 2000 年版。

　　曹树基：《中国人口史》，复旦大学出版社 2001 年版。

　　段炳昌等主编：《云南民族村寨调查：白族——剑川东岭乡下沐邑村》，云南大学出版社 2001 年版。

　　陆韧：《变迁与交融：明代云南汉族移民研究》，云南教育出版社 2001 年版。

　　方国瑜：《方国瑜文集》第 3 辑，云南教育出版社 2003 年版。

　　吴晓亮：《洱海区域古代城市体系研究》，云南大学出版社 2004 年版。

　　曹树基主编：《田祖有神：明清以来的自然灾害及其社会应对机制》，上海交通大学出版社 2007 年版。

　　傅衣凌：《休休室治史文稿补编》，中华书局 2008 年版。

　　梁方仲：《中国历代户口、田地、田赋统计》，中华书局 2008 年版。

　　杨伟兵：《云贵高原的土地利用与生态变迁（1659—1912）》，上海人民出版社 2008 年版。

　　[美] 罗纳德·H·科斯等著：《财产权利与制度变迁——产权学派与新制度学派译文集》，格致出版社 2014 年版。

（二）论文

　　顾诚：《明帝国的疆土管理体制》，《历史研究》1989 年第 3 期。

　　顾诚：《谈明代的卫籍》，《北京师范大学学报》1989 年第 5 期。

　　[美] 赵冈：《清代的垦殖政策与棚民活动》，《中国历史地理论丛》1995 年第 3 期。

Mark Elvin, Darren Crook, Shen Ji, Richard Jones, and John Dering. "The Impact of Clearance and Irrigation on the Environment in the Lake Erhai Catchment from the Ninth to the Nineteenth Century." East Asian History, 23 (2002).

Mark Elvin, Darren Crook. "An Argument From Silence? The Implications of Xu Xiake's Description of the Miju River in 1639." 载云南大学中国经济史研究所, 云南大学历史系编:《李埏教授九十华诞纪念文集》, 云南大学出版社 2003 年版。

肖巍、钱箭星:《环境治理中的政府行为》,《复旦学报(社会科学版)》2003 年第 3 期。

陆韧:《明代云南汉族移民定居区的分布与拓展》,《历史地理论丛》2006 年第 3 期。

田怀清:《试论白族开采大理石的历史》, 载赵怀仁主编:《大理民族文化研究论丛》, 民族出版社 2006 年版。

李荣高:《大理州林业文化碑概述》,《大理文化》2008 年第 4 期。

杨伟兵:《滇西旱坝的水利与地文——以宾居下村为例》, 载复旦大学历史地理研究中心编:《历史地理研究》第 3 辑, 复旦大学出版社 2010 年版。

吴晓亮:《明清时期洱海周边自然环境变迁与社会协调关系研究》,《云南社会科学》2012 年第 3 期。

吴晓亮、丁琼:《明清洱海区域人口研究》,《思想战线》2014 年第 4 期。

董雁伟:《清代云南水权的分配与管理探析》,《思想战线》2014 年第 5 期。

(三) 专志、碑刻及资料汇编

大理白族自治州水利电力局编:《大理白族自治州水利志》,云南民族出版社 1995 年版。

大理白族自治州气象局编:《大理白族自治州气象志》,气象出版社 2008 年版。

邱宣充主编:《水目山志》,云南科学技术出版社 2003 年版。

喜洲镇志编纂委员会编:《喜洲镇志》,云南大学出版社 2005 年版。

张奋兴编著:《大理海东风物志续编》,云南人民出版社 2008 年版。

马米厂米姓村志编纂委员会编:《马米厂米姓村志》,云南民族出版社 2013 年版。

方国瑜主编:《云南史料丛刊》,云南大学出版社 1998—2001 年版。

《中国少数民族社会历史调查资料丛刊》修订编辑委员会编:《白族社会历史调查》,民族出版社 2009 年版。

大理市文化丛书编辑委员会编:《大理古碑存文录》,云南民族出版社 1996 年版。

段金录、张锡禄主编:《大理历代名碑》,云南民族出版社 2000 年版。

张了、张锡禄编:《鹤庆碑刻辑录》,大理白族自治州南诏史研究会 2001 年版。

李荣高等编注:《云南林业文化碑刻》,德宏民族出版社 2005 年版。

杨世钰、赵寅松主编:《大理丛书·金石篇》,云南民族出版社 2010 年版。

马兆存编：《大理凤仪古碑文集》，香港科技大学华南研究中心 2013 年版。

大理白族自治州地方志编纂委员会编：《祥云金石》，云南民族出版社 2016 年版。

黄正发等编：《弥渡古代碑刻辑释》，云南科技出版社 2018年版。

赵敏、王伟主编：《大理洱源县碑刻辑录》，云南大学出版社 2018 年版。

赵敏，王伟主编：《大理民间契约文书辑录》，云南大学出版社 2018 年版。

后 记

      《明清时期洱海区域生态环境变迁与社会互动关系研究》是 2006 年国家社科基金项目的研究成果。

      为完成这个项目和这部专著,我们先后多次对洱海区域展开实地调研。2007 年 1 月第一次考察基本奠定了以后实地调研的方向和目标:洱海区域的自然环境及其变化、民风民俗及民情、历史遗迹。我们希望通过调研寻找现实与历史的连接点和相似处,为课题提供文献之外的支撑点。我们主要环绕洱海湖,并对其周边、对洱海湖的水源地和出水口,对苍山、十八溪和上下两关进行实地考察。我们欲从地形地貌等空间要素上认识洱海及洱海区域的地理存在,从民风民俗中了解当下人们对生态环境和社会发展的认识和感受,从历史遗存中去感受古人生活的那个时代。

      在洱海以北,我们主要考察邓川、洱源,一方面了解洱海的主要水源弥苴河水,近距离感受弥茨河、凤羽河、海尾河等河流的水量和流速等。今天看来,它们的水量和流速远不如明清,很难想象在古籍中记载的那种波涛汹涌、洪水泛滥肆虐百姓生命财产的状况。另一方面,从洱海以北丰富的水资源以及"三营"

"右所"等名称，我们对明代屯垦和卫所设置加深了印象，触摸到了军士屯垦的痕迹。在苍山洱海之间，我们考察大理古城、太和城址（南诏都城遗址）、南诏德化碑、龙口城遗址（在今上关）、龙尾城（在今下关西洱河畔）、德源城址（邓赕古城遗址）等城址，对古代军事要地及兵力部署，对古代城镇的建设和发展有了直观的认识和理解。在洱海以南，我们主要考察凤仪，它是明清时期赵州州治所在地，那个曾经繁盛的小城随着社会的发展，往昔繁盛的景象已经淡去，其地位逐渐被下关所取代。在洱海湖周边，我们走访了才村、周城、喜洲、江尾、双廊、海东等地的一些村民，与他们聊聊农田耕种、生活用水、能源使用及废弃垃圾处理情况，还有民俗、民间信仰等。从白族妇女环绕水井吟唱歌舞中，我们看到他们对自然的崇敬和对生命的祈盼；从他们对洱海西岸（才村、喜洲等地周边）湿地消失、水鸟不再栖息、河流渐渐干涸、耕地逐渐减少并被改为他用等生态变化的惋惜，看到他们对曾经拥有的那种惬意、愉悦的生态环境的眷恋。看着往返于大理和南诏风情岛的游轮，看着旅游的人流如织，看到人们为当地的经济收益日渐增高而兴奋不已的同时，也有人开始忧虑洱海将被污染，担心其周边的美景恐将不再（事实上，人们的担忧变成了事实，10余年过去后，今天洱海周边的餐馆、客栈等旅游设施成为重点治理的对象）。应该说，实地调研的收获是巨大的，我们直观了解了客观存在的洱海区域，以及在那片土地上生活的人群。苍山洱海的美打动了每一位成员，我的博士生范淑萍来自山西，不停地对着洱海发出赞叹，说她要永远留在洱海边……此次调研最为遗憾的是，我们的详细记录因为博士生顾胜华的电脑崩盘而损失，好心痛啊！好在纸质的调研计划尚在，我们的记忆尚存。

　　此后，课题组成员又考察巍山，客观感受南诏由此发源并成为强大的民族政权的发展路径，从地理及政治经济文化方面思考巍山地位变化的原因。考察宾川时，我们从其特有的炎热气候特征、水资源不足，认识到其农耕与洱海湖中心区为何存在差异。考察剑川鹤庆时，我们对北纬26°分界线以及北纬26°—28°过渡带气候对农耕及经济发展的影响有深切的认知和感受。我们还考察弥渡、祥云，进一步理解为何明代在那里设置卫所屯兵、那里为何可以成为洱海地域的粮仓。考察云龙，我们深切感受到那一地区受限于地理条件，发展不易的事实……实地调研为课题的结项及专著的出版，奠定了重要的基础。

　　衷心感谢大理州各级政府部门的支持与帮助。我们的调查和研究工作，得到了政府相关部门的大力支持和帮助，我们充分感受到大理人民的好客与热情。几乎每到一地，当地政府都会安排人员陪同，一一为我们介绍和解读当地情况，赠送我们资料。大理白族自治州环境保护局不仅送我们一些文献资料，还为我们派了一辆微型车及一名熟悉地理和民俗的驾驶员段浩淼。小段带着我们环洱海湖走了一圈，往北去到洱海的水源地——罢谷山下茈碧湖等，往南到达洱海的出水口——西洱河，让我们对洱海湖及相关水系有所了解。他为我们联络政府相关部门，又随我们走村串寨，行程因为他的帮助而一路顺风。

　　由于项目研究涉及的地理范围主要在今天大理白族自治州内，白族是大理的世居民族，人口众多，研究洱海区域必须了解白族的生产生活。于是，在项目立项后，我们特邀云南大学国际学院白族教师寸丽元参与调研。有他的帮助和翻译，我们与白族市民、村民的交流沟通不再有障碍。第一次调研由我和寸丽元教授，带着范淑萍、顾胜华二名博士生，大学生赵大光以及小段师傅一同前往。大家各司其职，范淑萍负责访谈记录，顾胜华负责访谈记录兼资料录入、赵大光负责摄像兼作日志，寸老师和小段负责外联，工作井然有序，收获颇丰。此后，课题组多次前往大理，虽然调研人员有变动，但调研资料不断充实。在今天看来，调研还不够深入，收集的资料不够准确和完备。但无论如何，实地考察为课题研究提供了文献资料所不能给予的支撑。

我们的调研也会遇到一些质疑，有的政府工作人员会问，你们的研究有什么用？对当地最终能带来什么好处？我一时不知怎样回答。虽然学术研究除探讨前人未曾涉及的、深入前人已经探究而未曾解决的纯学术问题外，应有现实关怀，应当能服务于现实社会，但我们的研究与大众期望的、能即刻产生社会经济效益的研究成果那还是有相当距离的。有一点可以自信的是，探究洱海区域内不同地区生态环境发生过怎样的变化、生态环境变化的主要原因是什么、生态环境与人类活动的关系怎样、地方政府与民间社会对自然环境变化的应对措施是什么，进一步思考古代社会的发展变化对今天有怎样的启示等，对我们今天的社会与自然和谐发展无疑具有重要学术价值和现实意义。这是我们的初衷，也是我们的追求。

参加本项目研究的还有云南大学中国经济史研究所的青年教师董雁伟、专门史（经济史）方向的博士生丁琼、王浩禹、蒋枝偶等。提交的国家社科基金项目结项报告《明清时期洱海周边生态环境变迁与社会协调关系研究》既是我们的研究成果，亦是本书的初稿。第一章《洱海区域自然环境概述》，一是较宏观地从北纬 $26°$ 之南北、罗坪山、点苍山之东西分析洱海区域的地理环境，一是介绍洱海区域内分区的山川、坝区和山地、海拔、气温和降雨量等地理条件，为人们认识洱海区域的自然环境和社会发展提供空间概念。第二章《明清时期洱海区域的行政设置》，从时序中勾勒明清洱海区域的行政和军事设置及其变化，有助于认识国家的政治军事管理对区域发展的影响程度。第三章《明清洱海区域的人口分布与发展》，根据不同时期地方志的记载，从明代洱海区域卫所设置以及军民籍数量统计，得出正德、万历和天启三个时期整个洱海区域的军民籍人口和分布状况，得出清代若干年份大理府、蒙化厅和鹤庆府的人口数量和分布状况，得出人口数量增减和分布密度是自然环境变化和社会发展的重要因素。第四章《明清洱海区域土地资源的利用与变迁》，分析明清耕地、湖田、山地、林地的开发，分区域阐述其对环境的影响，以及资源破坏、灾患增多等事实。第五章《明清洱海区域水资源的利用与变迁》，从水资源的分布状况、人们对水资源的自然利用和人为改造利用等方面入手，分区论述明清时期的水资源利用特点和彼此间的差异，进一步探讨自然环境与区域经济发展的关系。第六章《地方政府与明清洱海区域环境治理》及第七章《民间社会与明清洱海区域生态环境》，从生态治理、自然资源管理等方面探讨了地方政府和民间社会对生态环境变迁的应对情况，揭示了明清时期洱海区域开发与生态变迁、社会运行的关系。

国家社科基金项目的研究及结项报告得到专家认可，被列为"2017 年度云南省哲学社会科学学术著作出版资助"项目。现在呈现在读者面前的书稿是经过再次修改、完善的文稿，前言、第一至三章、第五章以及后记由吴晓亮执笔，第四章由丁琼执笔，第六、七章及《余论》由董雁伟执笔。博士生苏倩雯对史料和文稿进行了核校，云南大学旅游文化学院黄诚老师为书稿制图。

书稿的最终完成，是前期不同阶段参与调研和研究工作的各位成员共同努力的结果。书稿得以面世，要感谢云南大学、云南省哲学社会科学规划办公室、人民出版社以及各位专家的大力支持，在此向各单位及个人一并致谢！

我们的研究仍有不足，敬请方家赐正。

吴晓亮谨识

2019 年 11 月 15 日于丽江

图书在版编目（CIP）数据

明清时期洱海周边生态环境变化与社会协调关系研究 / 吴晓亮，董雁伟，丁琼著.

– 北京：人民出版社，2019

ISBN 978-7-01-021294-4

Ⅰ.①明… Ⅱ.①吴… ②董… ③丁… Ⅲ.①洱海 – 区域生态环境 – 研究 – 明清时代 ②区域经济发展 – 研究 – 云南 – 明清时代 ③社会发展 – 研究 – 云南 – 明清时代

Ⅳ.① X321.274 ② F127.74

中国版本图书馆 CIP 数据核字（2019）第 210241 号

明清时期洱海周边生态环境变化与社会协调关系研究

MINGQINGSHIQI ERHAI ZHOUBIAN SHENGTAIHUANJING BIANHUA YU SHEHUI

XIETIAO GUANXI YANJIU

作　　者：吴晓亮　董雁伟　丁　琼

策划编辑：娜　拉　张秀平

责任编辑：娜　拉　张秀平

封面设计：徐　晖

人 民 出 版 社 出版发行

地　　址：北京市东城区隆福寺街 99 号金隆基大厦

邮政编码：100706　http://www.peoplepress.net

经　　销：新华书店总店北京发行所经销

印刷装订：中煤（北京）印务有限公司

出版日期：2019 年 12 月第 1 版　2019 年 12 月北京第 1 次印刷

开　　本：880 毫米 × 1230 毫米　1/32

印　　张：10

字　　数：400 千字

书　　号：ISBN 978-7-01-021294-4

定　　价：49.00 元